机械工业出版社高水平学术著作出版基金项目
电力电子新技术系列图书

# 电力电子变换器结构寄生参数建模与设计

王佳宁　于安博　於少林　著

机 械 工 业 出 版 社

本书介绍了高频化电力电子变换器结构寄生参数分析、建模及设计，通过串联及并联两大类运用场景，结合具体案例及理论分析，详细阐述了结构寄生参数网络建模方法和具体优化设计，力求给读者展示结构寄生参数这一“过去冷门”但“日益重要”的研究领域基本情况。本书共分为 7 章：绪论（电力电子元器件及变换器综述回顾）、多器件串联型高压变换器、高压变换器结构寄生电容建模、高压变换器结构设计、多器件并联型变换器、并联型变换器结构寄生电感建模和多器件并联型互连母排设计。

本书面向电力电子、新能源技术、功率半导体器件和无源器件设计等领域的广大工程技术人员和科研工作者，可满足从事器件设计、结构设计、变换器系统设计专业人员的知识和技术需求。

**图书在版编目（CIP）数据**

电力电子变换器结构寄生参数建模与设计 / 王佳宁，于安博，於少林著. -- 北京 : 机械工业出版社，2024. 8. -- (电力电子新技术系列图书). -- ISBN 978-7-111-76143-3

Ⅰ. TN624

中国国家版本馆 CIP 数据核字第 2024A6L599 号

机械工业出版社（北京市百万庄大街22号　邮政编码100037）
策划编辑：罗　莉　　　　责任编辑：罗　莉
责任校对：郑　雪　李　杉　封面设计：马精明
责任印制：常天培
北京机工印刷厂有限公司印刷
2024年9月第1版第1次印刷
169mm×239mm · 12印张 · 226千字
标准书号：ISBN 978-7-111-76143-3
定价：99.00 元

电话服务　　　　　　　　网络服务
客服电话：010-88361066　　机　工　官　网：www.cmpbook.com
　　　　　010-88379833　　机　工　官　博：weibo.com/cmp1952
　　　　　010-68326294　　金　　书　　网：www.golden-book.com
封底无防伪标均为盗版　　　机工教育服务网：www.cmpedu.com

## 第4届
## 电力电子新技术系列图书
## 编辑委员会

# 电力电子新技术系列图书

# 序　言

1974年美国学者W. Newell提出了电力电子技术学科的定义，电力电子技术是由电气工程、电子科学与技术和控制理论三个学科交叉而形成的。电力电子技术是依靠电力半导体器件实现电能的高效率利用，以及对电机运动进行控制的一门学科。电力电子技术是现代社会的支撑科学技术，几乎应用于科技、生产、生活各个领域：电气化、汽车、飞机、自来水供水系统、电子技术、无线电与电视、农业机械化、计算机、电话、空调与制冷、高速公路、航天、互联网、成像技术、家电、保健科技、石化、激光与光纤、核能利用、新材料制造等。电力电子技术在推动科学技术和经济的发展中发挥着越来越重要的作用。进入21世纪，电力电子技术在节能减排方面发挥着重要的作用，它在新能源和智能电网、直流输电、电动汽车、高速铁路中发挥核心的作用。电力电子技术的应用从用电，已扩展至发电、输电、配电等领域。电力电子技术诞生近半个世纪以来，也给人们的生活带来了巨大的影响。

目前，电力电子技术仍以迅猛的速度发展着，电力半导体器件性能不断提高，并出现了碳化硅、氮化镓等宽禁带电力半导体器件，新的技术和应用不断涌现，其应用范围也在不断扩展。不论在全世界还是在我国，电力电子技术都已造就了一个很大的产业群。与之相应，从事电力电子技术领域的工程技术和科研人员的数量与日俱增。因此，组织出版有关电力电子新技术及其应用的系列图书，以供广大从事电力电子技术的工程师和高等学校教师和研究生在工程实践中使用和参考，促进电力电子技术及应用知识的普及。

在20世纪80年代，中国电工技术学会电力电子专业委员会曾和机械工业出版社合作，出版过一套“电力电子技术丛书”，那套丛书对推动电力电子技术的发展起过积极的作用。最近，电力电子专业委员会经过认真考虑，认为有必要以“电力电子新技术系列图书”的名义出版一系列著作。为此，成立了专门的编辑委员会，负责确定书目、组稿和审稿，向机械工业出版社推荐，仍由机械工业出版社出版。

本系列图书有如下特色：

本系列图书属专题论著性质，选题新颖，力求反映电力电子技术的新成就和新经验，以适应我国经济迅速发展的需要。

理论联系实际，以应用技术为主。

本系列图书组稿和评审过程严格，作者都是在电力电子技术第一线工作的专家，且有丰富的写作经验。内容力求深入浅出，条理清晰，语言通俗，文笔流畅，便于阅读学习。

本系列图书编辑委员会中，既有一大批国内资深的电力电子专家，也有不少已崭露头角的青年学者，其组成人员在国内具有较强的代表性。

希望广大读者对本系列图书的编辑、出版和发行给予支持和帮助，并欢迎对其中的问题和错误给予批评指正。

**电力电子新技术系列图书**
**编辑委员会**

# 前　言

一代功率半导体器件（以下简称功率器件）决定一代电力电子变换器（以下简称变换器）。功率器件从20世纪50年代的硅基晶闸管，发展到七八十年代的硅基MOSFET及IGBT，再到近十几年的碳化硅或氮化镓基MOSFET，功率器件效率及开关速度不断提升，变换器工作频率越来越高，带来变换器功率密度的不断提高。特别是以碳化硅、氮化镓为代表的宽禁带功率器件的出现及广泛应用大幅加速了变换器高频化进程，变换器功率密度显著提升，且仍有大幅改善空间。

高频化给变换器带来的重要变化之一是寄生参数对电路工作影响的加大。寄生参数是元器件或电路中非设计所需但却客观存在的电容、电感和电阻等参数，其本质是电极金属、互连线路、布局结构等带来的杂散电磁场。对于传统基于硅基器件的变换器，变压器、电感、电容、功率器件等元器件内部寄生参数相对较大，对开关振荡、门极驱动、变换器电磁干扰有较大影响，其分析与建模受到人们关注。随着宽禁带器件在变换器中越加广泛的应用，系统的开关频率以及器件开关过程的 $dv/dt$ 及 $di/dt$ 都显著提升，相同大小的寄生参数对电路影响更大，换言之，更微小的寄生参数也开始对电路工作产生显著影响。因此，除了元器件内部寄生参数外，原本常被忽略的变换器结构寄生参数也需要重点分析及设计。

变换器结构通常包括电、机械、散热等互连支撑结构，常有母排、焊盘、导线、散热器、金属外壳等。结构寄生参数指的是结构自身及相互之间的寄生电感、寄生电容及寄生电阻，比如叠层母排寄生电感、变换器装置中不同印制电路板（PCB）焊盘之间的寄生电容、高压电容器电极与接地导体之间的寄生电容等。由于结构寄生参数值一般很小，大多在mΩ、pF和nH甚至pH级别，当变换器工作频率不够高或者开关速度不够快时，它们常被忽略。但随着高频化的加速，结构寄生参数也开始对变换器电路工作产生显著影响。变换器局部结构往往具有三维复杂非对称形状，装置内部结构件数量繁多，且不同装置结构多变，因此如何对形状复杂、数量众多、布局多变的变换器结构的寄生参数进行分析十分具有挑战性。

本书详细介绍了电力电子变换器结构寄生参数分析、建模与设计，并针对器件串联型、器件并联型两大类变换器，通过具体案例深入浅出、清晰明了地阐述结构寄生参数。全书共分7章：

第1章介绍寄生参数研究的出发点及现状。首先介绍功率器件的发展历史及其对电力电子变换器高频化的推动，进而介绍高频化系统中寄生参数对电路日益加大的影响。其次详细介绍已有寄生参数分析与建模的工作，引出变换器及器件结构寄生参数研究的不足。

第2~4章介绍面向多器件串联的变换器应用结构寄生电容网络建模及相关设计。第2章主要介绍一种典型的多器件串联型高压变换器的背景及当下主流拓扑；第3章详细介绍结构寄生电容对高压变换器工作的影响及复杂寄生电容网络的建模；第4章介绍该变换器结构优化设计以减小等效寄生电容及空间电场强度。

第5~7章介绍面向多器件并联的变换器应用结构寄生电感建模及相关设计。第5章主要介绍并联型变换器背景及分立器件并联功率模组发展现状；第6章详细介绍并联型器件带来的结构复杂寄生电感网络建模及对均流的影响；第7章介绍器件并联互连母排的设计以实现低回路寄生电感及均衡支路电感的目的。

电力电子器件仍在进步，电力电子变换器高频化仍有广阔空间。面对此新局面及未来发展趋势，不同于以往其他书籍，本书聚焦介绍变换器结构寄生参数分析、建模及设计，通过串联及并联两大类运用场景，结合具体案例及理论分析，详细阐述了复杂寄生参数网络建模方法和具体优化设计，力求给读者展示结构寄生参数这一“过去冷门”但“日益重要”的研究领域基本情况，使得相关科研工作者对结构设计引起重视，并提供相应的理论方法，为变换器小型化做出些许贡献。

在本书构思、编撰及出版过程，得到了合肥工业大学张兴教授的大力关心和帮助。在本书编撰过程中，得到了西安交通大学杨旭教授、荷兰代尔夫特理工大学J·A·Ferreira教授、S·W·H·de·Haan教授、M·D·Verweij教授、荷兰Philips公司Peter Lurkens博士、阳光电源股份有限公司陈文杰博士、杜恩利工程师的支持和指导。在本书出版过程中，得到了合肥工业大学丁立健教授、哈尔滨工业大学王懿杰教授的关心和帮助。同时，本书还得到了陈明铠、吴浩、吴轶康、张东雷、王开鹏、贝一铭等同学的帮助，在此一并表示感谢。此外，还要特别感谢西安交通大学王兆安老师，是他带领我进入了电力电子领域，教给了我做人做事的道理以及坚持的力量。

由于作者水平有限，书中难免有错误和不当之处，恳请广大读者批评指正。

王佳宁

# 目 录

# 第1章 绪论

## 1.1 高频化电力电子变换器

电力电子变换器（以下简称变换器）是进行电能变换和控制的装备，其核心是通过功率半导体器件的开关来实现不同形式电压和电流的变换与控制。高功率密度是电力电子变换器长期以来追求的重要目标之一。功率密度指的是单位体积内的变换器功率大小。提高功率密度可以使同样功率等级的变换器有更小的体积，换言之，可以让同样体积的变换器拥有更大的功率。变换器功率密度的提升主要驱动力是功率半导体器件、拓扑及控制、电力电子集成等技术的进步，其中功率半导体器件的发展进步是变换器功率密度提升最为基础的核心动力。如图 1-1 所示为半导体器件的发展历程，从 20 世纪 50 年代硅基晶闸管的出现，到七八十年代硅基 MOSFET、IGBT 的出现，再到 21 世纪宽禁带器件（如碳化硅/氮化镓基 MOSFET）日益广泛的应用，功率半导体器件已具备功率等级从几瓦到几兆瓦、开关频率从 Hz 到 MHz 的宽阔能力，特别是 MOSFET、IGBT 的发明及进步不断推升了器件的开关速度和频率，从而不断减少变换器对磁性及容性元件存储能量的要求，进而减小感值及容值，最终降低对变换器体积有重要影响的电感及电容体积，提高功率密度[1]。可以说，高频化一直是变换器重要的发展方向之一，其主要目的是为了减小变换器体积重量，提高功率密度。

20 世纪早期，半导体器件尚未普及，电子电路的主要器件，如二极管、三极管等都是真空管，电子设备体积大、成本高、可靠性低，难以处理高的能量。随着 20 世纪 40 年代半导体器件的出现，特别是 50 年代晶闸管的出现，高效的电能变换与控制装置出现在历史舞台，相比之前的真空管，此时装置体积大幅减小，处理能量等级大幅提升。从 50 年代到 80 年代，晶闸管、门极关断（Gate Turn-off Transistor，GTO）晶闸管、双极型晶体管（Bipolar Junction Transistor，BJT）等器件性能的不断进步对电力电子变换器发展起到至关重要的作用，并催

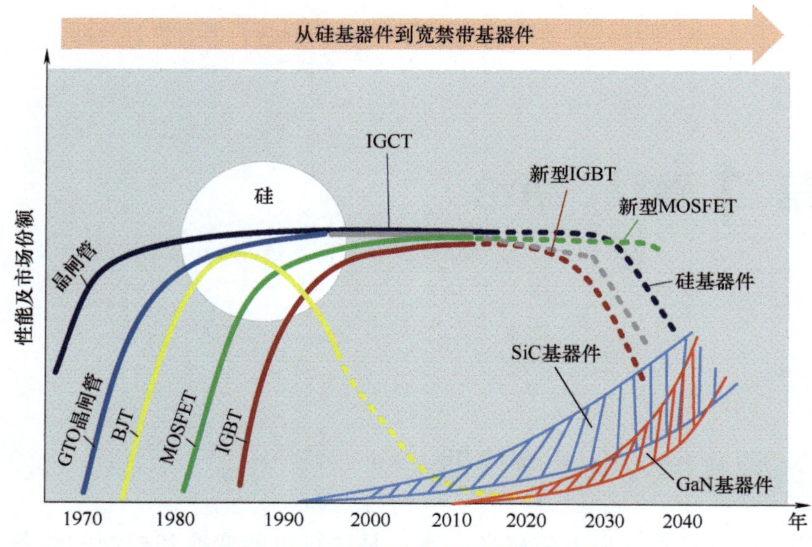


图 1-1 功率半导体器件的发展历程[2]

生了电力电子学科的诞生。20 世纪 80 年代，金属氧化物半导体场效应晶体管（Metal-Oxide-Semiconductor Field-Effect Transistor，MOSFET）和绝缘栅双极型晶体管（Insulated Gate Bipolar Transistor，IGBT）的出现，开启了变换器发展的新纪元。相比之前的 BJT，以 MOSFET 和 IGBT 为代表的 MOS 基器件在通态、动态、可控性和短路能力等电气特性上都有优异表现，可大幅提升变换器效率和开关频率。同时，为了充分发挥 MOS 基器件的特性，研究人员不断提出新的电路拓扑和控制策略，以实现更高的效率、更好的动态特性以及更高的功率密度。MOSFET 的应用首次将变换器开关频率提升至 100kHz 范围，大幅降低了消费类与计算类电子设备电源的体积。不过，最初的 MOSFET 通态电阻受到掺杂浓度和漂移区厚度的影响，耐压等级受限，主要在 600V 以下。相对应地，IGBT 则因其内部半导体结构所带来的电导调制效应，可以在更高的电压等级实现低通态压降，使得其在更高电压等级广泛应用，如不间断电源（Uninterruptible Power Supply，UPS）、电力牵引、工业变频等。随着人们对变换器功率密度提升需要的不断增强，MOS 基器件在 2000 年前后仍然向着更高开关频率、更强鲁棒性不断发展进步。通过载流子补偿机制和超结（Super Junction，SJ）结构，单极性的 MOSFET 可在保持优异的通态压降前提下将耐压提升至 900V，开关频率得到进一步提升。对于 IGBT，通过沟槽栅场终止结构，可以同时降低通态压降，并提升动态性能，进而提升开关频率。通过上述技术进步，变换器开关频率提升至 1MHz 范围。随着变换器开关频率从 80 年代几十 kHz 提升到 2000 年前后的 MHz，变换器体积大幅减少，功率密度大幅提升，比如通信电源领域，功率密度提升了近10倍[2-3]。

为了进一步提升变换器开关频率以提升功率密度，同时为了突破硅基器件所带来的变换器效率、温度等极限，基于宽禁带（Wide Bandgap）材料的功率半导体器件近20年受到了广泛关注，在国内，它们甚至被称为第三代半导体器件。宽禁带半导体材料指的是禁带宽度在2.3eV及以上的半导体材料，见表1-1。

表1-1 典型宽禁带半导体材料与硅材料特性的具体数值对比

| 材料 | 带隙/eV | 击穿电场/($10^8$V/m) | 载流子饱和漂移速度/($10^7$cm/s) | 热导率/[W/(cm·K)] | 熔点/℃ |
|---|---|---|---|---|---|
| 硅 | 1.1 | 0.3 | 1 | 1.5 | 1410 |
| 碳化硅 | 3.3 | 2.5 | 2 | 2.7 | >2700 |
| 氮化镓 | 3.39 | 3.3 | 2 | 2.1 | 1700 |
| 金刚石 | 5.5 | 10 | 3 | 22 | 3800 |
| 氧化镓 | 5.3 | 8 | 2.42 | 0.27 | 1740 |

目前在变换器中已普遍应用的宽禁带半导体材料是碳化硅（SiC）和氮化镓（GaN）。此外，金刚石、氧化镓等超宽禁带材料具备超高的耐压、抗辐射等性能，其在电力电子器件中的应用也开始受到关注，但仍处于早期研发阶段。相比于传统的硅材料，宽禁带半导体材料具有更高的电子饱和漂移速度、击穿电压、工作温度、热导率等性能，因此相较于硅器件，宽禁带器件具备更高的开关速度、工作频率、效率、耐压、温度、抗辐射能力等特性。在宽禁带器件诸多优点中，相对硅器件成数量级水平提升的开关速度与工作频率是其被提出的主要原因，虽然目前宽禁带器件开关速度和频率优势只是被部分利用，但已经在很多应用领域展示了优越性能。比如，对于屋顶光伏应用，大部分基于Si IGBT的逆变器功率密度小于0.38kW/kg（屋顶光伏逆变器产品对单位功率有强制要求），而参考文献［4］研制了一款基于SiC MOSFET的50kW逆变器，功率密度达到1kW/kg。再比如，对于UPS，参考文献［5］展示了分别基于Si和SiC器件的同样功率等级装置，结果显示基于SiC的UPS G2020比基于Si的G9000体积小17%。参考文献［6］展示了一款全SiC机车牵引逆变器，与已有的Si基装置相比，逆变器体积和重量分别减少55%和35%。参考文献［7］早在2013年已展示了通过用SiC MOSFET替代Si IGBT，电动汽车主驱逆变器体积和重量可分别降低35%和40%，目前全SiC MOSFET电动汽车主驱已在特斯拉汽车中广泛应用，并带动国内相关车厂推出相应产品。对于车载充电机（On Board Charger，OBC），通过使用SiC器件提升系统开关频率以提高功率密度的效果就更为明显。参考文献［8］展示了一个6kW的OBC，通过使用SiC器件，可以使系统以95%的效率工作在250kHz，相比Si器件，功率密度提升了10倍。尽管已有研究及产品已经展示通过使用宽禁带器件带来功率密度提升优势，但器

件理论上的高速高频特性还远没有被发挥，如果它们的动态特性得以充分发挥，变换器的功率密度仍有显著的提升空间。

综上可见，功率半导体器件的进步，特别是功率器件开关速度和工作频率的提升，是变换器功率密度提升的基础核心动力。不过，随着开关频率越来越高，高频化变换器也面临一系列的挑战。首先，高 $\mathrm{d}i/\mathrm{d}t$ 会给功率器件以及系统各处的寄生电感上带来电压尖峰，造成元器件击穿故障；高 $\mathrm{d}u/\mathrm{d}t$ 会在系统各处（如驱动与控制电路之间、线缆与负载间、互连焊盘间等）的寄生电容上产生位移电流，干扰元器件及电路的正常工作。其次，门极回路的寄生电感，也容易在高速开关下给器件开关带来振荡，导致误开关。再次，高速和高频变换器系统的电磁干扰（Electromagnetic Interface，EMI）问题更加恶劣。最后，高频磁元件的绕组和磁心损耗（可用磁元件寄生电阻来等效）大幅提升，开发更低损耗的磁心材料和设计更低损耗的高频磁元件结构也至关重要。高频化变换器面临的以上挑战根本原因之一便是装置中存在的寄生参数，下一节将详细介绍寄生参数的概念以及变换器中主要寄生参数已有的分析与建模方法。

## 1.2 寄生参数分析与建模

寄生参数指在电路系统中非设计所需要但却真实存在的电感、电容、电阻等电路参数。比如，在电路系统中，薄膜电容器是用来提供容性，但由于实际电容器含有金属电极和引线端子，这些金属不可避免地形成了电阻和电感，尽管电阻和电感值很低，对外部电路作用微小，但却真实存在，这些电阻和电感便被称为寄生电阻、寄生电感。

寄生参数是不可避免的。任何导体都呈现某种程度的阻性和感性，同时，在高频段不可避免地都呈现某种程度的容性。电路设计时，人们通常尽可能地减小寄生参数以降低对电路的额外影响。通常，器件厂商会在数据手册里给出主要寄生参数以供设计者了解并考虑如何降低这些寄生参数的影响。

在电力电子变换器中，常见的元器件有电阻、电感、电容、变压器、功率半导体器件，它们的常见寄生参数模型如图 1-2 所示。图 1-2 中展示的只是这些元器件的基础寄生参数网络图，随着元器件的结构不同以及工作频率的提高，这些寄生参数网络可能会变得很复杂。此外，一些常被人们忽略的互连、支撑结构也会带来寄生参数，图 1-3 就展示了变换器中常见的叠层母排所带来的寄生电感，以及 PCB 焊盘、电容电极、接地外壳之间的寄生电容。过去，当功率器件开关速度较低或变换器工作频率较低时，整个变换器系统工作在低频电磁环境中，寄生参数对电路影响微弱，因此常被忽略。但是，正如第一节所述，随着功率半导体器件的不断进步，变换器已来到了高频化时代，并且其工作频率还会越来越高，此时元器件及变换器结构所带来的寄生参数网络会越来越复杂，并且对系统工作影响越来越大。若仍然被忽略，则不可避免地会带来种种问题，如电压尖峰、电流不均、门极串扰、电磁干扰和谐振偏移等，很大程度降低系统性能，甚至导致系统无法工作。

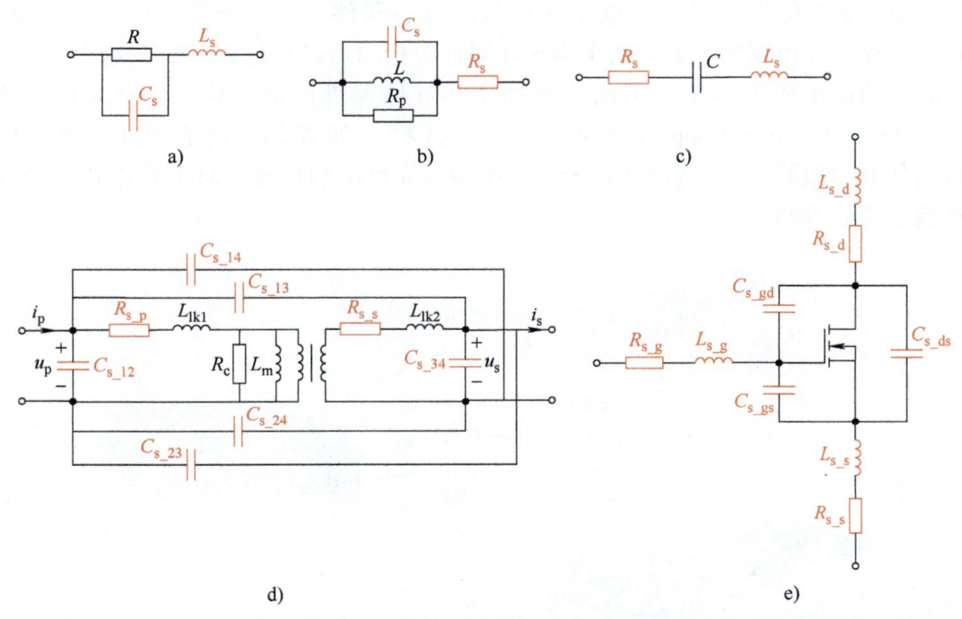


**图 1-2　电阻、电感、电容、变压器以及功率 MOSFET 的常见寄生参数模型示例**

（模型与工作频率相关，会随频率改变而改变）

a）电阻　b）电感　c）电容　d）变压器　e）MOSFET

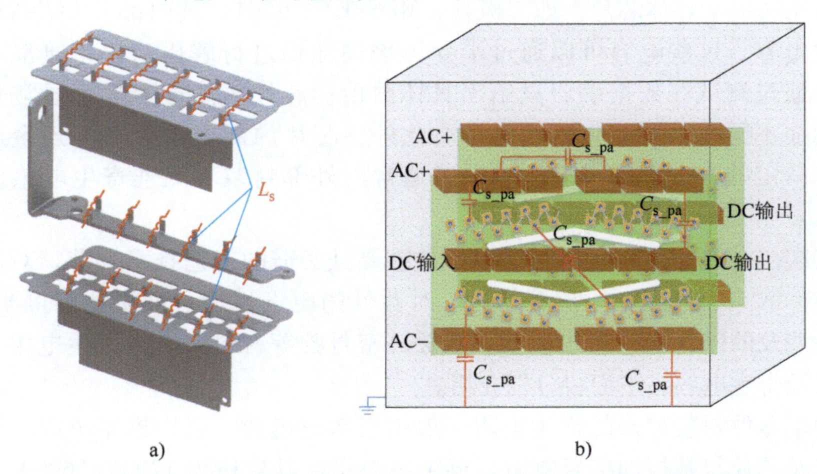


**图 1-3　叠层母排和 PCB 焊盘、电容电极、接地外壳等结构的寄生参数示例**

a）叠层母排的寄生参数　b）电容电极、接地外壳的寄生参数

随着高频变换器时代的到来，寄生参数不可忽略，且日益重要，本节将详细介绍已有的电力电子变换器的寄生参数相关工作。

### 1.2.1 功率半导体器件寄生参数

功率半导体器件是电力电子变换器的核心器件，是电能高效产生、传输、转换、存储和控制的关键。功率半导体器件包括芯片以及封装。图 1-4 展示了一种典型的运用于实际工程中的完整功率半导体器件内部结构，包括芯片、基板（Direct Bonding Copper，DBC）、互连材料（如焊料、键合线）、密封材料（如灌封胶）、外壳等组成部分。功率器件完整结构是通过对半导体芯片进行封装最终形成的。

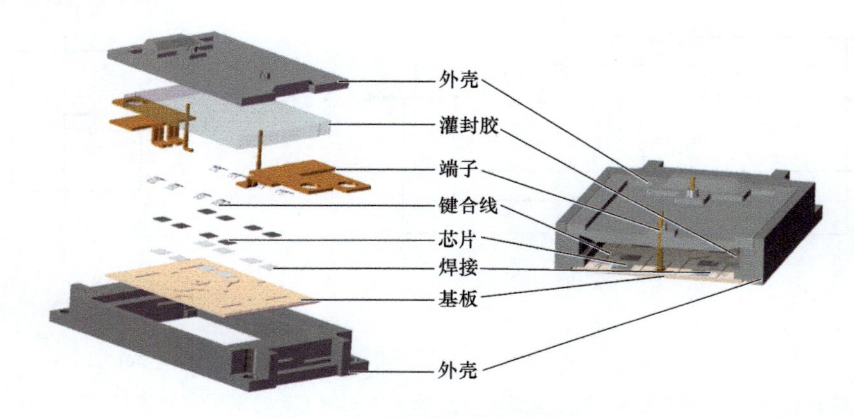


图 1-4 功率半导体器件内部结构

首先功率半导体芯片，如二极管、MOSFET、IGBT，其内部 PN 结结构会引入寄生电容，这些电容可以通过半导体物理知识进行解析建模，通常芯片厂商也会通过测试在数据手册里给出具体数值。芯片内部寄生电容通常受到电压影响而不同，为压控非线性电容。此外，芯片内部由于存在互连金属，也会带来一定的寄生电感，但这些电感通常与外部封装和互连寄生电感比起来很小。

其次，封装是功率器件制程中非常重要且必需的工艺技术环节，对芯片起到互连、散热、绝缘、保护等作用，对器件的电气性能、可靠性有重要影响。封装所涉及的键合线、引线框架、基板、密封胶等材料会引入寄生电阻、寄生电感以及寄生电容，下面将分别介绍。

功率器件封装带来的寄生电阻一般由三部分组成：引线框架电阻、键合线电阻以及芯片与基板焊接层电阻。英飞凌公司在其规格为 1200V/3600A 高性能 IGBT 模块 FZ3600R12KE3 的数据手册中标注了由上述封装材料引入的总寄生电阻值为 0.12mΩ。可以推算，在电流为 3600A 时会产生 0.43V 的额外电压降。IGBT 的通态电压降的典型值为 1.7V。由封装引入的寄生电阻上的电压降大约占总压降的 20%。因此，在一些大功率应用场景，功率模块寄生电阻带来的额外损耗不能轻易忽视。寄生电阻与电阻率和导体的长度成正比，与横截面积成反比。选择电阻率低的键合线，如铜线，并且尽可能缩短布线长度，增大单根键合线面积或者并联多根键合线都可降低寄生电阻。对于芯片与基板的连接层引入的寄生电阻，采用导电率更高的烧结银代替传统的焊料，也可进一步减少模块内部的寄生电阻。

功率器件封装带来的寄生电容在高压模块中受到较多关注，特别是对于高速器件，如 SiC MOSFET，因存在较大的电压变化率，将会加剧寄生电容对于器件开关特性以及变换器系统工作的影响。以半桥模块拓扑为例，图 1-5 展示了由封装引入的寄生电容分布以及对应的等效电路。模块内部的正极铜层、输出铜层、负极铜层以及散热基板之间均存在寄生电容。正极与输出极寄生电容 $C_{12}$、负极与输出极寄生电容 $C_{2n}$分别与上下桥臂芯片并联，相当于增大了器件的输出电容，一定程度上会增大开关损耗。$C_{out}$为输出极对地电容，是共模噪声的传导路径主要构成部分之一，对共模噪声有重要影响。因此，减少封装寄生电容对于抑制共模电磁干扰（Electromagnetic Interference，EMI）有着重要的作用。参考文献［9］指出芯片功率回路的寄生电容主要由 DBC 陶瓷层的厚度决定的，陶瓷层越厚，寄生电容越小。但是，较厚的陶瓷层厚度会增加模块的热阻，降低散热能力。参考文献［10］通过减小 SiC 半桥模块输出铜层面积的方式减小了寄生电容，降低了器件在开关过程中产生的对地电流。参考文献［11］通过芯片倒装焊接技术降低了输出极对地电容，有效降低了共模 EMI。上述模块均为传统的单层 DBC 结构形式。参考文献［12］提出了一种双层陶瓷基板结构，

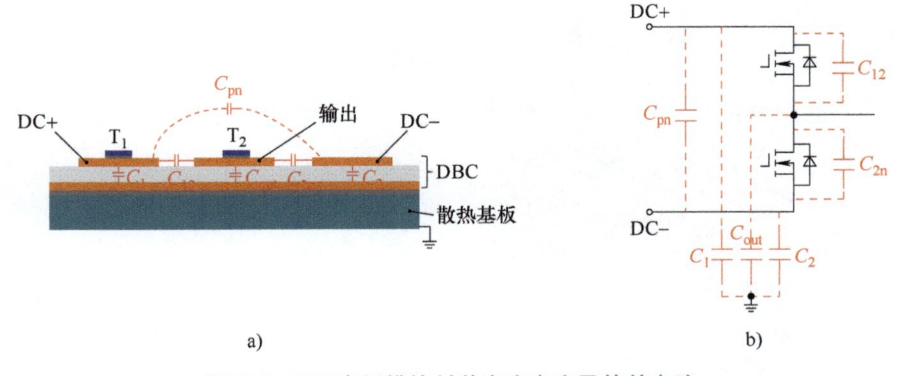


**图 1-5　SiC 半桥模块封装寄生电容及等效电路**

a）寄生电容分布图　b）考虑寄生电容的等效电路

利用中间铜层屏蔽表面铜层与接地铜层直接的电场，进而大幅减少对地寄生电容。同样地，参考文献［13］提出一种 COC（Chip-On-Chip）封装结构，将 SiC 芯片堆叠放置，两块 DBC 基板位于两侧，进而可利用中间铜层进行电场屏蔽，实现极低的输出极对地电容，达到抑制共模 EMI 的效果。实际上，对于不同的封装结构以及电路拓扑，功率器件中的寄生电容分布也并不相同。比如，在一些模块，也存在着芯片门极对散热基板的寄生电容，这需要结合具体应用对功率器件寄生电容进行建模分析，从而找到减少封装寄生电容的有效方法。

功率器件封装带来的寄生电感是现有研究中受到关注度最高的寄生参数。图 1-6 展示了单芯片构成的功率器件寄生电感分布以及等效电路。由封装互连金属引入的寄生电感有漏极电感 $L_d$、共源电感 $L_s$ 和驱动电感 $L_g$。$L_d$ 一般来源于正功率端子、DBC 铜层、焊接层材料。$L_s$ 一般来源于负功率端子、封装内部键合线。$L_g$ 一般来源于键合线及栅极引脚。不同位置的寄生电感对于功率器件的开关过程的影响各不相同。参考文献［14］指出漏极电感会在关断过程感应出瞬态电压，导致器件承受更高的电压应力。共源极寄生电感会降低开关速度，进而带来开关损耗的增大。当栅极寄生电感比较大而驱动电阻又比较小时，会造成驱动电压变化缓慢，影响开关时间，同时造成栅源过电压[15]。因此，为了更好地使用器件，尤其是具备高速开关能力的器件，发挥其高频特性，必须要减少封装产生寄生电感。对于低寄生电感的封装结构，已有大量的研究。根据结构特点可分为三种：改进引线键合结构、混合封装结构以及平面封装结构。传统引线键合结构因其工艺成熟、成本低的优势仍是目前 Si 基功率模块以及部分 SiC 基模块的主要互连形式，但往往会带来 15nH 以上的寄生电感。为降低寄生电感，改善型的引线键合结构被陆续提出，如铜夹型[16]，内部集成去耦电容型[17]，或者优化模块芯片布局[18]，可以将寄生电感降低到 10~15nH 左右。但

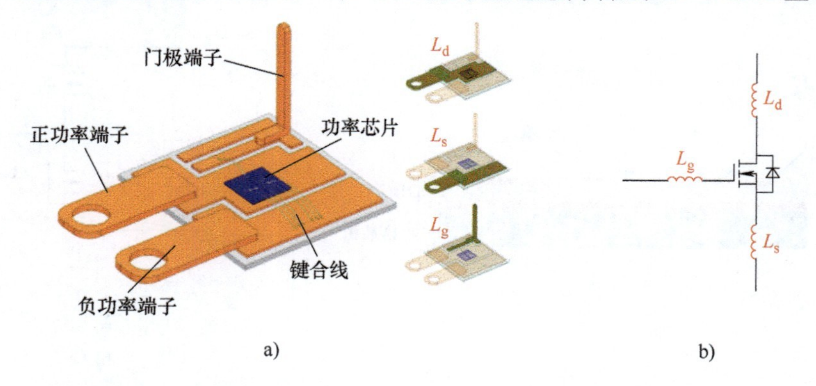


**图 1-6　单芯片构成的功率器件封装寄生电感分布及等效电路**

a）寄生电感分布图　b）考虑寄生电感的等效电路

是，引线键合结构因2D换流回路的限制，对于寄生电感的改善程度仍然有限。混合封装结构，可以在引线键合结构的基础上，将2D换流回路改进成3D换流回路，利用互感的抵消原理进一步减少寄生电感。参考文献［19］提出一种DBC与DBC混合封装的层叠功率模块结构，利用第二块DBC基板形成3D换流回路，将寄生电感降低到6.3nH。参考文献［20］提出一种柔性PCB与DBC混合封装的功率模块结构，利用同样的原理将回路寄生电感减小到0.79nH，实现了较大突破。平面封装可以通过固体垫片或焊料等方式实现芯片表面与其他平面结构互连，如PCB或DBC基板等。赛米控公司在2011年提出了一种SKiN型平面封装结构，通过银烧结技术将柔性PCB烧结到芯片表面源极，实现3D换流回路。基于SKiN技术设计出的1200V/400A的SiC功率模块，能够用将寄生电感减小到1.4nH[21]。此外，将功率芯片夹在双DBC之间的“三明治”型平面封装结构[22-23]，不仅可以降低模块寄生电感，也利于实现双面散热，减少模块整体热阻。

综上所述，功率器件封装带来的寄生参数会带来电流电压应力增加、开关损耗增加以及高频电磁干扰等系列问题。因此，减少封装寄生参数对于提高功率器件性能、增强系统稳定性和可靠性具有重要意义。除了关注寄生参数的绝对大小外，对于多芯片并联功率模块，也需要对各芯片回路寄生参数的对称性设计予以重视。由于封装结构导致的寄生参数不对称分布会影响电流在芯片间的均衡分配。不均衡的电流会使并联芯片间产生不对等的损耗、电压和电流应力，容易在某个芯片上形成更高的过冲应力。承受较高过冲电流的芯片可能会运行在安全工作区（Safe Operating Area，SOA）以外，进而引发失效。因此，为了模块能够安全运行，系统将被迫降额运行。参考文献［24］指出常用1200V IGBT功率模块的两芯片并联降额率约为15%，4芯片并联降额率达到19.6%。调整键合线布局[25]和长度[26]，优化引线框架结构[27]以及DBC布局[28]对于实现并联芯片回路的寄生电感均衡性设计都有一定作用。功率器件设计者可以根据实际应用场景，参考上述设计方法对模块进行综合设计。

### 1.2.2 磁元件寄生参数

变换器中的磁元件主要包括电感和变压器，主要功率等级从W到百kW级别，工作频率为kHz到MHz级别。对磁元件寄生参数分析由来已久，其主要包括与损耗相对应的寄生电阻、与绕组间电场相关联的寄生电容，以及与漏磁通相关联的寄生电感（通常叫漏感），下面将对这三部分分别进行介绍。

磁元件损耗包括绕组损耗，也称为铜损，以及磁心损耗，也称为铁损。从电路模型上看，与铜损相应的是绕组寄生电阻，与铁损相应的是磁心寄生电阻。

对于磁元件寄生电阻的建模主要就是损耗建模，由于磁元件损耗往往占变换器总损耗的相当比例，因此其损耗建模长期受到关注。

首先对于绕组，主要难点在于交流损耗的建模。工程上应用广泛的建模方法是有限元（Finite Element，FE）数值仿真，其可以计算出任意形状的绕组结构在不同电压电流激励下的损耗。但对于复杂绕组结构，仿真速度通常较慢，同时难以揭示结构尺寸与损耗之间的解析关系，不便于磁元件的正向设计。因此与之并行的，绕组损耗的解析模型也长期以来受到关注。早期研究人员通过将实际磁元件绕组结构化简成一维（1D）矩形，可以通过DOWELL解析模型较为精准地计算绕组的损耗，此经典模型假设绕组电流密度分布只与绕组厚度方向位置有关，因此是其损耗计算是1D的。上述假设在很多高磁导率磁心构成的平面变压器中是成立的[29]。然而，上述理论依赖于一个重要假设便是磁场强度在等效矩形导体宽度方向均匀，但实际很多情况下上述假设有较大误差，如绕组没有占满磁心窗口空间、磁心有气隙、绕组间距大等，此外这个模型也忽略了绕组的端部效应、磁心漏磁效应、电压/电流激励非正弦效应等，而这些实际工程中存在的情况也会降低DOWELL模型的精度。为了提高对绕组损耗解析建模的精度，不少研究对DOWELL 1D模型进行了修正[30-31]。进一步，为了适应更广泛的绕组结构和激励形式，参考文献［32-34］提出利用静态场仿真与半经验解析计算融合的方法可以有效地产生一种与频率相关的绕组损耗矩阵，这种方法适用于任意形状（包括1D、2D或3D），并且适用于不同的非正弦波形。此外，还有很多类似的解析方法对特定的绕组结构、绕线形式（特别是Litz线）及激励形式进行改进的工作，以及通过实验测量的方式来获取绕组损耗，这里就不一一列举了。

为了减少绕组的交流损耗，通常人们采用接近趋肤深度的Litz线或薄铜层来代替粗线或厚铜层，但这会带来更多的绕线匝数，进而加剧临近效应。参考文献［35-37］详细对比了在不同的绕组结构和激励下如何平衡趋肤效应和临近效应以及直流电阻，参考文献［38-39］给出了相应的优化设计规则。此外，气隙（特别是电感气隙）会产生漏磁通，进而给绕组带来额外损耗，为此学者提出了分布气隙或准分布气隙磁心结构来减小此额外损耗[40]。进一步，不同的电压电流激励形式会给减小绕组损耗带来不同的结论。比如对于电感，一种常见的电流激励是直流或者低频正弦叠加上高频纹波，在此激励下，参考文献［41-42］提出了采用并联双绕组结构及绕组端部半圆形避让区域结构可以有效地降低此种激励下的绕组损耗。

其次对于磁心，其损耗建模运用最广的是1984年提出的斯坦梅茨公式（Steinmetz Equation，SE）[43]，这是一个经验公式，其指出磁心损耗 $P_c$ 取决于磁心内部最大磁感应强度 $B_m$ 和磁场变化频率 $f$，并与斯坦梅茨系数 $k$，$\alpha$，$\beta$ 相关，如下式所示：

$$P_c = kf^{\alpha} B_m^{\beta} \tag{1-1}$$

上述系数通过对磁心在不同的磁感应强度和工作频率下测试数据进行拟合得出的。此方法应用广泛，但其只适合正弦电压电流激励，此外对于具有非线性磁滞回线的磁心材料此方法精度也会降低。为了解决上述问题，参考文献［44-45］提出改进 SE（Modified SE，MSE）可以计算非正弦激励下的磁心损耗。进一步，通过将式（1-1）中的频率改为磁感应强度对时间的微分，参考文献［46］得出了通用型的 SE（Generalized SE，GSE），其同样可以适应不同的电压电流激励波形。随后，不同的 GSE 被不断提出以提高公式的精度并扩大公式适用的激励波形和磁心材料范围[47-53]。

通过以上对磁元件绕组和磁心损耗的建模计算，再通过简单的电路等效便得到了等效寄生电阻。对于磁元件，由于绕组通常有众多导线构成，导线之间会形成复杂的寄生电容网络，这些寄生电容会参与变换器谐振、在功率器件高速开关下（高 $\mathrm{d}u/\mathrm{d}t$）产生较大的位移电流、恶化变换器传导干扰、甚至增大功率器件开关损耗，因此不少研究讨论了磁元件寄生电容的建模、抑制与利用。由于变压器寄生电容网络相对复杂，特别是 20 世纪 90 年代到 21 世纪初，高功率密度的平面变压器在通信及电子设备模块电源中的大量应用，很多文献报道了该类型变压的寄生电容建模与利用。最早期时，人们通常通过面积距离简单计算或测量来获得变压器的寄生电容，并在变压器绕组两端加上一个等效寄生电容，或者在一、二次侧不同绕组之间加上一个电容，这样就构成了最早期的变压器寄生电容网络[54-55]。参考文献［56］首次提出双绕组变压器的 6 电容模型及等效 3 电容模型，其考虑了绕组内电容以及绕组间电容，并通过计算静电场能量以及寄生电容网络拓扑关系来推导出不同的寄生电容值。在此基础上进一步将 3 电容模型推演化简为一个等效寄生电容。在中小功率平面变压器设计中，人们通常通过巧妙的设计一、二次绕组的排布来减小寄生电容，但需要针对不同运用来平衡不同排布结构带来的寄生电容、寄生电感、寄生电阻此消彼长的问题[57]。

除了变压器寄生电容网络建模，寄生电容本身解析计算也受到了广泛关注。对于电感绕组内部寄生电容，参考文献［58-59］分别对单层绕组、多层绕组进行了建模。对于变压器或耦合电感绕组内部及绕组间电容，参考文献［60-64］进行了详细的阐述。因此，参考文献［65］对其之前寄生电容建模工作进行了全面的总结。首先该研究阐述了磁元件绕组寄生电容建模最基础的层到层寄生电容解析建模工作，详细介绍了针对对齐排列和交错排列两种最常见的不同层绕组排布形式，分别用平行板电容模型和圆筒电容模型进行建模的结果，并进一步考虑利兹线代替粗线绕组时对上述结果的影响。进一步，该文献介绍了不同层绕组在不同连接方式下寄生电容模型的进一步演变，以及当绕组某一层不完整对上述情况的影响。最后文章给出了双绕组变压器完整的寄生电容等效电路模型。除了绕组间寄生电容，绕组磁心之间也存在寄生电容。参考文献［66］回顾了变压器绕组到磁心之间寄生电容的建模工作，并推导了更通用的解析表达式。随着新能源等中大功率应用的兴起，中高电压、中大功率等级、中高频变压器设计越来越受到关注，由于电压等级的升高带来更大的电场能量以及电压变化率，尤其是叠加上高速开关的 SiC 器件的应用，寄生电容在此类应用对系统工作的影响就更加明显。参考文献［67］讨论了中大功率电感用粗绕组串联和用细绕组并联情况下对寄生电容的影响以及优化工作。

变压器漏磁通带来的寄生电感（或称为漏电感）也是变压器重要的寄生参数。漏磁通指的是没有与一、二次绕组同时交链的磁通，因此对于电感没有此概念。很多谐振变换器会利用变压器自带的漏感作为谐振电感参与电路工作，因此漏感的建模与设计是变压器设计的重要环节，同样漏感建模分析工作可以分为解析和数值仿真两大类。参考文献［68-70］展示了应用广泛的解析建模方法，此方法假设漏磁通在绕组内部及绕组间空隙径向均匀，仅轴向分布。当磁心窗口高度与绕组径向高度接近时，此假设下建模精度较高。但实际磁元件中，一方面考虑绝缘等因素，绕组高度通常小于窗口高度，导致上述假设下的模型精度降低。参考文献［71-72］通过 Rogowski 系数来计算等效高度来改进上述问题。进一步，如果一、二次绕组高度不一致时，上述模型就不适用了，因此 Biela 等学者提出了不同的方法来在此情况下改进漏感的计算[73-76]。另一个方面，对于高频磁元件电压电流激励所带来的趋肤效应和临近效应，也会对漏感建模产生影响。对于工作频率至 2MHz 的高频变压器，通过 Dowell 方法或其改进方法[77-78]，参考文献［79-81］研究了漏感与频率的关系。

对于解析方法无法精确建模的复杂变压器结构，FE 仿真被广泛应用来提取漏感，通常 FE 仿真可以通过计算漏磁场能量或者漏电感矩阵两种方法来获取漏感[82-83]。但与其他寄生参数建模类似，FE 仿真适用于各种磁心及绕组结构，以及不同的激励形式，且精度相对解析公式更高，但通常仿真计算速度慢，且无法解释磁元件结构布局与漏感的普遍内在规律。

### 1.2.3 电容寄生参数

电容器是变换器中存储电场能量的元件，根据电介质材料及内部结构不同，变换器中常见的电容可分为电解电容、薄膜电容、陶瓷电容、低温共烧陶瓷电容等。其最常见的寄生参数模型见图 1-2，包含串联的等效电阻（Equialent Series Resistor，ESR）和等效电感（Equivalent Series Inductance，ESL）。此处寄生电阻是电容器内部电极、互连及端子金属的等效电阻，以及电介质损耗等效电阻的综合。寄生电感则是上述金属部件对应的电感，从电磁场本质角度看，则是电容器内部磁场所对应的等效电感。

对于电容的ESR，主要是通过测量或计算电介质损耗来折算[84-85]。对于电容ESL，参考文献［86-88］研究了等效寄生电感的计算方法并提出了如何减少的措施。对于变换器高频应用，上述低阶电容寄生参数模型精度降低，参考文献［89-90］提出了基于传输线理论的高阶电容参数，并对多层陶瓷电容开展了具体的建模。虽然传输线模型较为精确，但实际在变换器设计中应用显得过于复杂，因此对于大部分百kHz及以下变换器中的电容，多仍采用低阶模型，只有在分析EMI问题时，会考虑使用高阶电容模型。多数情况，电容器的寄生电感对变换器工作产生不利影响，因此研究人员多考虑如何来进行抑制。参考文献［91］提出了采用补偿网络方法来从系统层面抑制电容寄生电感的作用。

### 1.2.4 互连结构寄生参数

在电力电子变换器装置中，元器件之间通过金属导体互连，如印制电路板（Printed Circuit Board，PCB）走线、叠层母排、焊盘等，这些导体被称为互连结构。研究人员常关注的互连结构寄生参数为PCB走线带来的功率器件门极回路电感以及主功率环流回路电感。互连结构在中小功率变换器中，因为面积小、回路短，通过PCB上下叠层走线等方式可以有效地降低寄生电感，如果需要计算通常采用有限元仿真建模分析或者实验测量。当然，对于部分百kHz或者更高频率的变换器，也有学者应用射频领域常见的微带线相关理论对PCB走线进行寄生电感的解析建模[92]。

对于中大功率变换器，电流较大，元器件之间，特别是主功率回路功率器件与支撑电容之间通常采用母排进行互连，通常通过PCB或叠层母排作为电容与功率器件的互连载体。由于母排互连结构通常承受大电流，其寄生电阻、寄生电感与寄生电容都受到一定关注。作为组成功率单元换流回路的关键元件，PCB或叠层母排所引入的寄生参数对于功率器件的开关性能以及系统的可靠性有着重要的影响。因此，对互连结构寄生参数的研究，是高频大功率电能变换装置设计中的重要一环。相比于PCB，叠层母排具有高耐压强度、更大的电流承载能力，以及更高的散热性能，因此更适用于中大功率的变流装置的应用场景。本节以叠层母排为例，对其寄生参数进行介绍。

叠层母排的寄生电阻由导体的材料和形状决定，会带来一定的欧姆损耗。参考文献［93］指出叠层母排的欧姆损耗一般低于10W，相比于功率器件的损耗，可以被忽略。实际上，流过主电路换流回路的电流既有直流分量又有交流分量，对于不同频率的电流需要分别计算叠层母排的等效电阻以及对应的损耗。交流电阻会随着电流频率的增加而显著增大，进而带来更大的损耗。因此，需要结合具体的案例进行分析。

叠层母排寄生电容的大小由有效导体面积以及介电材料厚度决定，其在电路中的分布与实际的拓扑和结构相关。图 1-7 展示了两电平拓扑的寄生电容等效电路。如果采用正负两层母排结构，如图 1-7a 所示，电路中只存在正负母排之间的寄生电容 $C_{pn}$。该寄生电容与直流侧支撑电容并联，可以解耦寄生电感以减轻器件关断应力。同时，增大该电容能够降低母线特性阻抗，从而提高高频信号抑制和噪音滤除的效果[94]。但是，如果采用正负以及交流三层母排结构，如图 1-7b 所示，则会额外引入正极-交流母排间寄生电容 $C_{p\text{-}AC}$、负极-交流母排寄生电容 $C_{n\text{-}AC}$ 以及交流母排对地寄生电容 $C_{AC\text{-}gnd}$。$C_{p\text{-}AC}$ 和 $C_{n\text{-}AC}$ 分别与上下桥臂器件的输出电容并联，进而带来额外的开关损耗。$C_{AC\text{-}gnd}$ 为共模 EMI 噪声提供了传导路径，并会导致噪声振幅增大[95]。对于其他拓扑，如三电平 NPC，叠层母排的导体层数会更多，会带来更复杂的寄生电容分布。因此，需要根据不同的电路拓扑和结构对叠层母排寄生电容进行建模分析以及优化设计。

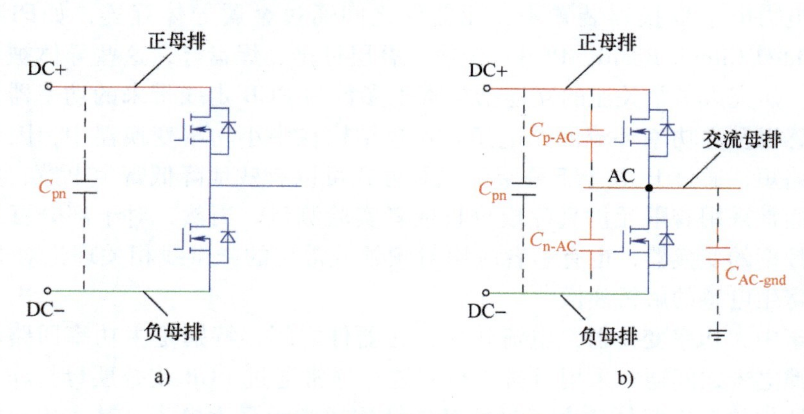


图 1-7　两电平拓扑的寄生电容等效电路

a）两层母排　b）三层母排

叠层母排具备低电感特性，其原理在于利用了电磁场抵消效应，从电路角度看，两个导体叠层会产生较大互感，在上下导体电流反向情况下，自感与互感会相互抵消从而降低等效寄生电感。对于叠层母排的寄生电感，已有大量的研究资料。参考文献［96］对叠层母排的结构参数进行研究，分析了不同物理结构对母排整体寄生电感的影响。参考文献［97］对母排上的槽口和通孔位置进行研究，通过调整槽口和通孔的位置，来使换流回路的寄生电感保持对称分布。

不同的电力电子变流装置有着不同的拓扑结构和功率等级，一般而言，变流装置的拓扑越复杂，功率密度越高，叠层母排的层数越多，母排的结构会趋向复杂。无论是何种拓扑结构和应用场景，建立准确的叠层母排寄生参数模型，是优化结构布局和设计的重要前提。

### 1.2.5 寄生参数建模方法

上面详细介绍了变换器主要元器件和结构的寄生参数建模与分析，总的来说，寄生参数建模方法可以分为解析计算法、数值计算法、实验测量法以及混合方法。由于变压器等无源器件相应寄生参数建模方法已有很多文献进行了很好的总结，这里以变换器母排结构以及功率器件封装的寄生电感为例，再拓展介绍一下上面提到几种建模方法。

在解析计算法方面，一般是基于差分形式的麦克斯韦方程组进行推导，进而计算寄生参数。参考文献［98］将叠层母排分成 $n$ 个具有正方形横截面平板导体，通过解析计算微元导体的电感最终合成得到母排寄生电感。参考文献［99］对该公式进行了改进，将切割的正方形横截面改成圆形横截面，以获得更精确的计算结果。然而这种方法对于低频且结构相对规则的叠层母排适用，随着高频化及多电平拓扑的应用，母排结构变得更加复杂，具备了多孔、多槽、多层等特征，解析公式难以准确计算叠层母排寄生电感。对于 PCB，参考文献［100］基于 PCB 走线之间均匀磁场强度和导体横截面内均匀电流分布的前提假设，给出了 PCB 中环路寄生电感的化简型解析公式。同样地，该公式对于估算低频下薄 PCB 走线的寄生电感是足够近似的。但是，在高频情况下，由于存在趋肤效应，上述两个假设都不能成立，解析公式不再适用。因此，通过解析公式对于结构寄生参数的建模分析存在着局限性。

数值计算方法，常见如有限元分析法（FEA）、部分元等效电路法（Partial Element Equivalent Circuit，PEEC）已被广泛应用于结构寄生参数的分析与提取。FEA 法是从电磁场的角度，将计算对象所处空间进行微小的网格划分，根据每个网格的边界条件单独求解电磁场方程，这样可以将每个网格内的电磁场二阶微分方程化简为低阶或者代数方程，大幅提高计算速度，进而快速地获得整个结构的电磁场以及与之对应的寄生参数。参考文献［101］利用有限元仿真 ANSYS Maxwell 分析了关键物理结构，如孔、端子等对叠层母排寄生电感的影响，修正了经典的母排电感解析公式。参考文献［102］通过有限元仿真 COMSOL 对功率器件的寄生电感进行了提取，分析了软件的配置参数以及边界条件对仿真精度的影响。但是，当仿真模型的物理结构变得更加复杂时，FEA 全场仿真需要大量的计算，对于计算机的硬件性能有着较高要求，并且仿真时间较长，有时收敛性也较差。PEEC 方法使用麦克斯韦积分方程代替微分方程，从电路角度来解决电磁问题，可以减少仿真成本[103]。参考文献［104］利用 PEEC 法将复杂叠层母排结构分割成适当数量并易于计算的小单元，然后通过 Q3D 分别计算提取单元导体电感，最后使用高阶 T 型或者 π 型电路串并联得到等效电路模型。参考文献［105］利用 PEEC 法对 Boost PFC 电路的寄生参数进行建模，进而对 EMI 噪声进行分析，并对电路布局进行优化设计。

实验测量法分为直接测量法和间接测量法两种。直接测量法一般采用高精密仪器对电路寄生参数进行测量。参考文献［106］利用网络分析仪对功率器件的寄生电感进行提取，建立了器件开关过程中的等效电路模型，并基于该模型对阻尼电路进行了设计。间接测量法可分为时域和频域法。时域法通过构建双脉冲测试回路，测得开关暂态器件两端的电压和电流来计算回路的寄生电感[107-108]。在频域提取方面，可以通过构建的双脉冲回路[109-110]或者 $LC$ 谐振回路[111-112]，测取谐振频率或者频域内的谐振点反推电路中的寄生参数。但是，实验测量法受平台硬件水平以及人为因素的影响较大，难以保证精度。

数值计算法通常可以直接得到对应互连或封装物理结构的自感互感矩阵，但具体物理结构对应的等效寄生电感却与电流路径之间关联，这就受应用场景、电路拓扑以及实际工作状态的影响。下面以一个 MOSFET 引脚寄生电感为例进行解释。

图 1-8 以 TO247-4pin 封装形式的功率器件为例，展示了同样的 4 个 pin 脚在不同电路工作状态下对应的不同寄生电感网络。图 1-8a 展示的是漏-源极以及栅-源极所包围的回路电感，主要用于对直流侧电容与 MOSEFT 主功率电流回路以及门极回路的整体电感量进行表征，以评估 MOSFET 关断电压尖峰、振荡所用。在电磁仿真软件，如 Maxwell 或 Q3D 中，确定导体的回路路径，即可对回路寄生电感进行直接提取。参考文献［113］利用回路电感模型对 NPC 三电平拓扑中不同的开关状态下的换流回路寄生电感进行分析，从而对叠层母排进行优化设计，以实现各器件电压应力的均衡性。

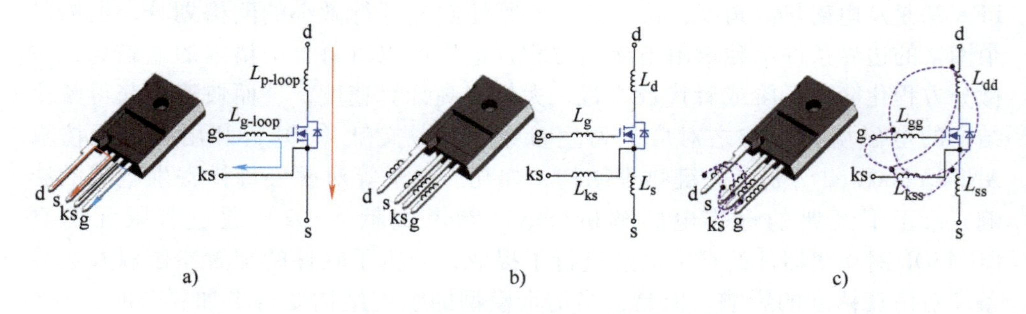


**图 1-8　回路电感、部分自感和互感模型**

a）回路电感模型　b）部分自感模型　c）部分自感和互感模型

但是，在其他的一些应用场景中，比如器件的并联应用，回路电感模型不再适用。这是因为影响电流分配的是各支路的等效寄生参数而不是回路寄生参数[114]。工程师需要对各并联器件对应的支路寄生电感的均衡性进行设计。此时，需要用到图 1-8b 的部分寄生电感模型。利用 Q3D 进行准静态电磁场的数值求解，可以提取包含自感、互感、自阻和互阻等部分寄生参数，以矩阵形式呈现。图 1-8b 为部分自感模型，即直接用矩阵中的自感作为每一段导体或每一条电流路径的等效电感。该模型优点在于可以直观地看到不同导体段寄生电感在电路中的分布和大小，从而能够有针对性地对各部分结构进行优化设计，以实现各支路寄生电感的均衡性。该模型在内部磁场耦合效应非常弱的情况下，例如，在具有单个铜层或大间隔走线特征的互连结构中，是适用的[115]。因此，在一些 MW 级的大功率大尺寸变流器叠层母排工程设计中，常常用提取得到自感作为各支路的等效寄生电感来快速判断结构设计的对称性，并有可能和电流的分布趋势上相吻合。但是，当导体间具备较强的磁场耦合效应时，如互连结构在空间上较为紧凑或者结构中的电流路径比较紧密时，该模型会显得较为“粗糙”，精度会大幅减弱，无法准确对器件以及系统电气特性进行准确评估，并难以进一步对结构进行正向优化设计。参考文献［116］指出只考虑各电流路径的自感而忽略耦合互感时，对于模块总体寄生电感的计算会带来 8%的误差。图 1-8c 为自感和互感模型，即考虑了各导体间的磁场耦合效应。此时，互连结构中各导体段的等效寄生电感是由自感以及耦合互感共同决定的。该模型的优势在于精度较高，并可以通过 Q3D 将提取到的寄生网络生成对应的 SPICE 模型并导入到与 SPICE 兼容的电路仿真器中，从而进一步对器件电气特性或者变流器系统的整体性能进行分析。参考文献［117］基于部分自感和互感模型对叠层母排寄生电感进行建模分析，通过优化母排结构增加互感，从而减少母排的局部等效寄生电感。参考文献［118］基于该模型对功率模块的封装寄生电感进行建模，实验结果表明考虑互感耦合的寄生参数模型与实验测试结果更为接近。参考文献［119］针对多 SiC MOSFET 并联功率模块，建立了考虑并联支路自感和互感效应的寄生参数模型，重点关注互感耦合效应对于开关瞬态电气特性的影响，并通过优化局部互感降低等效寄生电感。

上面的例子展示了，对于同样的一段物理结构，其寄生电感建模需要与应用场景和电路工作耦合。在电力电子电路中，通常一个周期内有不同的开关状态，因此带来不同的电路工作状态，导致不同的电流路径，如果如图 1-8c 所示考虑电流路径之间的耦合，则即使对于同一段金属导体，也会有不同的等效寄生电感。在这种情况下，实际工程应用中最佳方案是得到某一段金属导体的等效电感，而不是用数值计算得到的电感矩阵网络再通过场路耦合计算得到电路特性。特别是当互连结构复杂时，比如大于 3 个器件并联的应用场景，会带来复杂电流路径，进而带来大规模耦合寄生参数网络，此时路-场联合仿真的时间较长，容易不收敛，且无法获得关键结构尺寸与等效寄生电感的内在关系，难以支撑产品快速开发周期及正向设计的要求。

因此，有学者采用数值解析融合的方法获取各支路等效寄生参数。即先通过数值仿真软件提取互连结构的多维寄生参数矩阵，接着根据实际电路关系进行降维推导，进而得到等效寄生参数。参考文献［104］将寄生电感矩阵中每一行的所有元素求代数和，从而得到各支路等效寄生电感，这种方法只适合各导体段具有相同电流时的情况，因此存在局限性。参考文献［120］针对器件并联应用下的叠层母排结构，建立了包含部分自感和互感的寄生电感模型，通过电路关系化简后可以得到不同开关状态下的回路寄生电感，但各并联支路的等效寄生电感仍然无法获得。

## 1.3 总结

一代功率器件决定一代电力电子变换器。随着硅基功率半导体器件的不断发展，特别是宽禁带器件的出现及普及应用，电力电子变换器开关速度和开关频率越来越高，高频化进程不断加速。在这样一个新的时代下，寄生参数建模与设计重要性大幅提升。本章简单回顾了功率器件的发展以及对电力电子变换器高频化的影响，并详细介绍了变换器主要元器件及结构寄生参数建模设计的已有工作。通过回顾，可以看到对于磁元件、电容器、功率器件等主要元器件，目前寄生参数建模、分析、设计已被普遍关注，但变换器结构相关的寄生参数工作目前主要面向简单结构，对于复杂的结构，比如会带来数万个寄生电容、数百个寄生电感的结构，往往分析的不多。因此本书后面几章将详细介绍复杂结构寄生电容和寄生电网网络的建模与设计。

# 第2章 多器件串联型高压变换器

从本章开始，本书将详细介绍复杂结构寄生网络建模。本书将分别介绍结构带来的复杂寄生电容网络建模设计、复杂寄生电感网络建模设计，并分别以典型的多器件串联型高压变换器、多器件并联型大电流变换器为例开展介绍，其中，面向多器件串联的变换器应用结构寄生电容网络建模及相关设计将在第3~4章介绍。

本章主要以X射线机高压电源为例介绍多器件串联型高压变换器，首先介绍了应用背景和相关小型化需求，然后介绍了该应用主要拓扑结构和相关工作原理。

## 2.1 高压变换器及其小型化

X射线机可用于医疗诊断，其产生医学图像有不同原理方法，常见如计算机断层扫描（Computed Tomography，CT）、乳腺X射线摄影和荧光透视等。据此，人们发明了不同的机器，如CT机、乳腺X射线摄影机和荧光透视机。图2-1所示为医用X射线机的示例。医用X射线机可用于不同身体部位的成像，如骨骼、乳腺、牙齿，以及不同形式的成像，如2D、3D和运动监测。

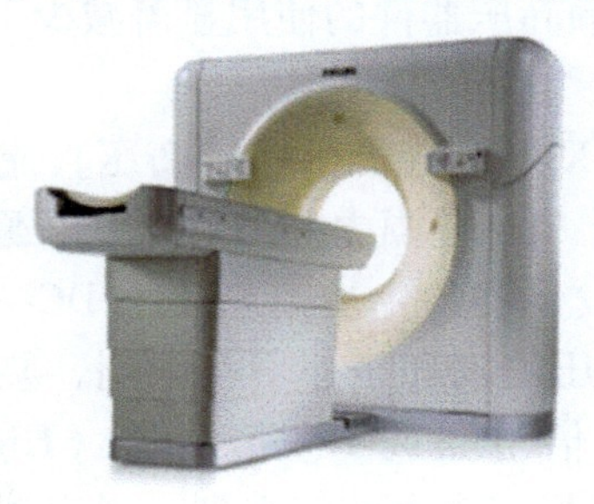

a)

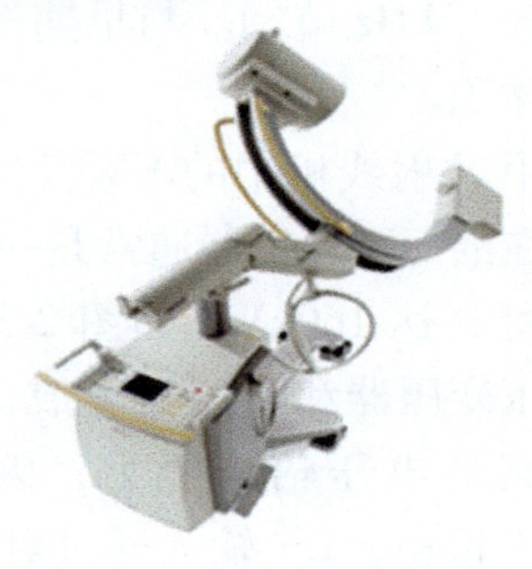

b)

图2-1 医用X射线机示例

a）计算机断层扫描机 b）移动式C型臂

为了产生 X 射线，需要两个基本电源，即低压（Low Voltage，LV）和高压（High Voltage，HV）直流电源。图 2-2 展示出了电源和 X 射线管的连接。LV 电源在 X 射线管阴极丝中产生数安培的电流，阴极丝经加热后发出电子，这些电子在阴极周围像云一样扩散。HV 电源在阳极和阴极之间提供 20～160kV 的高压，在两极之间形成了一个强电场用以加速电子。电子经过加速后获得足够的能量，并与阳极材料碰撞，进而产生 X 射线。同时，电子的流动形成 HV 电源的输出电流，其范围为 10～5000mA。在参考文献［121-122］中，这个 HV 电源也被称为 HV 发生器（High Voltage Generator），后续本书将统称为 HV 发生器。

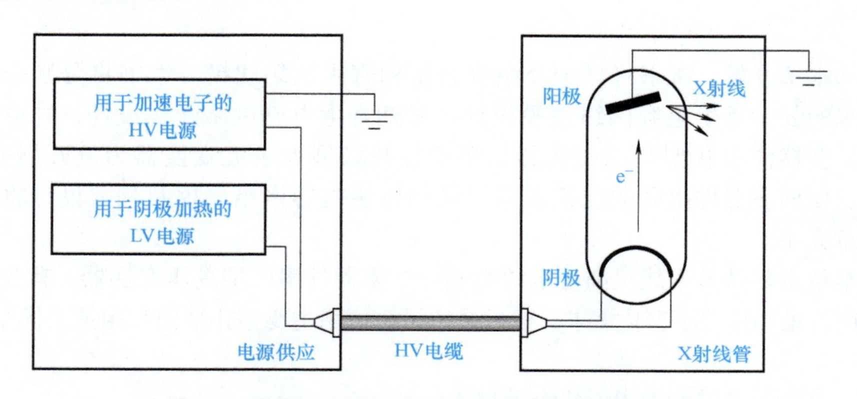


图 2-2　医用 X 射线机中 X 射线管主电源的示意图

为了使 X 射线机装置紧凑体积小，通常 HV 发生器体积需要设计得尽量小。近一个世纪以来，随着功率器件的不断改进，HV 发生器电路拓扑也随着变换。从 20 世纪初期的机械开关到 20 世纪中期的低频功率器件，如晶闸管，再到自 1980 年以来的高频功率器件，如 IGBT 和 MOSFET。随着功率器件性能的不断提升，特别是器件耐压等级的不断提高，当前的电路拓扑已可以使 HV 发生器工作频率达到百 kHz 范围。与早期设备相比，高频高压器件的使用显著减少了 HV 发生器的体积。

医用 X 射线机中的 HV 发生器是一种向 X 射线管提供稳定高压直流电的装置。现在的 HV 发生器通常是一种工作在数十 kHz 范围内的高频开关电源，其输出电压可高达 160kV。如图 2-3 所示，HV 发生器的主功率电路由 DC-AC 逆变器、升压变压器和整流器组成，由于输出高压需求和拓扑增益限制，整流器需要有很高的电压倍增能力，因此也称电压倍增器或 HV 倍增器（High Voltage Multiplier）。DC 输入通过对来自电网的三相交流电整流得到。逆变器将直流电转换为高频交流电作为升压变压器的一次侧输入。升压变压器将较低的 AC 电压转变为高 AC 电压。然后，进一步经过整流器变为直流输出，进而为 X 射线管供电。反馈控制电路的功能是使输出电压精确、稳定且可调。在整个装置中，无源元件和整流器占用了 HV 发生器的大部分体积。

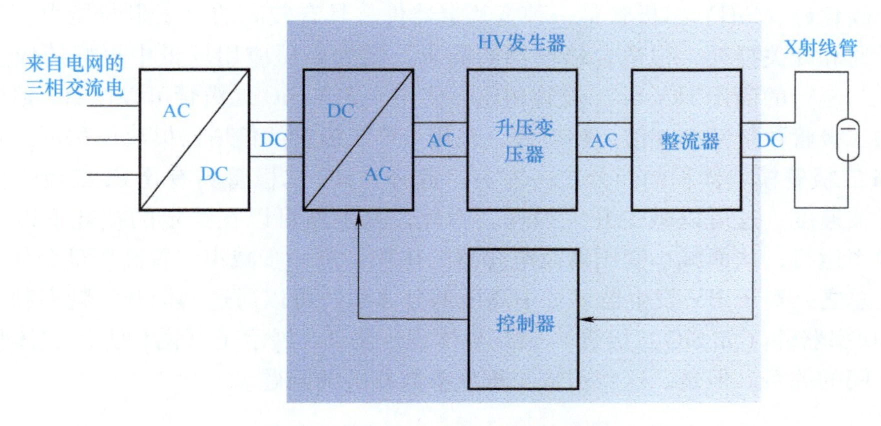


图 2-3　HV 发生器的典型电路框架

HV 发生器中主要的无源元件有电感器、电容器和变压器。其中，HV 变压器的体积最大。通过增加变换器的开关频率，可以减小无源元件的参数和尺寸。一些研究者已经证实了发生器开关频率超过 100kHz 的可行性，这意味着系统的体积可以进一步减小。

除了无源元件，HV 倍增器是影响 HV 发生器体积的另一个主要因素，其由倍压电路构成，常见拓扑如 Cockcroft Walton（CW）电路。此电路通过倍增来自变压器二次侧输出的交流电压以得到 20～160kV 范围的直流电压。与普通的桥式整流器相比，倍增器可以降低变压器的匝数比，变压器的寄生效应和成本也可以随之降低。倍增器电路包括电容器和二极管。由于其具有高电压，通常将其与变压器一起组装在油箱中。为了安全起见，X 射线机的油箱接地，并且装满绝缘油以提高击穿电压。图 2-4 展示了某企业的 HV 发生器装置中的高压部分。可以看出，HV 倍增器模块占据了箱体的最大部分。除了电容器，二极管也占据了一部分体积，这是因为需要大量的二极管串联来承受高压。例如，额定输出电压为 150kV 的 HV 发电机需要 960 个 1kV 硅（Si）二极管。为避免绝缘油击穿并提高散热能力，二极管周围也需要留有足够的空间。一种有效

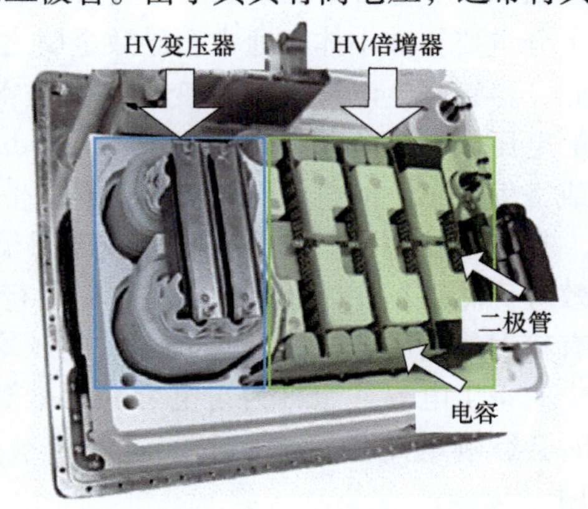


图 2-4　某企业的 HV 发生器装置中的高压部分（含 HV 变压器、HV 倍增器等）

减小二极管占用体积的方法是使用具有高击穿电压的二极管，在降低损耗同时可以减少二极管的数量，从而减小装置高压部分的体积。

碳化硅（SiC）二极管是一种宽禁带器件，具有较高的电压阻断能力、较低的导通和开关损耗，很适合倍增器的需求，成为高压应用场景中更好的候选器件。与流行的商用1kV Si二极管相比，使用4.5kV SiC二极管可以使HV倍增器中的二极管数量减少4倍。相应地，采用SiC二极管的倍增器模块体积可以减小到Si二极管模块体积的四分之一左右。此外，SiC二极管具有比Si二极管更快的开关速度，这可以减少开关损耗。因此，发生器可以在给定的损耗下以更高的频率运行，从而减小变压器及电容器的体积，进一步减小装置高压部分体积。

总之，对于HV发生器装置中高压部分体积，可以通过增加开关频率和应用HV功率器件（如SiC二极管）来减小体积。图2-5展示了这两种方法和体积减小之间的关系。但是，这将引入与寄生参数相关的问题。

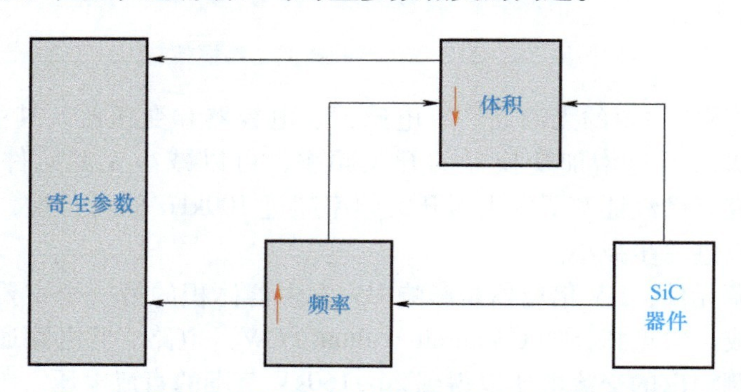


图2-5　两种减小倍增器模块体积的思路以及带来的问题

在HV发生器体积减小和开关频率增加时，寄生参数对系统运行的影响就变得十分重要。减小体积通常会导致金属之间的距离缩短，电路布局的回路缩小。因此，尽管寄生电感可能会变小，但是寄生电容会变大。高速开关及高频化带来的电压或电流的时间导数（$du/dt$或$di/dt$）增加会导致寄生电容中的电流更高或寄生电感上的电压更大。这使得寄生效应在电路设计中更为重要。

在发生器中，与谐振电容器或电感器等电路元件相比，变压器一次侧的寄生效应仍然很小。因此，它们对电路运行没有显著影响。图2-3中的变压器通常具有较大的电压比，以获得较大的电压增益。但是，由于高电压比，二次侧绕组中的寄生电容（也称为自电容）等效到一次侧时有可能与谐振电容相当，严重时会影响电路的稳态运行，这已经被广泛注意到，并得到了很好的分析和利用[123]。

在最后一个体积庞大的部分，即HV倍增器模块中，寄生电容没有前面提到的变压器中的寄生电容那么大。然而，随着体积的缩小和开关频率的提高，寄生电容可能变得更大，并影响电路的稳态运行。倍增模块中的寄生参数问题没有得到充分的调查研究，这导致了以下问题：

**1. 电路中的寄生电容对电路稳定运行的影响有多大？**

通常，HV 发生器中的逆变器采用谐振拓扑。谐振电容与电感确定了电路的谐振频率，进而确定了电路的特性。如果增加发生器的开关频率，则谐振电容值可能降低到与倍增器模块中的寄生电容相当。在这种情况下，寄生电容会影响到电路稳态运行以及特性。因此，在电路设计中考虑到倍增器模块中的寄生电容模型至关重要。然而，现有文献中并未提及寄生电容在发生器运行中的作用及建模设计方法。

**2. 如何控制电场强度？**

由于接近 150kV 的高压存在，另一个问题是在不大的 HV 倍增器模块内部会出现很高的空间电场强度，其可能导致绝缘油的击穿。随着模块变得比以前更小，电场可能会变得更强。了解模块内电场强度的分布，并尽可能地减小它以避免击穿是十分重要的。空间电场可以通过寄生电容来进行建模表征，因此其分布和减小也与寄生电容相关。

为了解决以上两个问题，本书将详细介绍 HV 倍增器的寄生电容建模，如前所述，此寄生电容会影响到 HV 发生器的稳态运行，因此有必要首先回顾下高压变换器的主要拓扑以及工作原理。

## 2.2　高压变换器拓扑

本节将回顾 HV 发生器的电路拓扑结构，并介绍目前主流拓扑结构及其工作原理。由于发生器的工作原理比较复杂，首先本节介绍 HV 发生器的演变历史，然后介绍 LCC 谐振变换器及工作原理，接着介绍整流电压倍增器及其工作原理，最后介绍 LCC 与倍增器组合在一起的稳态和瞬态工作情况。

### 2.2.1　HV 发生器的演变

图 2-6 为随着功率器件的发展而变化的 HV 发生器。本节简要回顾 20 世纪广泛使用的三种 HV 发生器电路。

HV 发生器向 X 射线管提供直流电压脉冲。X 射线曝光时间，即一个输出电压脉冲的时间，取决于 X 射线机需要照射的身体不同部位特征及相应工作模式。如要拍摄高质量的图像，HV 发生器需要满足以下条件：

1）输出的直流电压应尽可能稳定，纹波尽可能小；

2）输出电压和负载具有宽可调范围；

3）输出电压应具有快速动态响应；

4）装置体积小，重量轻，成本低；

5）装置寿命长。

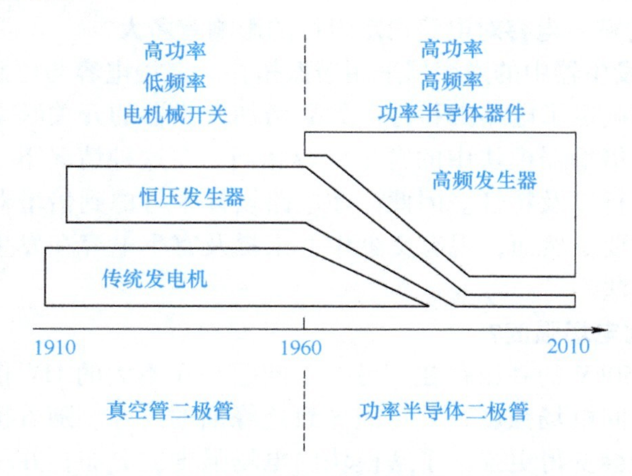


图 2-6 随着功率器件的发展而变化的 HV 发生器

在 20 世纪，主要有三种 HV 发生器主功率电路，分别是传统的整流电路（从单脉冲到 12 脉冲）、恒压发生器（也称直流发生器）和高频发生器（频率远高于 60Hz）。前两种在 20 世纪早期被广泛使用，但在过去 30 年中很少生产。第三种类型是目前主流的 HV 发生器，它具有优越的性能。推动 HV 发生器更新迭代的主要动力是功率器件的快速发展。下面简要介绍历史上三种发生器的特点。

**1. 早期 HV 发生器**

图 2-7 所示为早期传统 HV 发生器单相全波整流电路图。它由一个自耦变压器、一个开关装置、一个 HV 变压器和一个桥式整流器组成。由于过滤低频高压脉波的电容器成本高、体积大，所以它没有使用输出电容器进行滤波。来自电网的单相 220V 电压作为输入，通过自耦变压器和 HV 变压器，输出可调的高压交流，其调节由带有电动调节的自耦变压器来实现。曝光时间由计时器生成电子信号来控制机电开关来调节。控制的响应时间在几十 ms 范围内，使得电路可以产生快速准确的输出脉冲。全波整流器可以将正弦波形转换为一个周期内具有两个脉冲的半波波形，并且此电路可以很容易地调整为不同的相似模式，例如单相单脉冲、三相六脉冲和三相十二脉冲。输出的脉冲数越多，传递功率越高，电压纹波越小，但电路成本越高，体积越大。在传统发生器中，三相十二脉冲整流电路具有最佳性能，可实现的最大功率为 150kW，最小输出电压纹波约为 3%。

传统发生器在功率器件出现之前已经被发明并广泛应用。当时，除了机电开关之外，电子真空管也是常用的开关器件，如四极管。电子真空管也可以被

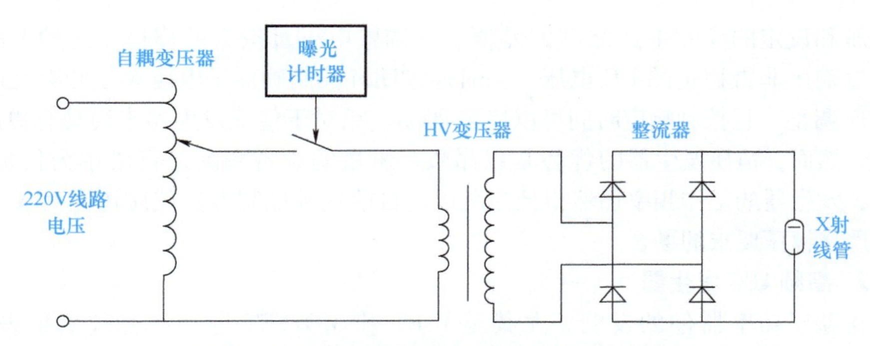


图 2-7　早期传统 HV 发生器单相全波整流电路图

用作整流器的二极管。虽然电子真空管具有快速的开关过程，但它们在高功率应用中有几个主要限制，例如相对较短的使用寿命、最大电流仅几百毫安、高成本和大体积。电子真空管的局限性阻碍了发生器的工作频率，当时发生器最高频率在 60Hz 左右，而功率半导体器件和脉冲宽度调制（Pulse Width Modulation，PWM）技术的出现使 HV 发生器高频化成为可能。此外，低工作频率会导致无源器件的体积和输出电压纹波变大。随着功率器件的发展，传统发生器已逐渐被使用功率器件的新拓扑替代。自 20 世纪 80 年代以来，这种传统发生器几乎被放弃使用。

图 2-8 展示了另一种传统发生器——恒压发生器，其可在 X 射线管上提供几乎恒定的电压，其纹波可以忽略不计。恒压发生器是传统三相发生器的改进结构，它与传统发生器的区别是没有使用自耦变压器，其输出电压和曝光时间是通过 HV 电子管在二次侧进行控制的。线电压作为恒压发生器的输入，经过三相变压器升压后，被整流为六个或十二个脉冲。输出环路中串联了两个 HV 电子真空管（可以是三极管、四极管或五极管），还加入了一个比较器电路，以测量输

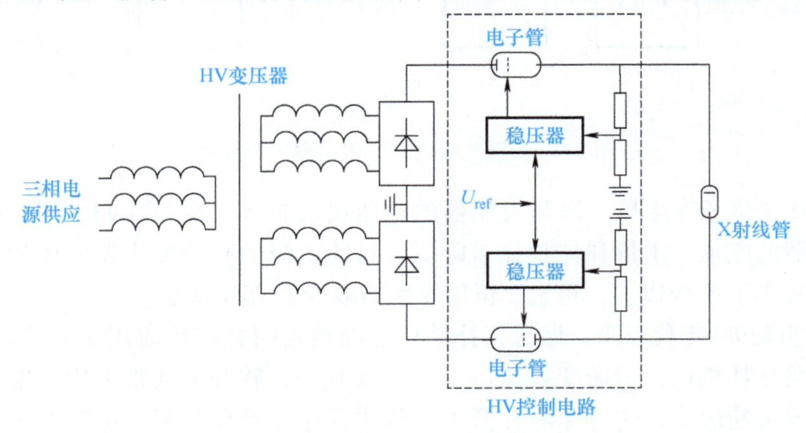


图 2-8　恒压发生器电路

出电压和设定的参考电压之间的差值，并调整电子真空管的栅极。这种电路拓扑可以输出非常稳定的 DC 电压，同时通过闭环控制确保了电压大小和曝光时间的快速调整，且控制响应时间可以快至 20μs，相对于传统发生器来说具有更高的性能。然而，恒压发生器的优势是以昂贵、笨重的设备和高运行成本为代价的。此外，发生器的工作频率仍然很低。所以，目前这种控制方法仅应用在对 X 射线管有严格恒压要求的场合。

**2. 高频 HV 发生器**

得益于功率器件的发明，尤其是 IGBT 和 MOSFET 等功率晶体管的发明，HV 发生器从传统的百 Hz 级别的低频电路变为 kHz 以上的高频电路。HV 发生器的工作频率通常在几十 kHz，甚至采用最先进的技术可以使之达到数百 kHz。

图 2-9 展示了高频发生器主功率电路的框图，其是电力电子常见的 DC-DC 变换器。三相或单相线电压经过整流后作为 HV 发生器的输入。HV 发生器由一个变压器、一个整流器和一个逆变器组成，其中逆变器通过快速器件，如 MOSFET，将 DC 电压转化为 AC 电压，整流器使得高频 AC 电压转化为 DC 电压。由于 AC 电压频率较高，无源元件的体积得以大幅减小，同时输出电压的电压纹波也降到最低。此外，高频发生器还可以通过控制电路实现快速响应，时间大约在数百 μs。图中未显示的闭环控制电路确保了输出电压的稳定，使之不受线路电压或真空管电流变化的干扰。除此之外，该拓扑结构的输出电压和负载可以很方便地进行宽范围调节。

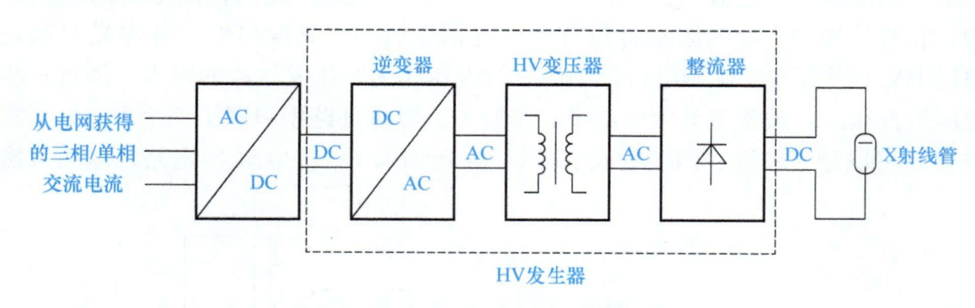


图 2-9　目前流行的高频发生器电路框图

相比于恒压发生器，高频发生器的电压纹波较大、响应时间较慢，但是高频发生器的成本、重量和体积显著降低。目前主流的高频发生器的体积比恒压发生器减小了 80%以上，重量比恒压发生器减少了 75%以上。

20 世纪 80 年代以来，谐振拓扑结构已经被发明并广泛应用于开关电源中。与硬开关拓扑相比，谐振变换器可以实现软开关，软开关通常采用零电压开通或零电流关断形式，这意味着在开关过程中几乎不产生损耗。由于开关损耗的大幅减小，在同等效率下谐振变换器具备比硬开关变换器更高的开关频率。高开关频率反过来又降低了变换器中无源器件的体积，这进一步使得变换器的体积大幅减小。此外，在硬开关变换器中，寄生效应往往会对电路引发额外的不利影响，从而导致效率降低、电磁干扰（EMI）等问题。然而，谐振变换器可以将寄生效应作为电路的一部分并利用它们来生成期望的波形，这个特点使得谐振拓扑结构非常适用于具有大量寄生参数的场合，如 HV 发生器。谐振变换器由于其优越的性能，已被广泛用于 HV 发生器，下一节将介绍几种常见的拓扑及各自优缺点。

### 2.2.2　LCC 谐振变换器

在过去的 30 年，谐振 DC-DC 变换器得到了广泛而深入的研究。基于能降低开关损耗这一主要优势，研究者已将其用于各种需要功率转换的场合。同时谐振 DC-DC 变换器是唯一一种在文献中报道的用于 HV 发生器的电路，并且已有多种拓扑结构，涵盖了从两元谐振[124]到四元谐振[125]，从单电平[126]到多电平变换器[127]的电路。其中，串联谐振变换器（SRC）、并联谐振变换器（PRC）和串并联 LCC 谐振变换器（简称 LCC）三种拓扑结构在实际应用中应用最为广泛，也是其他拓扑结构的基础。本节简要回顾了这些变换器用于 HV 发生器时的优缺点，并选择性能最好的一种拓扑用于后文寄生参数研究。

所有谐振变换器都包含一个谐振腔，它是不同类型谐振变换器的区别之处，其可以滤除方波中的高次谐波，产生正弦信号以实现晶体管的软开关。目前用于 HV 发生器中的谐振变换器，最基本并广泛使用的仍然是 SRC、PRC 和 LCC。下面将简要回顾这三种谐振变换器，以评估其在 HV 发生器应用中的优缺点。

图 2-10 所示为 SRC 的原理图，参考文献［128］分析了 SRC 的稳态性能。其应用于 HV 发生器的主要优缺点如下：

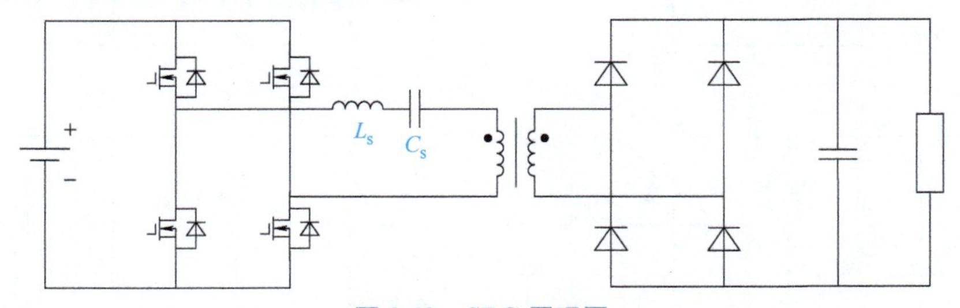


图 2-10　SRC 原理图

优点：

1）当负载减小时，开关管和谐振腔中的电流也会减小。这种特性降低了导通损耗以及其他损耗，从而在负载范围较宽的情况下（如 HV 发生器）实现良好的轻载效率。

2）SRC 的输出端采用的是电容滤波器而非电感滤波器，因为在输出电压较大且隔离要求较高时，输出电感滤波器会体积大、成本高。虽然在具有电容滤波器的电路中，电容器中存在较大的电流纹波，使得损耗增加，但 HV 发生器输出电流非常小，可以减小这种损耗。

缺点：

1）SRC 的最大电压增益仅为 1，所以其应用于 HV 发生器时，无法满足高输出电压的要求，这导致升压的负担落在变压器和整流器上。HV 变压器的大电压比虽然实现了更高的电压增益，但这会使得寄生电感和寄生电容变大以及体积和成本增加。

2）SRC 在重载时具有良好的电压稳定性，但在轻载和空载时的稳定性较差。这种特性使得 SRC 无法在 HV 发生器的负载发生变化时保持稳定的输出电压。

3）SRC 可以将变压器的寄生电感合并到串联谐振电感 $L_s$ 中，但是变压器的寄生电容不能被 SRC 利用，这可能会影响电路的稳定运行。

图 2-11 展示了两种类型的 PRC 电路，一种带有电感输出滤波器，如图 2-11a所示，另一种带有电容输出滤波器，如图 2-11b 所示。参考文献［129］对这两种电路的稳态性能进行了分析和比较，发现电容式 PRC 可以实现与电感式 PRC 几乎相同的性能，并且电容式 PRC 去除了输出电感器，这样可以在开关管和谐振电流相同的情况下减小谐振元件的值，从而使得谐振变换器体积更小。

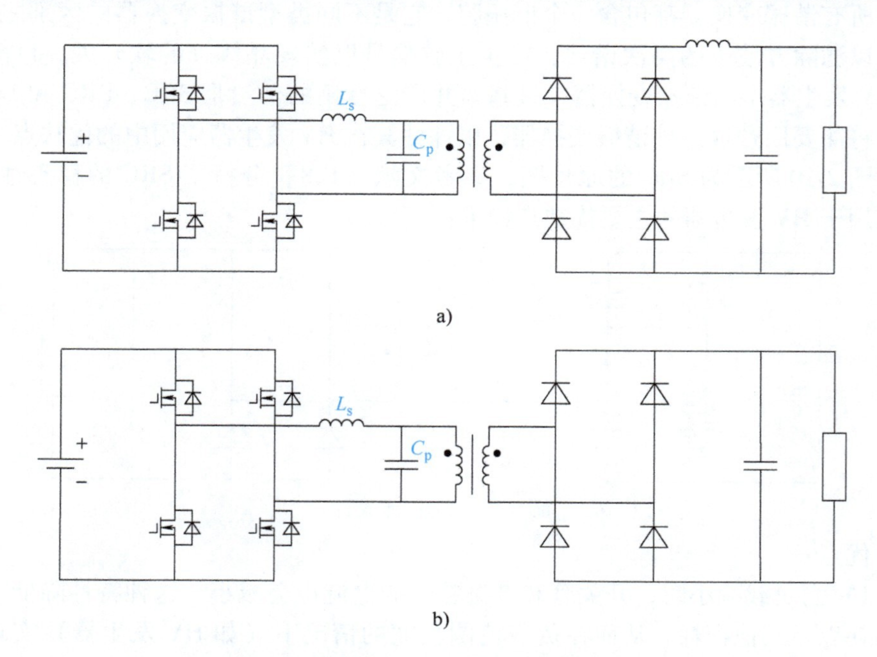


图 2-11　PRC 电路原理图

a）电感输出滤波器　b）电容输出滤波器

因此，电容式 PRC 被选择应用于 HV 发生器，其优缺点如下：

优点：

1）电容式 PRC 的电压增益可以大于 1，这对于其在 HV 发生器中的应用十分有利。

2）HV 变压器的寄生电感和寄生电容均可以并入谐振腔。

3）输出电感被移除，大大节省了体积和成本。

4）电容式 PRC 在输出短路时可以自我保护，其短路电流受到谐振电感 $L_s$ 阻抗的限制，这使得电容式 PRC 电路可以防止因 X 射线管中的电弧所引起的输出短路。

缺点：

1）PRC 在轻载时具有良好的电压调节能力，但在重载时的调节性能较差，这会影响 PRC 对宽负载范围的 HV 发生器进行调节。

2）开关管和谐振腔中的电流不会随负载减小而降低，这使得 PRC 应用于 HV 发生器时，其轻载效率变差。

通过选择合适的电容比 $C_s/C_p$，LCC 就可以做到结合 SRC 和 PRC 的优点并消除它们的缺点[128,130]。LCC 也有两种类型的输出滤波器，即电感和电容输出滤波器，如图 2-12 所示。同样地，在 HV 发生器中首选电容式 LCC，尽管工作模式不同，但其特性与电感式 LCC 几乎相同。SRC 和 PRC 优势的良好结合使得 LCC 更适用于 HV 发生器，并逐步成为在 HV 发生器中应用最广泛的拓扑结构。

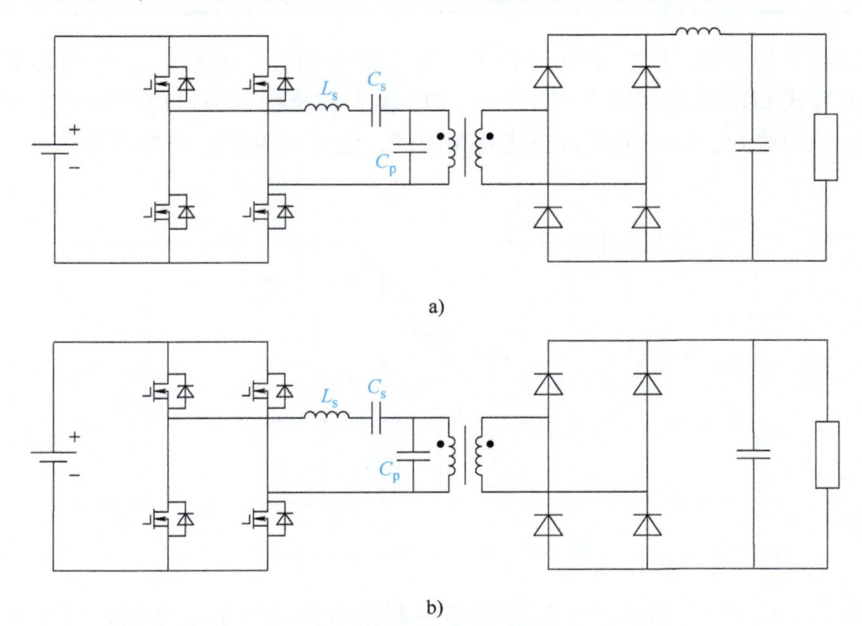


**图 2-12　LCC 原理图**

a）电感输出滤波器　b）电容输出滤波器

以下是电容式 LCC 的优缺点：

优点：

1）电容式 LCC 的电压增益可以大于 1，这对于其在 HV 发生器中的应用十分有利。

2）HV 变压器的寄生电感和电容可以并入谐振腔。

3）输出电感被去除，大幅节省了体积和成本。

4）随着负载减小，开关管和谐振腔中的电流也会降低，从而保证了良好的轻载效率。

5）通过将开关频率增加到串联谐振频率 $1/(L_s C_s)^{0.5}$ 以上，LCC 可以轻易地消除短路电流。实际上，当并联谐振电容 $C_p$ 短路时，LCC 可作为 SRC 工作。

上文简要回顾了 SRC、PRC 和 LCC 在应用于 HV 发生器时的特点。表 2-1 总结了这些电路的优缺点。

表 2-1　面向 HV 发生器的 SRC、PRC 和 LCC 的比较

| | SRC | 电容式 PRC | 电容式 LCC |
|---|---|---|---|
| 电压增益 | 最大为 1 | 可能大于 1 | 可能大于 1 |
| 电压调控 | 重载时好，轻载时差 | 轻载时好，重载时差 | 轻/重载都好 |
| 寄生参数利用 | HV 变压器的寄生电容 | HV 变压器的寄生电容和电感 | HV 变压器的寄生电容和电感 |
| 轻载效率 | 好 | 差 | 差 |

通过上文分析，LCC 更加适合 HV 发生器应用，下面将展开介绍其工作原理。电容式 LCC 电路如图 2-12b 所示。DC 输入和全桥开关可以产生一个方波作为谐振腔的输入。以开关管占空比 0.5 为例，电路可重新绘制为图 2-13。

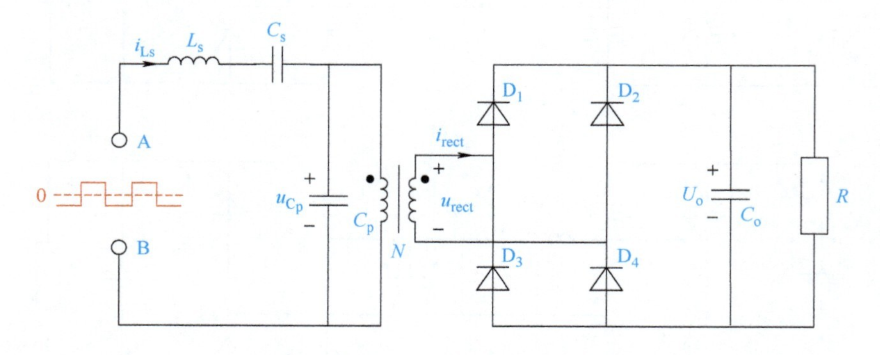


图 2-13　以方波为输入的 LCC

由 $L_s$、$C_s$ 和 $C_p$ 组成的谐振腔能够抑制输入方波的谐波分量，只留下正弦波[131]，所以通常情况下，对于 LCC 电路，谐振腔中的电流 $i_{Ls}$ 近似呈正弦波形。

该电流将在一个周期内分别为电容器 $C_p$ 和负载充电。通常假设输出电容器 $C_o$ 足够大，从而认为输出电压 $U_o$ 在稳态下保持不变。

图 2-14 展示了 LCC 在一个周期内不同区间的等效电路。这些等效电路对整流器进行了简化，并取决于整流器中二极管的导通状态。当电流 $i_{Ls}$ 流入整流器并向负载充电时，电容器 $C_p$ 的电压被箝位为 $U_o/N$，同时其极性在两个半周期内反转，如图 2-14a 和 c 所示。当二极管都处于截止状态时，电容器 $C_p$ 在 $\pm U_o/N$ 之间充放电，如图 2-14b 所示。LCC 能够在这三种模式下运行，在此基础上，可以用状态空间法对电路运行状态进行分析[130]。

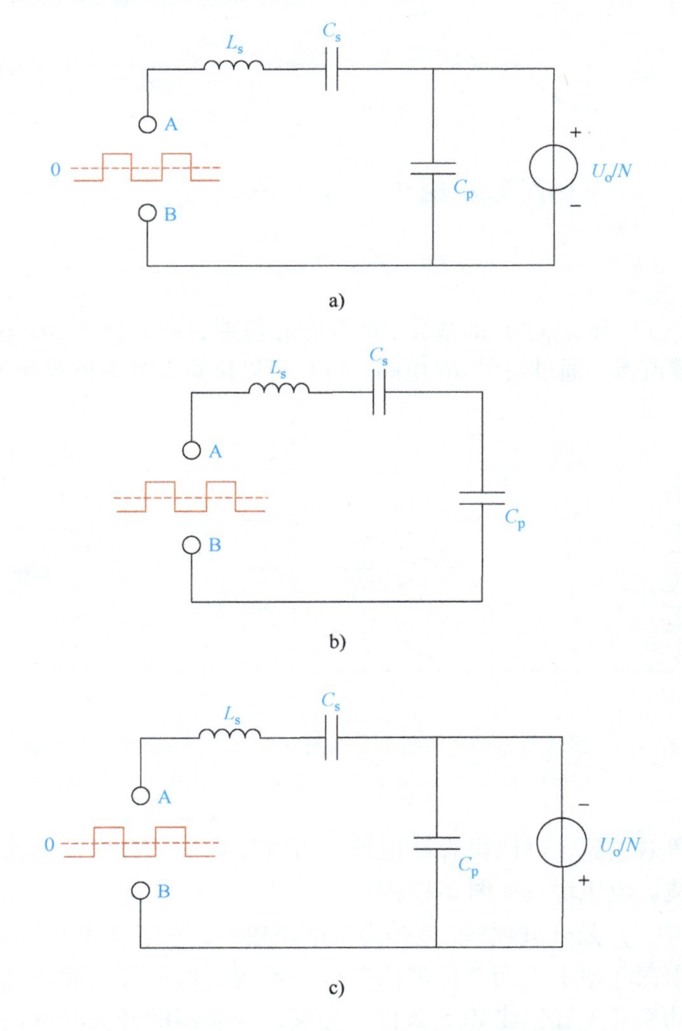


**图 2-14　LCC 在一个周期内不同区间的等效电路**

a）$D_1$ 和 $D_4$ 导通时　b）整流器中的所有二极管都截止时　c）$D_2$ 和 $D_3$ 导通时

另一种分析 LCC 电路的简单方法是基波分析法。图 2-15 展示了整流器输入电压和电流的波形。整流器有导通和截止两种状态，因此它是非线性的。如果只考虑输入电压和电流的基波分量，整流器也可以用一个 *RC* 网络来代替。

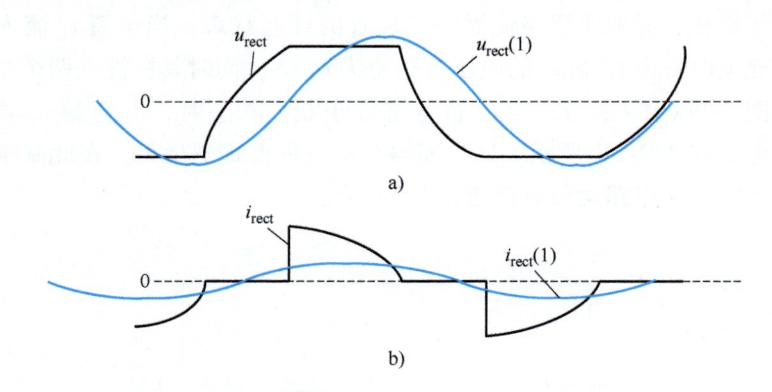


**图 2-15　整流器输入电压和电流波形及其基波分量**

a）电压　b）电流

注：$u_{rect}(1)$ 和 $i_{rect}(1)$ 分别表示整流器输入电压 $u_{rect}$ 和输入电流 $i_{rect}$ 的基波分量。

由于 $u_{rect}(1)$ 和 $i_{rect}(1)$ 的基波之间存在相位差，所以使用 *RC* 电路而不是纯电阻来代替整流器。通过使用 *RC* 电路，LCC 可以化简为图 2-16 所示的形式。

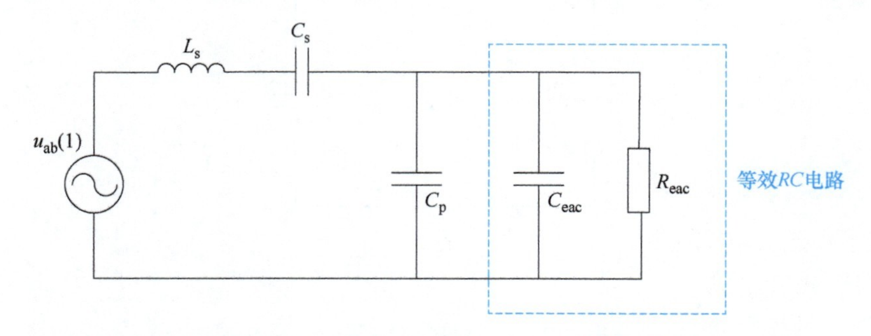


**图 2-16　通过基波分析法得到的带有电容滤波器的 LCC 等效电路**

注：$u_{ab}(1)$ 表示图 2-14 中端点 A、B 输入方波电压的基波分量。

基于该等效电路，可以很容易地推导出电压传递函数以及电路中的其他稳态电压和电流。电压增益如图 2-17 所示。

图 2-17 中，$f_s$ 是开关频率，$f_{sr}$是串联谐振频率，它定义为 $1/[2\pi(L_sC_s)^{0.5}]$。LCC 可以在谐振频率上下两个区域内工作。当变换器的开关频率低于谐振频率时，可以为功率开关管创建 ZCS 条件。相反，变换器的开关频率高于谐振频率时，则可以为功率开关管创建 ZVS 条件。对于功率 MOSFET，首选 ZVS 条件。

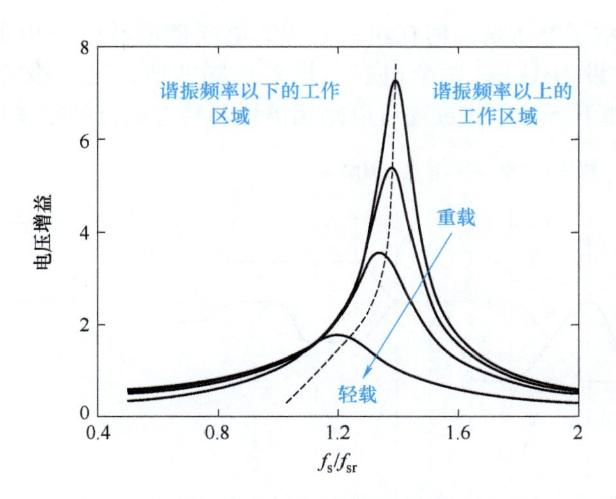


图 2-17　LCC 的电压增益

## 2.2.3　对称式 C. W. 电压倍增电路

整流电压倍增器是一种整流器，它将 AC 输入转换为 DC 输出，并提高了电压等级。在应用于高压环境时，John Douglas Cockcroft 和 Ernest Thomas Sinton Walton 在 1932 年发明了一系列整流电压倍增器[132]。随着输入电压的提升，倍增器减轻了 HV 发生器中变压器的升压负担，变压器的匝比和电压应力得以降低，从而进一步减小了变压器的体积、成本和寄生效应。因此，发生器的体积有望减小，寄生效应对电路运行的影响也将减弱。下面通过分析单级 C. W. 电压倍增器（也称为电压加倍器）来介绍整流电压倍增器的工作原理。

图 2-18 展示了单级 C. W. 电压倍增器的原理图。它由一个推挽电容器 $C_1$（也称耦合/传输/过渡电容器），一个输出电容器 $C_{o1}$（也称平滑电容器）和一对二极管组成。输入电压 $u_{in}$ 是峰值为 $U_{pk}$ 的正弦电压，输出电压 $u_o$ 是倍增器在稳态时产生的 $2U_{pk}$ 直流电压。

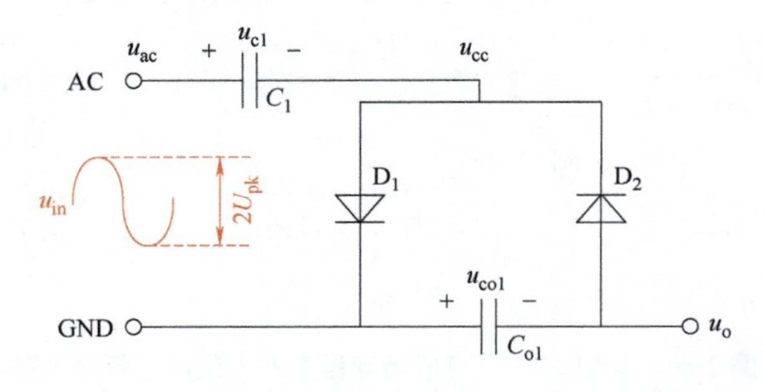


图 2-18　单级 C. W. 电压倍增器的原理图

图 2-19 展示了电压是如何在单级 C. W. 电压倍增器中一步步稳定的。输入电压的峰值 $U_{pk}$ 设为 1kV，两个电容器设置相同的值，且二极管被认为是理想的。运行过程如下所述，此过程可以阐明倍增器稳态运行的基本原理。

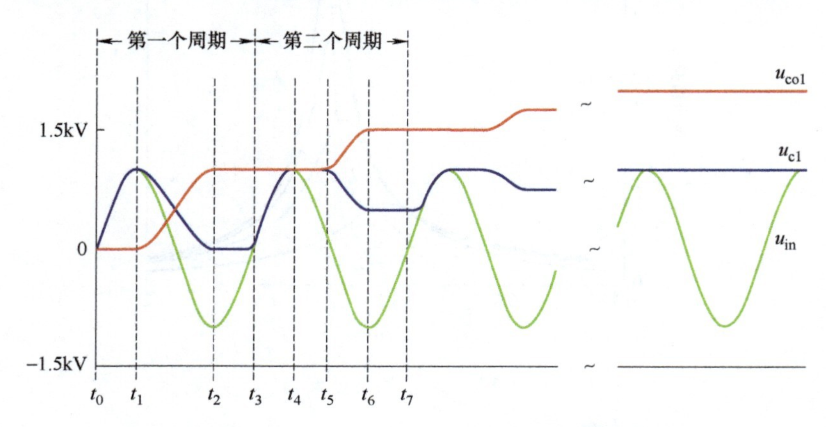


图 2-19　单级 C. W. 电压倍增器中的电压稳定过程

在第一个周期：

1）$t_0 \sim t_1$：在第一个正半周期开始时，二极管 $D_1$ 具有正向电压偏置。推挽电容 $C_1$ 充电至其电压 $u_{C1}$ 达到 $U_{pk}$，如图 2-20a 所示。随后二极管 $D_1$ 截止，电容 $C_1$ 停止充电。

2）$t_1 \sim t_2$：在第一个周期中，$C_{o1}$ 的初始电压为零。因此，输入电压 $u_{in}$ 从峰值降至较低电平时，二极管 $D_2$ 正向偏置。电流通过 $C_{o1}$，$D_2$ 和 $C_1$，如图 2-20c 所示。电容 $C_{o1}$ 充电至其电压 $u_{Co1}$ 达到 $U_{pk}$，此时电容 $C_1$ 放电到零。在这个阶段，电荷从电容 $C_1$ 移动到 $C_{o1}$。在随后的周期中，也可以观察到类似的电荷转移，因此 $C_1$ 也被称为推挽电容。在 $t_2$ 时刻，即输入电压 $u_{in}$ 降至负峰值时，二极管 $D_2$ 截止。

3）$t_2 \sim t_3$：输入电压 $u_{in}$ 开始增加，两个二极管都截止。在这个区间，两个电容都没有充电，如图 2-20b 所示。它们之间的电压保持不变。

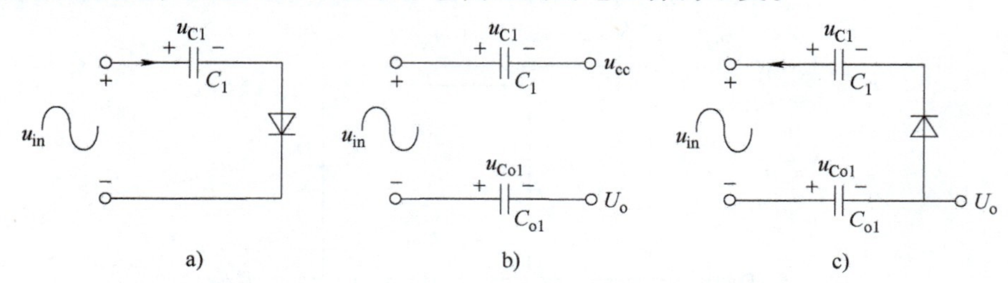


图 2-20　单级 C. W. 电压倍增器在不同区间的等效电路

a）推挽电容充电时　b）无电容充电时　c）输出电容充电时

在第二个周期中：

1）$t_3 \sim t_4$：在第二个正半周期开始时，因为电容 $C_1$ 在 $t_2$ 时被放电至零电压。二极管 $D_1$ 再次具有正向偏置电压，与 $t_0 \sim t_1$ 区间相同，当输入电压 $u_{in}$ 达到 $U_{pk}$ 时，电容 $C_1$ 再次充电至 $U_{pk}$。

2）$t_4 \sim t_5$：由于电容 $C_{o1}$ 在上一周期中充电，具有一定的初始电压，所以二极管 $D_2$ 需要等待一段时间才能产生正向偏置。在第二个周期中，当输入电压 $u_{in}$ 降至零时，二极管 $D_2$ 导通。因此，在这段时间内，两个二极管都截止，电容上的电压保持不变。

3）$t_5 \sim t_6$：输入电压降至零，$D_2$ 导通，电容 $C_{o1}$ 再次开始充电。与 $t_1 \sim t_2$ 区间相同，电容 $C_1$ 放电，电荷从 $C_1$ 转移到了 $C_{o1}$。但在过渡阶段的每个周期中移动的电荷数量会逐渐减少，直到电路稳定运行。在这段时间内，移动的电荷量是 $t_1 \sim t_2$ 区间的一半。

4）$t_6 \sim t_7$：当输入电压 $u_{in}$ 再次达到负峰值时，两个二极管都截止，电容上的电压保持不变至下一个正半周期。

在后续的周期中，电容 $C_1$ 在正半周期充电至 $U_{pk}$，在负半周期其电荷移动到 $C_{o1}$ 上。电压 $u_{co1}$ 增加并在几个周期后进入稳定状态。之后二极管始终处于截止状态，两个电容的电压保持不变。$C_1$ 的稳态电压为 $U_{pk}$，而 $C_{o1}$ 的稳态电压为 $2U_{pk}$。

如果将负载并联到输出电容 $C_{o1}$ 上，输出电压 $u_{Co1}$ 在稳定状态下也会出现电压纹波，如图 2-21 所示。电压纹波 $\delta_{uco1}$ 由负载吸收电荷引起。在输入电压 $u_{in}$ 的正半周中，电荷移动到推挽电容 $C_1$ 中。同时，负载从输出电容 $C_{o1}$ 中吸收能量，导致电容上的电荷和电压降低。在负半周中，一旦二极管 $D_2$ 导通，电荷就从电容 $C_1$ 移动到 $C_{o1}$ 上，因此电压 $u_{Co1}$ 增加。总的来说，电容 $C_{o1}$ 在整个周期中的充电和放电导致了电压纹波。

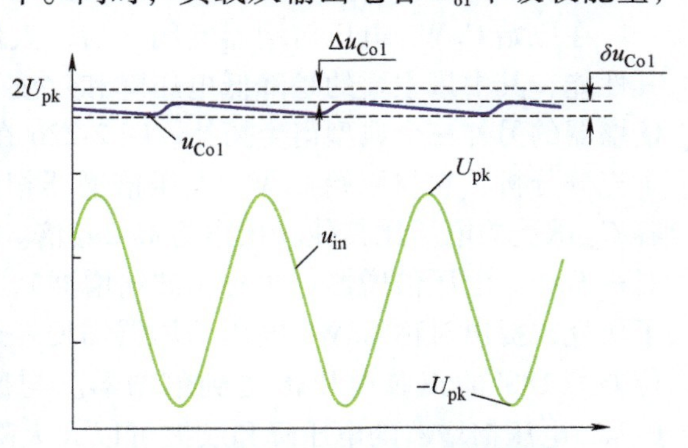

图 2-21 单级 C. W. 电压倍增器在稳定状态下的输出电压波形

此外，当倍增器有负载电流时，会出现电压降（$\Delta u_{Co1}$）。此时输出电压将低于空载电压。电压降反映了倍增器的能量转换效率。因此，将实际输出电压与空载电压的比值定义为倍增器的效率。

正如前文所提到的，HV 发生器需要稳定的输出电压，并且具有尽可能低的纹波。因此，电压降和纹波是衡量倍增器性能的两个重要指标，它们受电容、工作频率、负载、级数以及不同拓扑结构的影响。在下文中，将比较不同的倍增器在这两个指标上的表现，以评估它们的性能。

1920 年，瑞士物理学家 Heinrich Greinacher 首先发明了整流电压倍增器，但直到 1932 年 Cockcroft 和 Walton 发表的文章被广泛引用，这一发现才被人们注意到。此后，该电路被广泛称为 C. W. 电压倍增器。

图 2-22a 展示了原始 C. W. 电压倍增器。由于每个周期其输出电容器只被充电一次，所以它也被称为半波 C. W. 电压倍增器。它是前文所示的单级 C. W. 电压倍增器的级联，并且多级 C. W. 电压倍增器的工作原理与单级 C. W. 电压倍增器十分相似。在空载条件下，C. W. 电压倍增器的输出电压为 $2n_{st}U_{pk}$，其中 $n_{st}$ 是倍增器的级数。随着负载的增加，输出电压 $U_o$ 会下降并出现纹波。HV 发生器用于医疗 X 射线机中时，其级数通常小于 5，因此以下假设是有效的：

1）第 $i$ 级中流动的总电荷比第一级中流动的电荷小 $i$ 倍。

2）推挽电容和输出电容的充电时间远远短于一个周期。

3）输出和 GND 之间的负载电阻可以视为 $n_{st}$ 个分别并联于每个输出电容上的电阻。

基于这三个假设，参考文献［132-133］提出了电压降和纹波的公式，这些公式在表 2-2 中展示。在早期阶段，参考文献［134-135］也提到了由二极管结电容引起的电压降和纹波。但每个链路二极管的有效结电容通常比推挽电容和输出电容小几百倍，几乎不影响电压降和纹波。此外，参考文献［136-137］研究了推挽和输出电容在特定应用中的最佳值，以最小化电压降和纹波，并且从中可以得知当 $n_{st}$ 小于 5 时，电容的不同分配对电压降和纹波的影响并不大。

在原始 C. W. 电压倍增器发明之后，人们对该电路进行了许多改进以改善其性能，其中最主要的是降低电压降和纹波。图 2-22 还展示了原始 C. W. 电压倍增器的另外三个典型衍生拓扑。图 2-22b 在参考文献［138］中被提到并进行了充分分析，它与原始 C. W. 电压倍增器相比，电压降大大降低，但是输出电容 $C_{on}$ 承受的电压比其他输出电容高 $2n_{st}$ 倍。图 2-22c 展示了 W. Heilpern 提出的对称 C. W. 电压倍增器（也称全波倍增器），参考文献［139］对该倍增器进行了研究，提出对称 C. W. 电压倍增器需要一个带有中心抽头的变压器将两个相位差为 180°的正弦电压馈送到倍增器。与原始 C. W. 电压倍增器相比，对称 C. W. 电压倍增器的电压降和纹波可以大大降低，不过要使用几乎两倍的元件，但这也使得对称 C. W. 电压倍增器中元件所需的电流承载能力仅为原始 C. W. 电压倍增器的一半。因此，对称 C. W. 电压倍增器的总体性能优于原始 C. W. 电压倍增器，故被广泛应用于 HV 发生器。最近，一些研究人员提出了一种改进的对称 C. W. 电压倍增器，如图 2-22d 所示。由于它是由一个全桥整流器和对称 C. W. 电压倍增器级联组成，所以被称为混合对称 C. W. 电压倍增器[140]。这种拓扑结构可以进一步降低电压降，并且中心抽头变压器可以由普通变压器取代，

降低了制造的复杂性。表 2-2 比较了原始 C. W. 电压倍增器和两种对称 C. W. 电

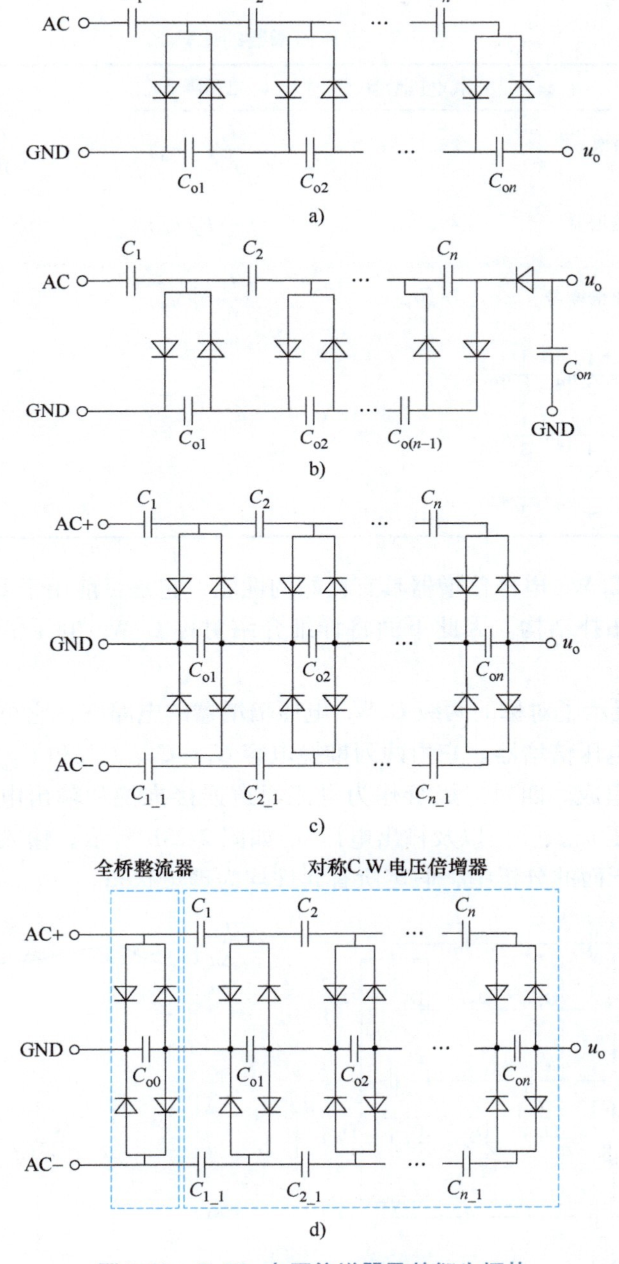


**图 2-22　C. W. 电压倍增器及其衍生拓扑**

a）原始 C. W. 电压倍增器　b）带有一个输出电容的 C. W. 电压倍增器
c）对称 C. W. 电压倍增器　d）混合对称 C. W. 电压倍增器

压倍增器。对比时，推挽电容和输出电容的值相同，输入电压的工作频率为$f$，负载电流为$I_o$。

表 2-2 电压倍增器的比较

| | 空载电压增益 | 电压降 $\Delta u_o$ | 电压纹波 $\Delta u_o$ |
|---|---|---|---|
| C. W. 电压倍增器 | $2n_{st}U_{pk}$ | $\frac{I_o}{fC}F_1(n_{st})$ | $\frac{I_o}{fC}\frac{n_{st}(n_{st}+1)}{2}$ |
| 对称 C. W. 电压倍增器 | $2n_{st}U_{pk}$ | $\frac{I_o}{fC}F_2(n_{st})$ | $\frac{I_o}{fC}\frac{n_{st}}{2}$ |
| 混合对称 C. W. 电压倍增器 | $2n_{st}U_{pk}$ | $\frac{I_o}{fC}F_3(n_{st})$ | $\frac{I_o}{fC}\frac{n_{st}}{2}$ |

$$F_1(n_{st})=\frac{2}{3}n_{st}^3+\frac{1}{2}n_{st}^2-\frac{1}{6}n_{st}$$

$$F_2(n_{st})=\frac{1}{6}n_{st}^3+\frac{1}{4}n_{st}^2+\frac{1}{3}n_{st}$$

$$F_3(n_{st})=\frac{1}{6}n_{st}^3-\frac{1}{4}n_{st}^2+\frac{1}{3}n_{st}$$

由于对称 C. W. 电压倍增器具有良好的性能，它是目前用于 HV 发生器的最流行的整流器拓扑结构。因此下面将详细介绍对称 C. W. 电压倍增器的稳态运行状况。

图 2-23a 展示了对称的两级 C. W. 电压倍增器的电路图，它可以被视为两个并联的 C. W. 电压倍增器。它由两列推挽电容 $C_1$、$C_2$、$C_{1_1}$和 $C_{2_1}$以及一列输出电容 $C_{o1}$和 $C_{o2}$组成。四对二极管作为电流通道连接推挽和输出电容。相位相反的正弦输入电压 $u_{ac+}$、$u_{ac-}$以及输出电压 $u_o$ 如图 2-23b 所示。输入电压的峰值设置为 1kV。在下面的分析中，假定所有元件均为理想状态。

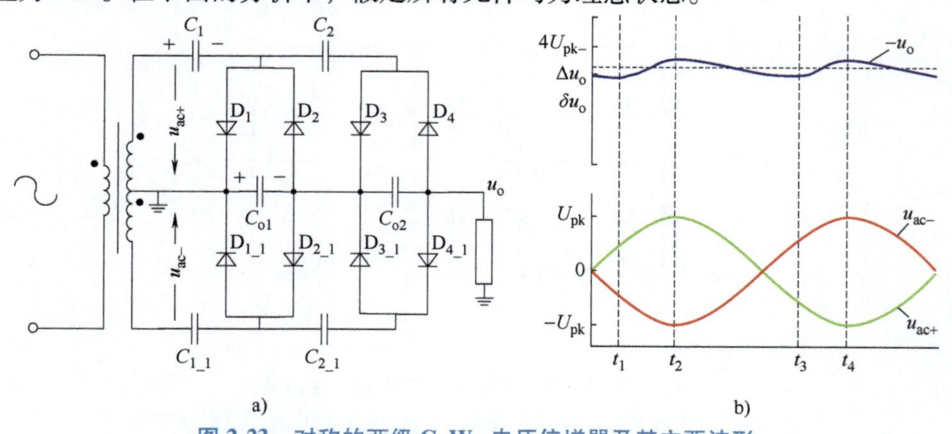


图 2-23 对称的两级 C. W. 电压倍增器及其主要波形

a）电路图 b）输入电压 $u_{ac+}$、$u_{ac-}$和输出电压 $u_o$

该倍增器的工作原理与 C. W. 电压倍增器相似。在空载情况下，$C_1$ 和 $C_{1\_1}$ 上的电压为 $U_{pk}$，其他电容器上的电压为 $2U_{pk}$。随着负载的增加，每个电容上都会出现电压降和纹波。它们的公式在表 2-2 中给出。因此，当输入电压 $u_{ac+}$、$u_{ac-}$ 在零和 $U_{pk}$ 之间波动到某个水平时（例如图 2-23b 中的 $t_1$ 时刻），二极管 $D_1$、$D_3$、$D_{2\_1}$、$D_{4\_1}$ 正向偏置并导通。实际上，由于电压降和纹波的影响，它们并不会同时导通，处于较高级的二极管比处于较低级的二极管更早导通。也就是，二极管的导通顺序为 $D_{4\_1}$、$D_3$、$D_{2\_1}$ 和 $D_1$。如果电压纹波和电压降减小，二极管导通的时间差就会减小。本书分析中忽略了二极管的导通时间差。在 $t_1$ 之后，电压源对推挽电容 $C_1$ 和 $C_2$ 充电，为下半个周期 $C_1$ 和 $C_2$ 分别对输出电容 $C_{o1}$ 和 $C_{o2}$ 的充电做好准备。同时，电荷从另外两个推挽电容 $C_{1\_1}$ 和 $C_{2\_1}$（在前半个周期积累了电荷）转移到输出电容 $C_{o1}$ 和 $C_{o2}$ 中。当输入电压达到峰值时，二极管 $D_1$、$D_3$、$D_{2\_1}$、$D_{4\_1}$ 截止，这个过程在 $t_2$ 时结束。$t_1 \sim t_2$ 区间的等效电路如图 2-24a 所示。

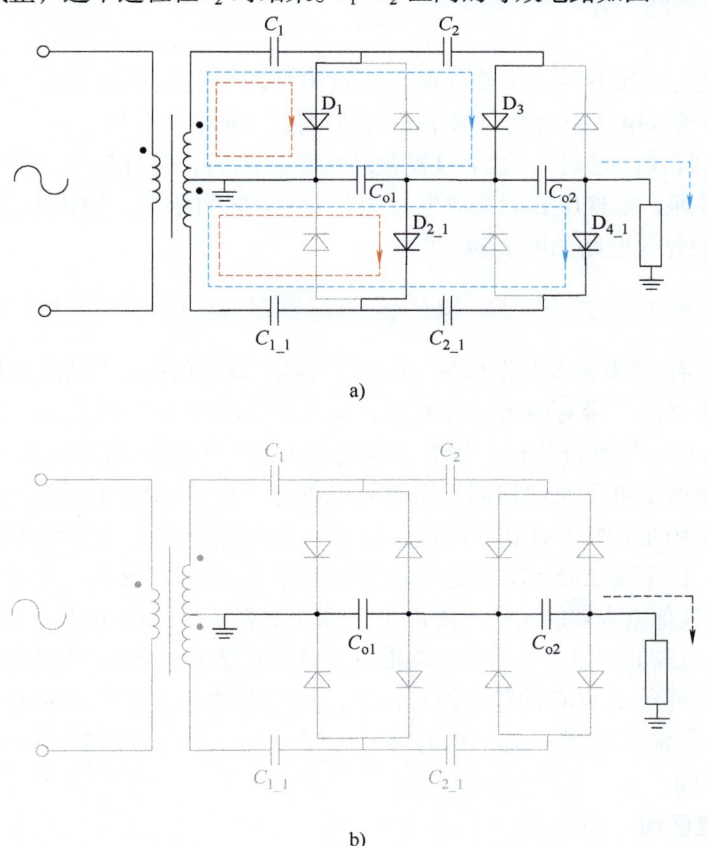


**图 2-24　不同区间的对称 C. W. 电压倍增器的等效电路**

a）区间 $t_1 \sim t_2$　b）区间 $t_2 \sim t_3$

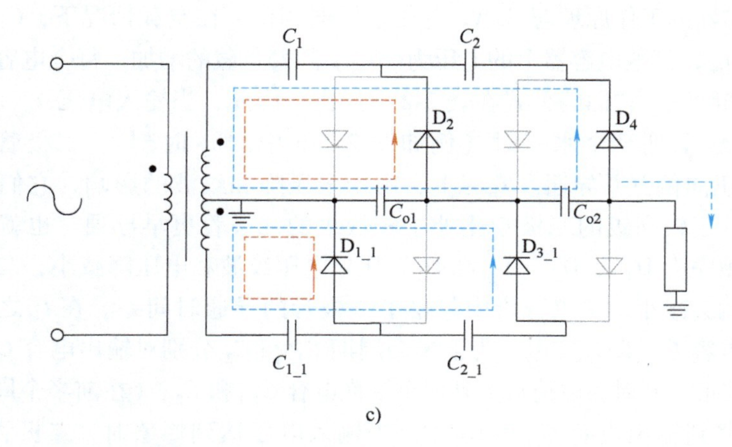


**图 2-24 不同区间的对称 C. W. 电压倍增器的等效电路（续）**

c）区间 $t_3 \sim t_4$

在 $t_2$ 之后，所有的二极管都截止，输出电容对负载进行充电，因此输出电压降低。当输入电压波动到与前半个周期中使二极管 $D_1$、$D_3$、$D_{2\_1}$、$D_{4\_1}$ 导通的电压值相反时（$t_3$ 时刻），这个过程就结束了。之后，另外四个二极管 $D_2$、$D_4$、$D_{1\_1}$、$D_{3\_1}$ 导通，推挽电容的充放电行为与 $t_1 \sim t_2$ 区间相反，输出电容再次充电。$t_3 \sim t_4$ 区间的等效电路如图 2-24c 所示。

## 2.2.4 具有对称式 C. W. 电压倍增电路的 LCC

接下来讨论带有两级对称 C. W. 电压倍增器的 LCC 的稳态和瞬态电路运行状况。

图 2-25 展示了带有两级对称 C. W. 电压倍增器的 LCC 电路图，并以此为例对电路的稳态运行进行分析。带有多级对称 C. W. 电压倍增器的 LCC 运行原理和图 2-25 中所示电路原理相同。需要强调的是，由于输出电压高，在实际应用中，倍增器中的元件（如电容器或二极管）通常由许多分立元件串联组成。在图 2-25 中，位于变压器一次侧的并联谐振电容 $C_p$ 也可以放在二次侧。$C_1$ 和 $C_{1\_1}$ 的电容值是其他电容器的两倍，使得每个分立电容器之间的电压分布均匀，并且能够降低电压纹波。以下分析中忽略推挽电容器和输出电容器上的电压降和纹波。

图 2-26 展示了 LCC 的稳态波形。电压倍增器的一个工作周期可以分为两个区间。一个对应二极管导通，称为导电区间。另一个对应所有二极管截止，称为非导电区间。

**1. 导电区间**

通常倍增器的输入电压 $u_{ac+}$、$u_{ac-}$ 是一对方波，它们幅值为 $U_{pk}$，相位差 180°。当它们波动到峰值时，如当时间为 $t_1$ 时，可以从电压波形中观察到二极

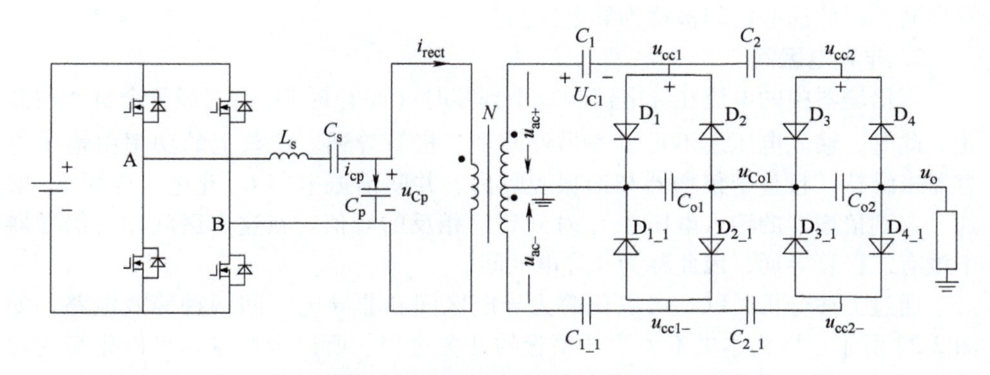


图 2-25　带有两级对称 C. W. 电压倍增器的 LCC 电路图

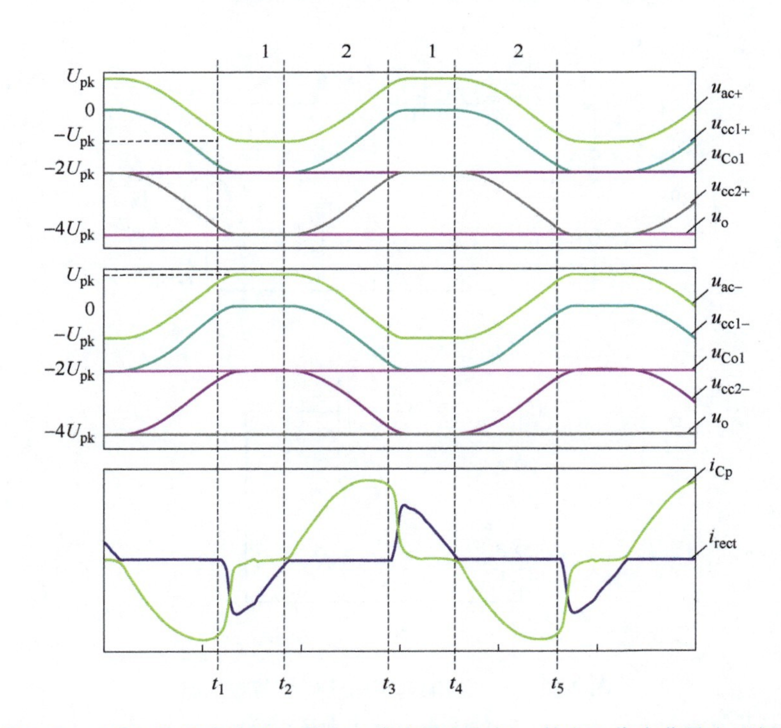


图 2-26　LCC 的稳态波形（数字 1 代表导电区间，数字 2 代表非导电区间）

管 $D_2$、$D_4$、$D_{1\_1}$、$D_{3_1}$导通，由于电容电压是恒定的，所以输入电压被箝位为 $U_{pk}$。电流流入倍增器，如图 2-26 中的 $i_{rect}$所示。此时电流在 $C_1$ 和 $C_2$ 上积累电荷，并将电荷从 $C_{1_1}$和 $C_{2_1}$转移到输出电容 $C_{o1}$和 $C_{o2}$上。与之同理，在另一半周期的 $t_3$ 时刻，电压 $u_{ac+}$、$u_{ac-}$分别波动到相反的峰值，另外四个二极管 $D_1$、$D_3$、$D_{2\_1}$、$D_{4_1}$导通，输入电压同样被箝位为 $U_{pk}$。从 $t_1 \sim t_2$ 或 $t_3 \sim t_4$，倍增器中的二极管导通，因此这些区间被称为导电区间。

**2. 非导电区间**

当倍增器中的电流在导电区间减小到零时（如 $t_2$ 时刻），二极管会自然地截止。此时，输入电压还不足以使另外四个二极管导通。负载上的功率由输出电容器来维持，且整个倍增器与谐振腔隔离。并联谐振电容 $C_p$ 充电，电压 $u_{Cp}$ 增加，直到倍增器的输入电压在 $t_3$ 时刻到达相反的峰值。在这个区间内，倍增器中没有二极管导通，因此称为非导电区间。

通过上述分析，LCC 可以化简为导电区间和非导电区间两种等效电路，如图 2-27 所示。因为本书不关注开关管的开关过程，所以全桥输入可以化简为方波电压源。带倍增器的 LCC 的特性也可以通过状态空间法或基频分析法进行分析。

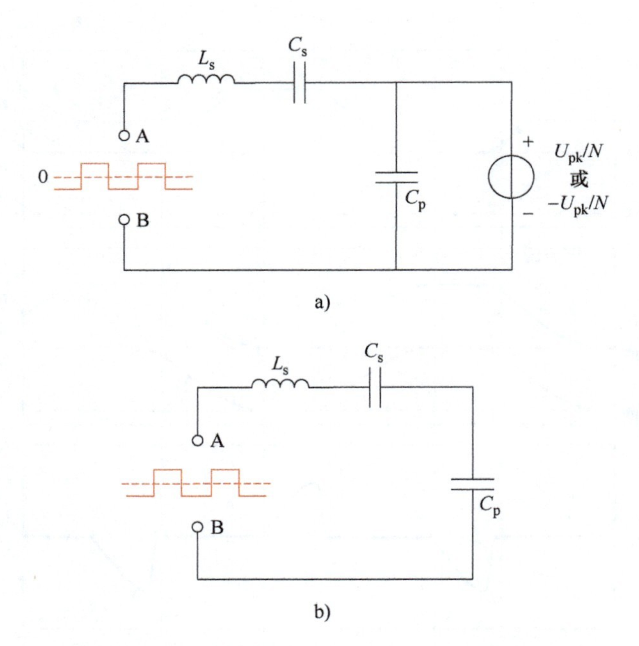


图 2-27　一个周期内不同区间的等效电路

a）在导电区间　b）在非导电区间

本书中将使用的倍增器中的重要关系如下：

$$U_{C1}=U_{C1\_1}=U_{pk} \tag{2-1}$$

$$U_{C2}=U_{C2\_1}=U_{Co1}=U_{Co2}=2U_{pk} \tag{2-2}$$

$$u_o=-4U_{pk} \tag{2-3}$$

其中，$U_{C1}$表示电容 $C_1$ 的电压，如图 2-25 所示。其他电容的电压具有与 $U_{C1}$ 相同的极性和类似的符号。

然而，在实际应用中，倍增器中存在寄生电容和寄生电感。对于 HV 倍增器，电流通常低于 1A，输出电压为几十 kV 到几百 kV，假如此时工作频率为数百 kHz。在此情况下，寄生电感在稳态运行时不会起重要作用，但寄生电容却会产生重要影响。倍增器中的寄生电容不仅包括二极管的结电容，还包括倍增器结构之间（如元件封装、布局和模块结构）的寄生电容。由于高压特性，许多二极管和电容器需要串联，这会导致封装面积和连接导体面积变大。因此，由结构引起的寄生电容会对电路的稳态运行影响较大，并且这种影响会随着系统采用 SiC 二极管后，开关频率变高而加剧。研究寄生电容对电路稳态运行的影响至关重要，这将在第 3 章中讨论。

上面介绍了高压发生器 LCC 稳态运行，由于 CT 机的特殊负载特性，高压发生器可能工作在输出短路情况下，下面将对此简要介绍。随着时间的推移，X 射线管有可能会发生电弧放电现象。这种电弧放电是由管内残留气体的介电击穿引起的，而介电击穿则是由钨在管子内表面沉积而带来的高压造成。通常情况下，X 射线管可以被仿真为一个大电阻。但是电弧放电后会使得 X 射线管被等效为一个非常小的电阻，从而导致 HV 发生器短路。

如果作为 HV 发生器负载的 X 射线管发生短路，电路就会在没有瞬态保护的情况下产生巨大的短路电流。大的短路电流会产生巨大的损耗，甚至损坏元件。此外，这种短路电流通常以脉冲的形式出现，最小上升时间约为 ns 级别，并且脉冲的频谱带宽可以达到上百兆赫兹（MHz）。这种频率范围内的脉冲所产生的 EMI 会在附近的电子设备中造成辐射电磁干扰问题。

通常，一根 HV 电缆用来连接 HV 发生器的输出端和 X 射线管，如图 2-28 所示。电缆可被视为传输线，可能会将短路输出的能量反射回来，并在电缆的 HV 发生器端引发电压尖峰。发生器 HV 输出和电压尖峰可能会发生振荡，有可能改变发生器输出的极性，并且电压尖峰和振荡可能会损坏设备中的电气元件。

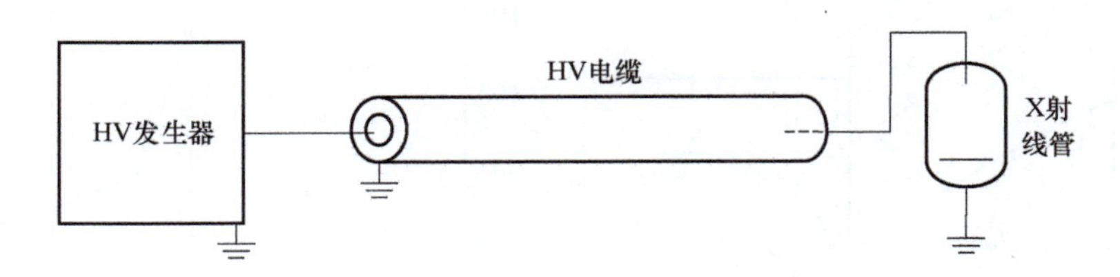


图 2-28　HV 发生器的输出连接方框图

因此，大多数实际的 HV 发生器都设计了专门的瞬态保护电路，通过多种方法来限制放电电弧。简而言之，这些方法的原理是在由发生器的输出电容器、HV 电缆和 X 射线管组成的主放电回路中添加电感或电阻或两者都有。电感可以延长电流脉冲的上升时间，从而为控制电路留出时间裕量，而电阻可以限制电流峰值并抑制振荡。这些方法都有其优缺点。接下来将以单极倍增器为例进行短路分析。

图 2-29 是用于短路瞬态分析的电路图。为了更清晰地说明原理，在此仅分析化简的单级倍增器。在电路中添加了一个 150Ω 的阻尼电阻作为电弧保护，并一个桥臂仅用一个二极管表示，其他元器件与 2.2.4 节相同。倍增器模块和 HV 电缆中的寄生参数在此并没有考虑。在时间 $t_1$ 发生短路之前，电路运行在稳定状态。

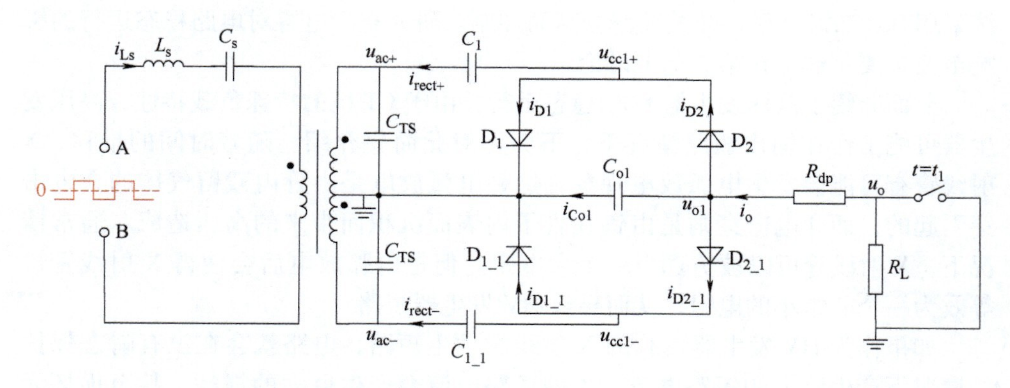


图 2-29　用于瞬态分析的单级对称 C. W. 电压倍增器

图 2-30 展示了倍增器中的瞬态波形。图中将时间 $t_1$ 设为 0，可以看到，输出电压 $u_o$ 在 0μs 时从−12kV 跳变到 0。这种输出短路引发了后续相应的电路瞬态行为。根据波形，可以将瞬态分为 3 个区间。下面展示了各瞬态区间中的等效电路。

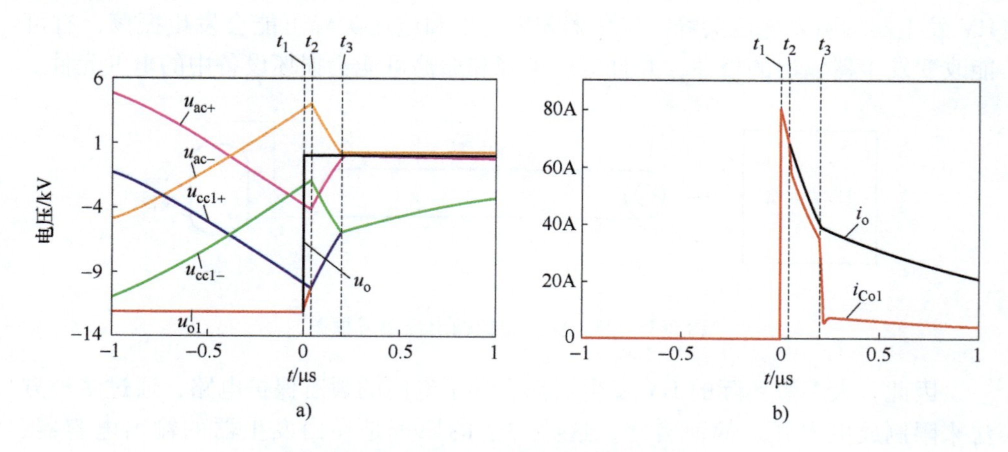


图 2-30　发生电弧放电后倍增器的瞬态波形

a）电压　b）主放电支路的电流

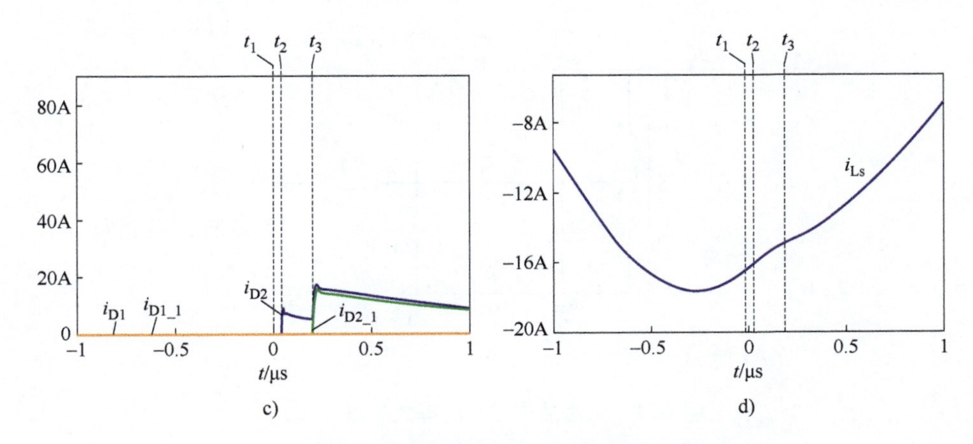


**图 2-30　发生电弧放电后倍增器的瞬态波形（续）**

c）二极管链的电流　d）变压器一次侧电流

**1. 瞬态区间 1，$t_1$ ~ $t_2$**

在此区间内，四个二极管都截止。电流通过结电容在二极管中流动，但这些电流太小，无法在波形中观察到。由于输出被短路，输出电容器 $C_{o1}$ 和阻尼电阻 $R_{dp}$ 形成了一个放电回路，如图 2-31a 所示。$t_1$ 时刻，在这个理想的 $RC$ 放电回路中会有一个突然的电流峰值，然后电流以时间常数 $C_{o1}R_{dp}$ 为单侧指数函数逐渐减小。同时，电压 $u_{o1}$ 也以相同的方式减小。倍增器中的其他电流和电压与稳定状态时对应的电流和电压保持一致。

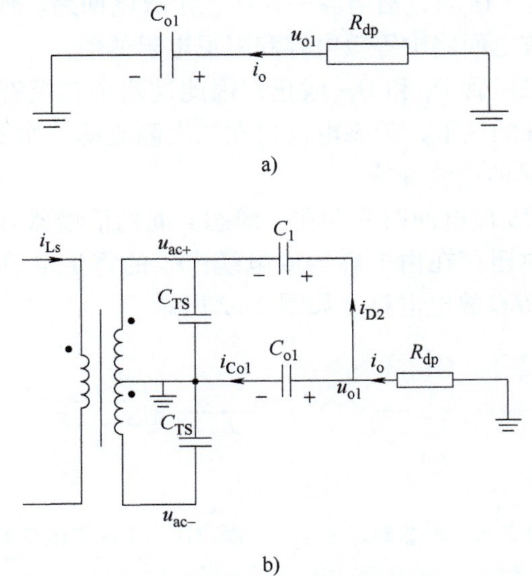


**图 2-31　瞬态放电过程的等效电路**

a）瞬态区间 1　b）瞬态区间 2

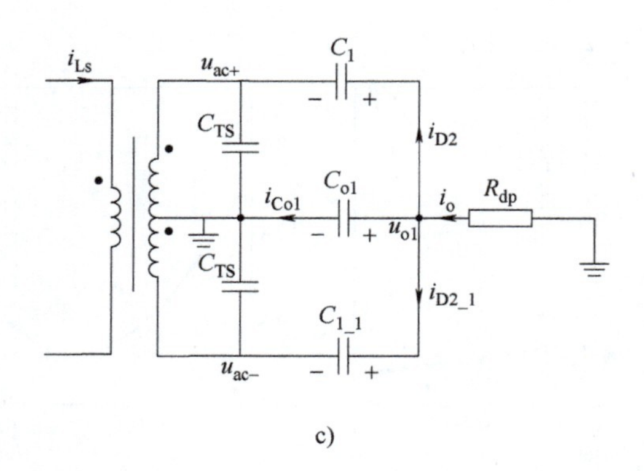


图 2-31　瞬态放电过程的等效电路（续）

c）瞬态区间 3

**2. 瞬态区间 2，$t_2 \sim t_3$**

当电压 $u_{o1}$ 降低到电压 $u_{cc1+}$ 时，二极管 $D_2$ 导通。之后出现另一个 *RC* 放电回路，该回路由阻尼电阻 $R_{dp}$、推挽电容 $C_1$、变压器的杂散电容 $C_{TS}$ 和变压器的二次侧绕组组成。此时在回路中存在另一个放电电流 $i_{D2}$，等效电路如图 2-31b 所示。电容器 $C_1$ 和 $C_{TS}$ 放电，相关电压（如 $u_{cc1+}$）迅速下降。

**3. 瞬态区间 3，$t_3$ 之后**

当电压 $u_{o1}$ 降低到电压 $u_{cc1-}$ 时，二极管 $D_{2\_1}$ 导通。之后出现另一个 *RC* 放电回路，该回路由瞬态区间 2 中回路对应的桥臂下侧元器件组成。放电电流 $i_{D2\_1}$ 通过二极管 $D_{2\_1}$。在这个区间，倍增器中存在三个放电回路。放电过程在一段时间后停止，这取决于放电回路中等效电容和阻尼电阻的值。

在瞬态区间，二极管 $D_1$ 和 $D_{1\_1}$ 截止，因此这两个二极管中没有瞬态电流流过。此外，由于良好的接地，瞬态电流仅在二次侧流动。如图 2-30d 所示，一次侧电流 $i_{Ls}$ 中没有明显的电流峰值。

可以看出由于 *RC* 放电回路的存在，瞬态区间的倍增器有许多电流脉冲。实际上，在放电回路中还存在由电容器或电缆产生的寄生电感。因此，倍增器在瞬态时可以化简为 *RLC* 放电电路，如图 2-32 所示。

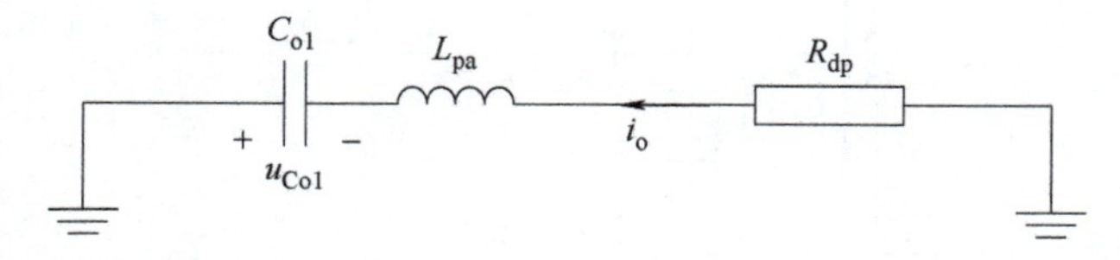


图 2-32　考虑到寄生电感，瞬态区间 1 的等效电路

在这样一个 *RLC* 放电电路中，电流将会在一个上升时间 $t_r$ 内达到峰值，该

上升时间由电路中所有元件的数值决定。事实上，上升时间可以是纳秒级别的，与纯单侧指数衰减电流相比，它可能会增加高频谐波。这种电流脉冲的带宽可以达到上百 MHz，在这个带宽范围内产生的电磁场的最小波长趋近于倍增器模块的物理尺寸。在高频环境中，倍增器模块中的寄生效应，包括分立元件的寄生效应和结构寄生效应，对电路运行的影响将比稳态时更大。在具体研究有何影响之前，必须了解寄生效应对应的电路模型。

## 2.3　总结

本章以 X 射线机高压电源（HV 发生器）为例介绍了多器件串联型高压变换器，通过对 HV 发生器的历史回顾可以看到，随着功率器件的发展，目前主流的发生器多采用高频谐振电路，特别是 LCC 谐振电路高增益、可利用变压器二次侧绕组及电路寄生电容等优点，在此应用中有独特优势。同时本章还回顾不同的 C. W. 电压倍增电路，通过对比最后选择了对称式 C. W. 电压倍增电路。通过将 LCC 和对称式 C. W. 电压倍增电路结合，可以很好地适应高压变换器需求，因此本章介绍了此电路的稳态和输出短路下的基本工作原理。

该高压电源输出电压常在 100kV 以上，因此高压侧需要数十个或上百个二极管进行串联，从而给 PCB 带来大量的焊盘，这些焊盘之间的单个寄生电容值非常小，大多在 pF 级别，但数十上百个焊盘之间以及与电容器、接地外壳之间会形成含上万个寄生电容的复杂网络，这些寄生电容所储存的电场能量有可能参与到高频高电压比隔离型谐振电路稳态运行，因此对它们的建模与设计十分关键。

# 第3章 高压变换器结构寄生电容建模

上一章讨论了 HV 发生器目前流行的电路拓扑，最后选择了具有对称 C. W. 电压倍增器的 LCC 电路，并介绍了它在医用 X 射线机应用中的基本工作原理。这种电路之所以受欢迎是因为 HV 变压器的寄生电容等寄生参数可以被谐振变换器所利用。但是高匝比的 HV 变压器通常具有很大的寄生电容，这限制了变换器的开关频率，并进一步限制了功率变换器的小型化。因此，相较于高匝比 HV 变压器和桥式整流器，使用低匝比变压器的倍增器是一个有吸引力的替代方案，它可以降低变压器的寄生电容及其电压应力。

本章介绍了倍增器等效寄生电容的概念、建模及最小化的方法。首先本章讨论了寄生电容在电路运行中的作用，进一步提出并化简了寄生电容网络，得到了完整的电容模型。在该模型基础上提出了倍增器的等效寄生电容并建立了等效寄生电容的解析表达式，接着讨论了等效电容值与不同参数之间的关系，如不同组寄生电容和每个桥臂（或称二极管链，简称链）中的二极管数量。此外，寄生电容会导致串联二极管的电压分布不均衡，这种不均衡可能会导致二极管击穿。同时也研究了二极管击穿对等效电容的影响。通过实验验证了完整的电容模型和等效寄生电容分析方法的正确性。最后，总结了等效寄生电容的设计准则，并提出了一种等效寄生电容最小化设计的方法。

## 3.1 高压变换器寄生电容及其作用

本章将以图 3-1a 所示的典型两级对称 C. W. 电压倍增器的 LCC 电路为例进行分析。

通常人们只考虑利用变压器的寄生电容和添加的谐振电容器来构建所需的并联谐振电容 $C_p$。并联谐振电容 $C_p$ 应仔细设计，使其大于变压器寄生电容，剩余部分可以由添加的电容器补充，否则，必须重新设计系统频率和相关元

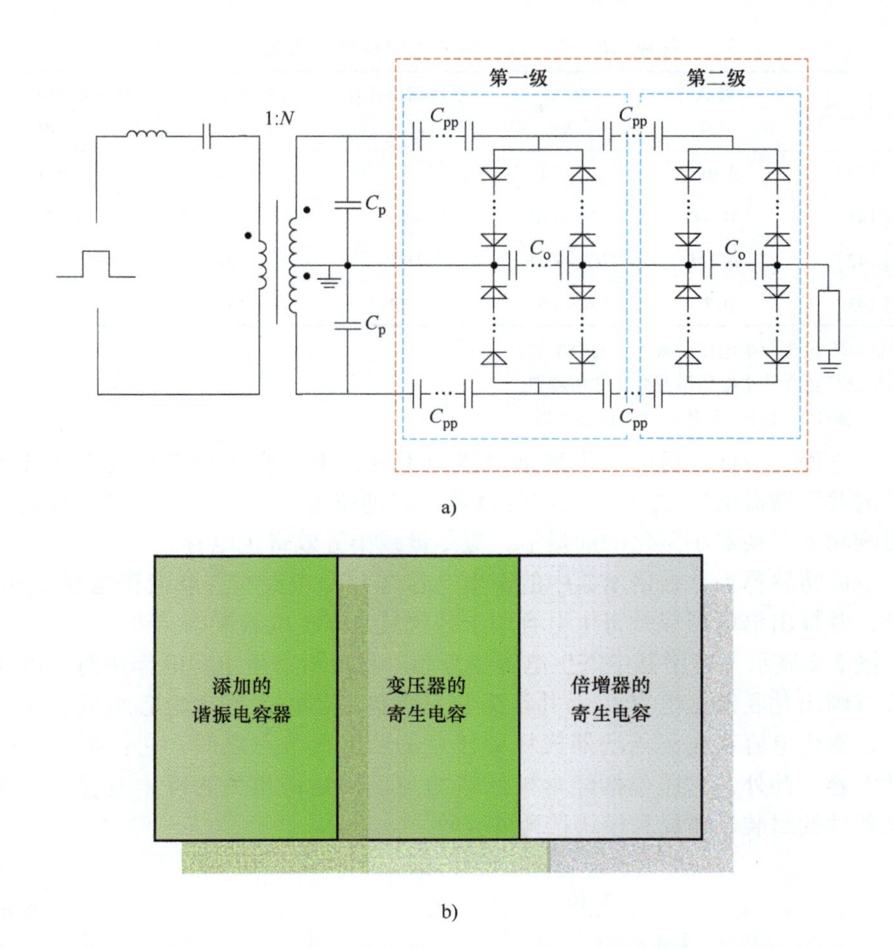


**图 3-1　典型含两级对称 C. W. 电压倍增器的 LCC 电路及并联谐振电容 $C_p$ 的可能组成方式**

a）含有两级对称 C. W. 电压倍增器的 LCC 电路　b）并联谐振电容 $C_p$ 的可能组成方式

件以实现电路性能的优化。要注意的是，倍增器中的寄生电容也是电容 $C_p$ 的一部分，如图 3-1b 所示。在 X 射线机的 HV 发生器中，倍增器通常装配为一个由若干实现主要电气功能的印制电路板（Printed Circuit Board，PCB）、绝缘油和一个接地容器组成的倍增器模块。在本书中，倍增器中的寄生电容相当于倍增器模块中的寄生电容，包括二极管结电容以及与模块空间结构有关的寄生电容。随着 HV 发生器开关频率的不断增加，谐振元件的值比以前小得多，目前谐振元件的值不断接近寄生参数。经验表明，在 100kV 以上的高输出电压下，4 级倍增器的等效寄生电容可能达到 50pF。该电容占表 3-1 的并联谐振电容 $C_p$ 的 50%~100%。因此，等效寄生电容可能导致变换器具有比设计值更大的并联谐振电容，这可能会显著地改变系统的运行状态。

**表 3-1　各种 HV LCC 应用中二次侧并联谐振电容 $C_p$ 的设计**

| 参考文献 | 输入 /kV | 输出 /kV | 变压器电压比 $N$ | 并联谐振频率 /kHz | 并联谐振电容 $C_p$ /pF |
|---|---|---|---|---|---|
| [124] | 0.012 | 6~10 | 113① | 85 | 100 |
| [141] | 0.44 | 20~140 | 490 | 28 | 33 |
| [142] | 0.325 | 23~62.5 | 15② | 350 | 53 |
| [143] | 0.56 | 50~150 | 132 | 67 | 32 |

① LCC 包含一个电压增益为 4 的倍增器。

② LCC 包含一个电压增益为 2 的倍增器。

注：除①、②外，其他包含全桥整流器。

一方面，设计人员应该了解倍增器的等效寄生电容并知道其大小，且确保设计的并联谐振电容 $C_p$ 具有足够的余量以容纳所有的寄生电容。另一方面，在不影响功率变换器小型化的前提下，应尽量减小等效寄生电容。

下面将解释为什么倍增器中的寄生电容是 LCC 电路中并联谐振电容 $C_p$ 的一部分，并提出倍增器等效寄生电容用于替代复杂寄生电容网络。

图 3-2 展示了倍增器中寄生电容的分布。在分析寄生电容的作用时，电路图中没有画出并联谐振电容 $C_p$，并认为它只由倍增器中的寄生电容组成。在此电路中，寄生电容存在于倍增器模块中任意的两个电节点之间。它包括了二极管的结电容，此外，它还包括经常被忽略的与模块结构相关的寄生电容，结构包括元器件的封装、布局和模块接地外壳等。

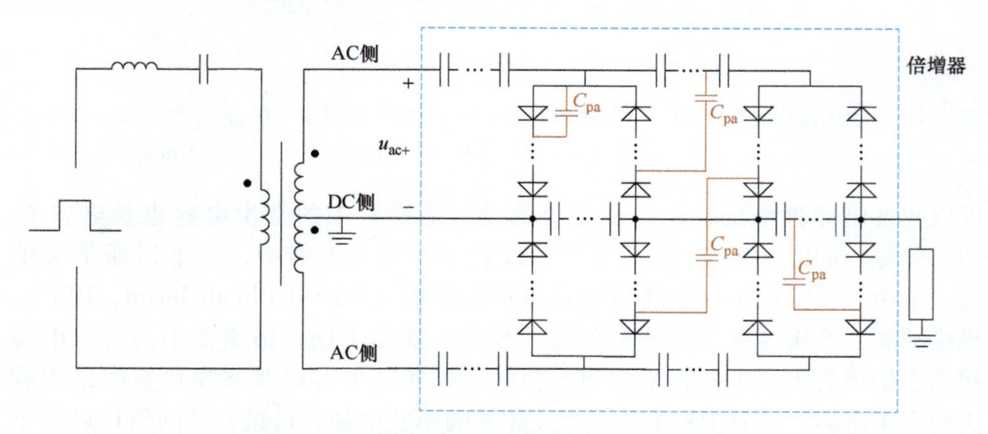


**图 3-2　倍增器中代表性寄生电容 $C_{pa}$ 的示意图**

在以下分析中做出了两个假设：

1）除结电容和击穿电压外，二极管的其他特性都假定是理想的。

2）推挽电容器和输出电容器假定足够大以维持电压恒定。

稳态下，与理想电路相同，带有寄生电容的倍增器会进入两种区间，即导电区间和非导电区间，如图3-3所示。倍增器的稳态运行和等效电路的推导在这里简要描述，详细介绍见附录A.1。

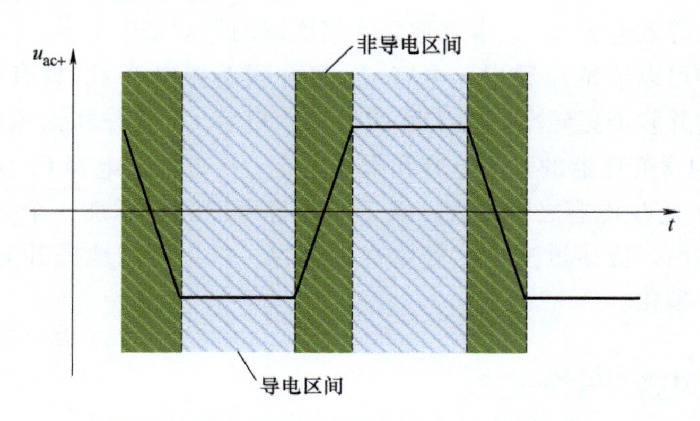


图3-3　稳态下倍增电路输入电压$u_{ac+}$的波形

在导电区间，倍增器中的一半二极管链路导通，另一半截止。因此，倍增器的输入电压（例如图3-4a中的$u_{ac+}$）被箝位到相对较大的推挽和输出电容器电压，该电压可以视为恒定的。因此，倍增器可以用等效的恒压源代替。倍增器中的寄生电容位于所箝位恒定电压的节点之间，因此它们与电压源并联，对这些区间变换器的运行状态没有影响。

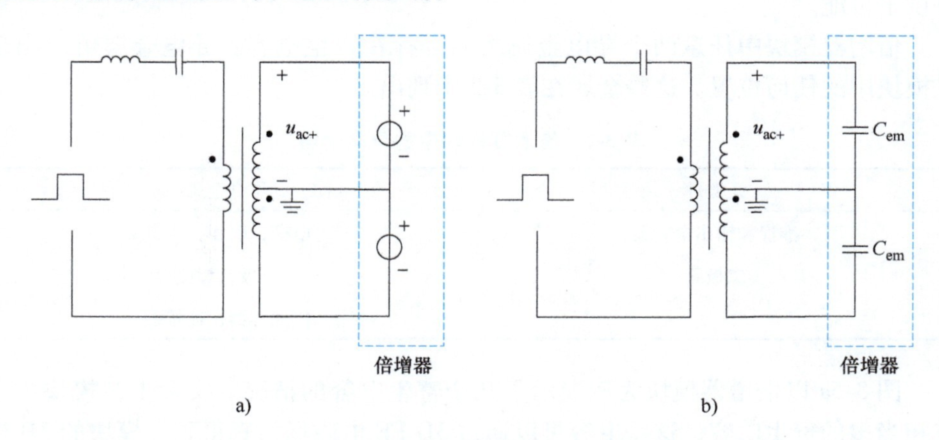


图3-4　不同工作区间寄生电容的作用

a）导电区间倍增器的等效电路　b）非导电区间倍增器的等效电路

在非导电区间，倍增器中的所有二极管都截止。倍增器由推挽和输出电容，寄生电容和电阻性负载组成。倍增器的输入电压在其峰值之间变化，并在倍增器中引起时变电压和电流，如图3-3所示。推挽和输出电容电压恒定，因此它们仍然可以用恒压源代替。负载与大输出电容器并联，并相应地箝位到恒定电压，所以可以在具有时变激励的倍增器电路化简时将其移除。因此，倍增器在该区间可简化为包含恒压源的电容网络，进一步可以用集总等效电容代替。图 3-4b 展示了此集总等效电容 $C_{em}$，本书称之为倍增器的等效寄生电容。

从分析中可以清楚地看出，电容 $C_{em}$ 与并联谐振电容 $C_p$ 具有相同的作用，即决定系统的并联谐振频率。在实际应用中，电容 $C_{em}$ 是并联谐振电容 $C_p$ 的一部分，$C_p$ 还包含变压器的寄生电容和附加电容。一方面，电容 $C_p$ 应该设计得比 $C_{em}$ 和变压器的寄生电容之和更大，缺少的电容可以通过添加一个分立电容器来补充。另一方面，应尽量减小此等效寄生电容，以尽可能地提升变换器的开关频率来实现小型化。

## 3.2 寄生电容网络建模

### 3.2.1 寄生电容网络

本节介绍了倍增器模块在非导电区间内寄生电容的完整网络，该网络是通过 3D 有限元（Finite Element，FE）电磁场仿真得到的。在对整个网络进行化简后，建立了一个完整的寄生电容模型，为进一步获得等效电容 $C_{em}$ 的解析表达式提供了可能。

倍增器模块中任意两个导电金属之间都存在寄生电容。导电金属可以出现在模块中的任何位置。这些金属在表 3-2 中列出。

表 3-2 倍增器模块中的导电金属

| 元器件 | 导电金属 |
|---|---|
| 推挽和输出电容器 | 电极，引线，焊盘 |
| 二极管 | 电极，焊盘 |
| | 接地容器，连接线 |

图 3-5a 以倍增器模块为例展示了几个寄生电容的情况。实际上，模块中存在相当多的寄生电容，这些电容可以通过 3D FE 电磁场仿真得到。模块的 3D 模型以及仿真结果见附录 A. 4。为获得寄生电容的完整模型，需要对包含寄生电容、推挽和输出电容的网络进行化简。化简的推导过程见附录 A. 2。

通过化简去掉了许多不重要的电容，并将并联电容合并在一起，从而大幅简化了网络。图 3-5b 展示了四组化简后的寄生电容。这四组寄生电容的定义见表 3-3。地表示接地的容器和输出电容器。

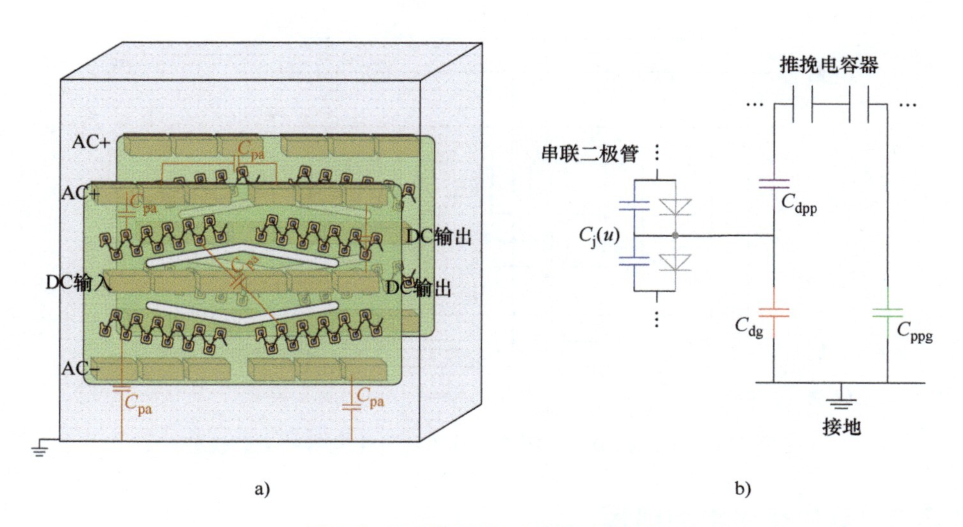


**图 3-5　倍增器模块中的寄生电容**

a）寄生电容的三维示意图　b）寄生电容组

**表 3-3　四组寄生电容**

| 寄生电容组 | | |
|---|---|---|
| $C_j(u)$ | | 二极管结电容 |
| $C_{stru}$ | $C_{dg}$ | 二极管与地之间的结构电容 |
| | $C_{dpp}$ | 二极管和推挽电容器之间的结构电容 |
| | $C_{ppg}$ | 推挽电容器与地之间的结构电容 |

这四组寄生电容对于不同的倍增器模块是通用的。一般来说，这四组寄生电容可以分为两种类型：一种是压控电容（如二极管结电容），在本书中，采用动态电容的定义来描述压控电容，该定义见附录 A.3；另一种是线性电容，除了二极管结电容之外，其他结构寄生电容都是线性的。它们与元器件外部的电场相关，并由导电结构的面积和布局来决定。因此它们被称为结构电容，由表 3-3中的 $C_{stru}$ 表示。

图 3-6 展示了对称 C. W. 电压倍增器半级寄生电容的完整模型。推挽和输出电容用恒压源代替。该模型对于任意空间结构的倍增器模块都是适用的。由于倍增器拓扑是上下对称的，另一半级通常具有对称的电容网络。由于空间结构相同，倍增器的不同级具有相同的电容模型结构和结构电容值。因此，该模型可以很容易地扩展到有更多级数的倍增器。由 3D FE 电磁场仿真结果可以看出表 3-3 中展示的每组结构寄生电容都近似具有相同的值，这也有助于后续寄生网络进一步化简。

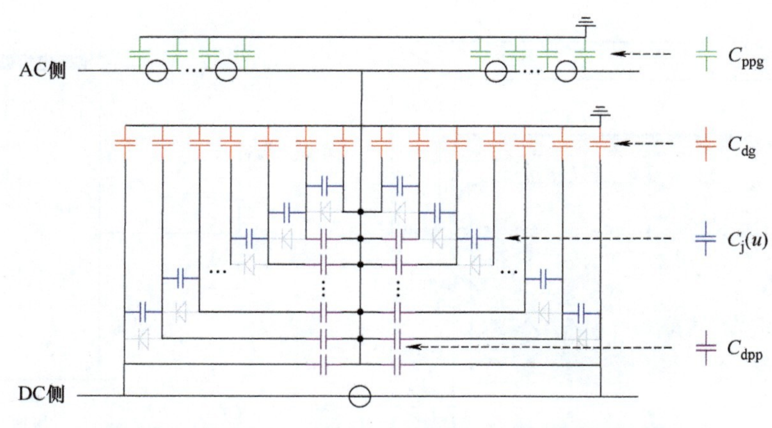


图 3-6　对称 C. W. 电压倍增器半级寄生电容的完整模型

### 3.2.2　等效寄生电容建模

本节将给出完整模型的等效寄生电容，见表 3-4。总的来说，它由两个电容构成，分别为压控电容和线性电容。

表 3-4　等效寄生电容

| | |
|---|---|
| $C_{ppgt}$ | 寄生电容 $C_{ppg}$ 的总电容 |
| $C_{Dcht}$ | 与二极管链相关的寄生电容的等效总电容（总链电容） |
| $C_{em}$ | 倍增器模块的等效寄生电容 |

倍增器半级完整的模型可以被看作是两个并联的电容网络，如图 3-7 所示。一个网络包含倍增器不同级推挽电容器之间及其与地之间的结构电容 $C_{ppg}$。该网络的等效电容为 $C_{ppgt}$，它是 $C_{ppg}$ 的总和。另一个网络包含与倍增器中的二极管相关的寄生电容，即结构电容 $C_{dpp}$、$C_{dg}$ 和压控电容 $C_j$。网络中还包括恒压源，它们能够在电路化简中维持电容 $C_j$ 上的电压以获得二极管相关寄生电容网络的等效电容 $C_{Dcht}$，即总链电容（在后文中简称电容 $C_{Dcht}$）。因此，电容 $C_{Dcht}$ 受电压影响，并由网络的三组寄生电容和每个链路中二极管的数量 $n_d$ 决定，电容 $C_{Dcht}$ 的一般表达式如下：

$$C_{Dcht}=f[C_{dpp},C_{dg},C_j(u),n_d] \tag{3-1}$$

由上，完整的网络可以大幅化简为 2 个等效电容，进一步化简为一个等效电容，如图 3-8 所示，等效寄生电容 $C_{em}$ 可以表示为

$$C_{em}(u)=C_{ppgt}+C_{Dcht}(u) \tag{3-2}$$

任何级数的倍增器只需对式（3-2）中等效寄生电容扩展即可。在本章中，对等效寄生电容的分析主要针对开始展示的两级倍增器。

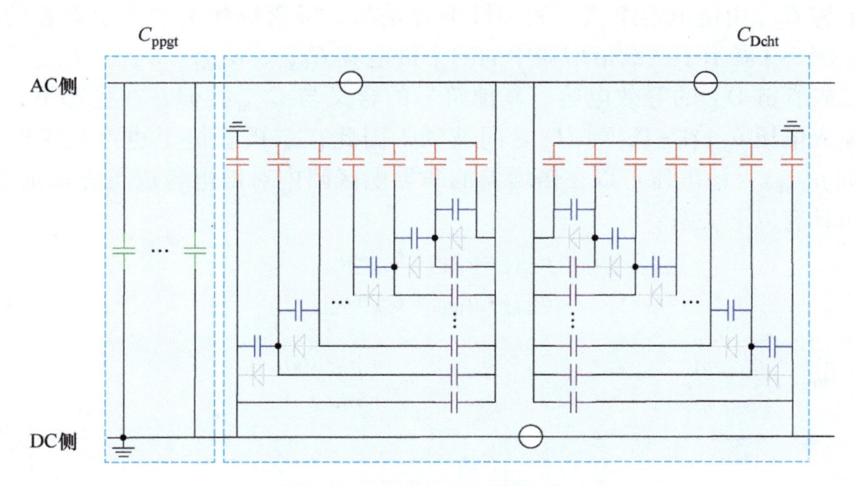


图 3-7 电容 $C_{ppgt}$ 和电容 $C_{Dcht}$

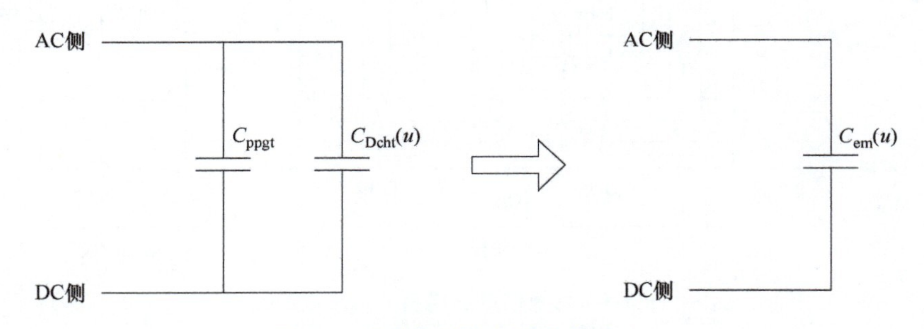


图 3-8 倍增器的等效寄生电容 $C_{em}$

根据式（3-2），为了最小化等效寄生电容 $C_{em}$，应分别减小这两部分：

**1. 线性电容 $C_{ppgt}$**

为了减小电容 $C_{ppgt}$，显然应该减小结构电容 $C_{ppg}$。

**2. 压控电容 $C_{Dcht}$**

如式（3-1）所示，网络的四个参数对电容 $C_{Dcht}$ 的影响不明显，不易看出应该如何减小 $C_{Dcht}$。因此，下面将分析如何获得电容 $C_{Dcht}$ 的解析表达式，以帮助阐明其最小化的方法。

### 3.2.3 等效寄生电容分析

正如上一节所述，电容 $C_{Dcht}$ 是倍增器等效寄生电容的关键部分，它受电容网络四个参数的影响不明显，导致很难确定其最小化的方法。本节将介绍电容 $C_{Dcht}$ 的解析表达式并详细阐述了其推导过程。

电容 $C_{\mathrm{Dcht}}$ 由链电容组成，其中链电容是与二极管链相关的寄生电容的等效电容。图 3-9 展示了两级倍增器中的四个链电容 $C_{\mathrm{Dch1}}$、$C_{\mathrm{Dch2}}$、$C_{\mathrm{Dch3}}$、$C_{\mathrm{Dch4}}$。$C_{\mathrm{Dch1}}$ 表示二极管链 $\mathrm{D_{ch1}}$ 的等效电容。其他符号的含义与 $C_{\mathrm{Dch1}}$ 类似。在稳态下，倍增器的输入电压 $u_{\mathrm{ac+}}$ 在 $-U_{\mathrm{pk}}$ 到 $U_{\mathrm{pk}}$ 之间波动，因此在二极管链上也产生了时变电压（如 $u_{\mathrm{Dch1}}$），该电压可以在倍增器的非导电区间内对链电容进行充电或放电。链电压具有以下关系：

$$\begin{aligned} u_{\mathrm{Dch1}} &= u_{\mathrm{Dch3}} = U_{\mathrm{pk}} - u_{\mathrm{ac+}} \\ u_{\mathrm{Dch2}} &= u_{\mathrm{Dch4}} = U_{\mathrm{pk}} + u_{\mathrm{ac+}} \end{aligned} \tag{3-3}$$

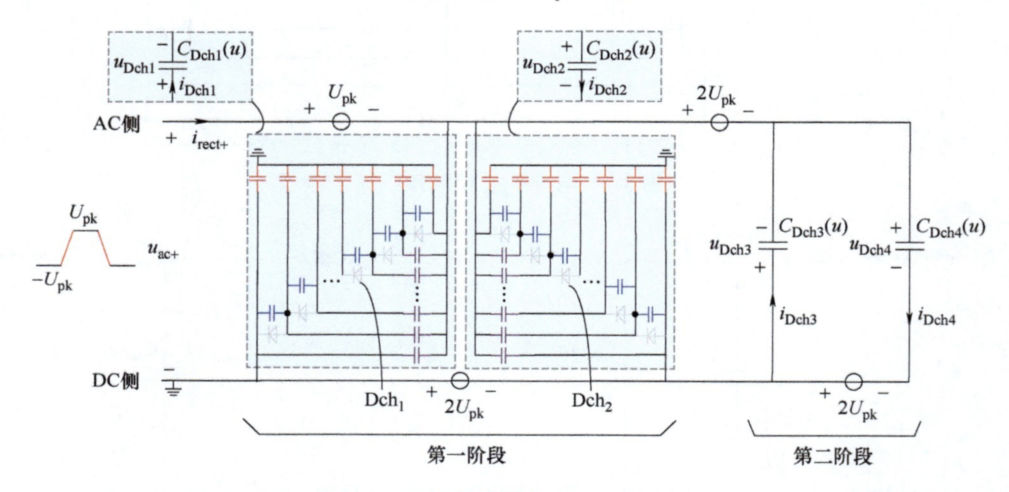


图 3-9 两级倍增器电容 $C_{\mathrm{Dcht}}$ 的划分

在分析等效电容之前，列出了下面两个条件来判断由压控电容组成的两个电容网络是否相同：

1）网络结构和线性电容应该相同；

2）在给定端口电压下，压控电容两端的电压应该相同。

在倍增器中，每一级都具有相同的电容网络结构和结构电容。此外，如前文所述，每一级中的电压在稳定工作时也是相同的，这意味着每一级中相应的结电容在给定的电压 $u_{\mathrm{ac+}}$ 下是相同的。因此，每一级的电容网络在任意给定电压 $u_{\mathrm{ac+}}$ 下都是相同的。链电容具有以下关系：

$$\begin{aligned} i_{\mathrm{rect+}} &= -i_{\mathrm{Dch1}} + i_{\mathrm{Dch2}} - i_{\mathrm{Dch3}} + i_{\mathrm{Dch4}} \\ &= 2(-i_{\mathrm{Dch1}} + i_{\mathrm{Dch2}}) \\ &= 2\left(-C_{\mathrm{Dch1}}(u_{\mathrm{Dch1}})\frac{\mathrm{d}u_{\mathrm{Dch1}}}{\mathrm{d}t} + C_{\mathrm{Dch2}}(u_{\mathrm{Dch2}})\frac{\mathrm{d}u_{\mathrm{Dch2}}}{\mathrm{d}t}\right) \end{aligned} \tag{3-4}$$

为了获得由压控电容和恒压源组成的网络的等效电容，应当利用等效电容的基本定义。对于如图3-9所示的单端口网络，等效电容的电压-电流特性应该与网络端口处的电压-电流特性相同。网络的输入电流 $i_{\text{rect+}}$ 等于

$$
\begin{aligned}
i_{\text{rect+}} &= -i_{\text{Dch1}} + i_{\text{Dch2}} - i_{\text{Dch3}} + i_{\text{Dch4}} \\
&= 2(-i_{\text{Dch1}} + i_{\text{Dch2}}) \\
&= 2\left[-C_{\text{Dch1}}(u_{\text{Dch1}})\frac{\mathrm{d}u_{\text{Dch1}}}{\mathrm{d}t} + C_{\text{Dch2}}(u_{\text{Dch2}})\frac{\mathrm{d}u_{\text{Dch2}}}{\mathrm{d}t}\right]
\end{aligned} \tag{3-5}
$$

对于等效电容 $C_{\text{Dcht}}$，通过它的电流应该是

$$
i_{\text{rect+}} = C_{\text{Dcht}}(u_{\text{ac+}})\frac{\mathrm{d}u_{\text{ac+}}}{\mathrm{d}t} \tag{3-6}
$$

因此

$$
C_{\text{Dcht}}(u_{\text{ac+}})\frac{\mathrm{d}u_{\text{ac+}}}{\mathrm{d}t} = 2\left[-C_{\text{Dch1}}(u_{\text{Dch1}})\frac{\mathrm{d}u_{\text{Dch1}}}{\mathrm{d}t} + C_{\text{Dch2}}(u_{\text{Dch2}})\frac{\mathrm{d}u_{\text{Dch2}}}{\mathrm{d}t}\right] \tag{3-7}
$$

根据式（3-7），可以得到以下公式：

$$
\begin{aligned}
C_{\text{Dcht}}(u_{\text{ac+}}) &= 2[C_{\text{Dch1}}(u_{\text{Dch1}}) + C_{\text{Dch2}}(u_{\text{Dch2}})] \\
&= 2[C_{\text{Dch1}}(U_{\text{pk}} - u_{\text{ac+}}) + C_{\text{Dch2}}(U_{\text{pk}} + u_{\text{ac+}})]
\end{aligned} \tag{3-8}
$$

电容 $C_{\text{Dcht}}$ 等于链电容 $C_{\text{Dch1}}$ 和 $C_{\text{Dch2}}$ 之和乘以倍增器的级数。每个半周期内都存在一个非导电区间。$C_{\text{Dcht}}$ 的电容-电压（$C$-$U$）特性曲线在两个非导电区间中不一定相同，这是因为 $C_{\text{Dch1}}$ 或 $C_{\text{Dch2}}$ 的电容网络可能会发生变化。下面将讨论电容 $C_{\text{Dch1}}$ 和 $C_{\text{Dch2}}$，以观察 $C_{\text{Dcht}}$ 在一个周期的两个非导电区间内是否会发生变化。图3-10展示了简单情况下二极管链 $\text{D}_{\text{ch1}}$ 和 $\text{D}_{\text{ch2}}$ 的电容网络。

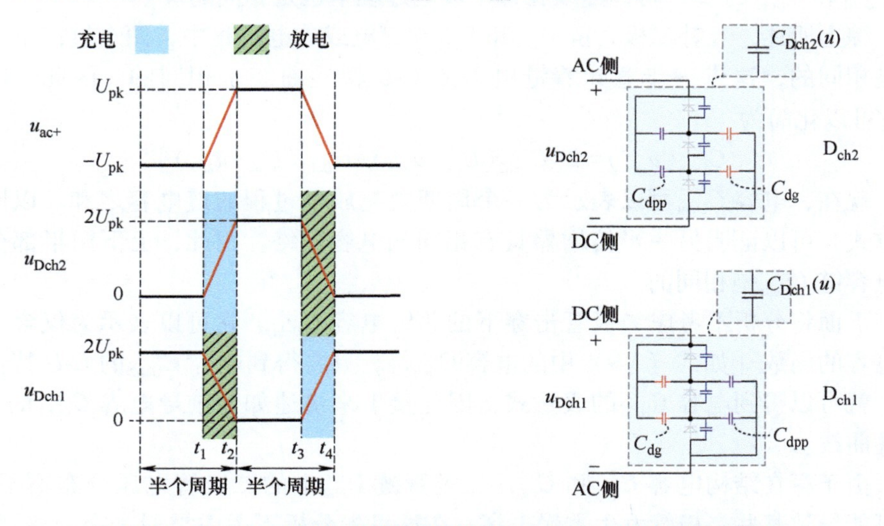


图3-10　由三个二极管组成的二极管链 $\text{D}_{\text{ch1}}$ 和 $\text{D}_{\text{ch2}}$ 的电容网络示例

在前半周期的非导电区间（即 $t_1 \sim t_2$），电压 $u_{ac+}$ 从 $-U_{pk}$ 增加到 $U_{pk}$。同时，电压 $u_{Dch2}$ 从 0 增加到 $2U_{pk}$，电压 $u_{Dch1}$ 反向变化。对于 $D_{ch2}$，$t_1$ 时刻，原来导通的二极管截止，结电容上的电压为零。随着 $u_{Dch2}$ 的增加，结电容充电，直到 $u_{Dch2}$ 达到 $2U_{pk}$。$D_{ch2}$ 在这段时间经历了充电过程。$t_2$ 时刻，二极管处于深度截止状态，结电容上的最大截止电压将被维持至下一个半周期非导电区间开始时的初始电压（即 $t_3$ 时刻）。对于 $D_{ch1}$，深度截止的二极管将在 $t_1$ 时刻开始放电。与 $D_{ch2}$ 类似，二极管的初始电压是前一个半周期的非导电区间结束时的电压。$t_1 \sim t_2$ 时段，结电容放电，直到 $u_{Dch1}$ 达到 0。$D_{ch1}$ 在这段时间经历了放电过程。

在后半周期的非导电区间（即 $t_3 \sim t_4$），$D_{ch2}$ 的结电容从在 $t_2$ 时保留的初始电压开始放电，然后 $D_{ch2}$ 经历放电过程。相反，$D_{ch1}$ 的结电容从 0 开始充电，然后 $D_{ch1}$ 经历了充电过程。

从图 3-10 可以看出，二极管链 $D_{ch1}$ 和 $D_{ch2}$ 具有相反的电容网络结构。在各自的充电过程中，$D_{ch1}$ 和 $D_{ch2}$ 中的结电容都是从初始电压 0 开始充电。由于这种相反的结构，$D_{ch1}$ 和 $D_{ch2}$ 链上各节点的电压也应该是相反的。如果 $D_{ch1}$ 的电容网络被 180°翻转，则它与二极管链 $D_{ch2}$ 的电容网络相同。因此，链电容 $C_{Dch1}$ 和 $C_{Dch2}$ 在任意给定的端口电压下都是相同的。进而在 $t_1 \sim t_2$ 期间 $C_{Dch2}$ 和 $t_3 \sim t_4$ 期间 $C_{Dch1}$ 的 $C$-$U$ 特性曲线是相同的。

此外，$t_3$ 时刻 $D_{ch2}$ 链中结电容的电压与 $t_1$ 时刻 $D_{ch1}$ 链中结电容的电压相同。这意味着在各自的放电过程中，两个链中结电容的初始电压相同。与充电过程中类似，$t_3 \sim t_4$ 时段 $D_{ch2}$ 的电容网络与 $t_1 \sim t_2$ 时段 $D_{ch1}$ 的电容网络相同。因此，电容 $C_{Dch1}$ 和 $C_{Dch2}$ 的 $C$-$U$ 特性曲线在每个放电过程中也是相同的。

综上所述，互补二极管链 $D_{ch1}$ 和 $D_{ch2}$ 在充电或放电过程中，两个链的电容网络是相同的，这进一步意味着链电容的 $C$-$U$ 特性曲线是相同的。因此，电容 $C_{Dcht}$ 可以化简为

$$C_{Dcht}(u_{ac+}) = 2[C_{Dch2}(U_{pk}-u_{ac+})+C_{Dch2}(U_{pk}+u_{ac+})] \tag{3-9}$$

现在，电容 $C_{Dcht}$ 可以表示为一个周期内充放电过程的链电容之和。以同样的方式，可以证明另一半倍增器具有相同的电容网络。因此，上下两半部分的总电容链 $C_{Dcht}$ 是相同的。

下面将分析不考虑二极管击穿下的总链电容 $C_{Dcht}$。它可以表示为仅含一个链电容的函数［如式（3-9）中的电容 $C_{Dch2}$］。只要得到电容 $C_{Dch2}$ 的 $C$-$U$ 特性曲线，就可以得到电容 $C_{Dcht}$ 的表达式，因此接下来讲述如何推导电容 $C_{Dch2}$ 的 $C$-$U$ 特性曲线。

由于存在结构电容 $C_{dpp}$ 和 $C_{dg}$，二极管链 $D_{ch2}$ 上的二极管电压分布不平衡，这可能导致某些二极管发生雪崩击穿。在这里先分析不考虑雪崩击穿的倍增器，考虑雪崩击穿的链电容将在后文进行分析和介绍。

图 3-11 展示了二极管链 $C_{Dch2}$ 的寄生电容模型。如上文所讨论，链中的结电容在每个半周期（从零到最大截止电压）中分别充电和放电。

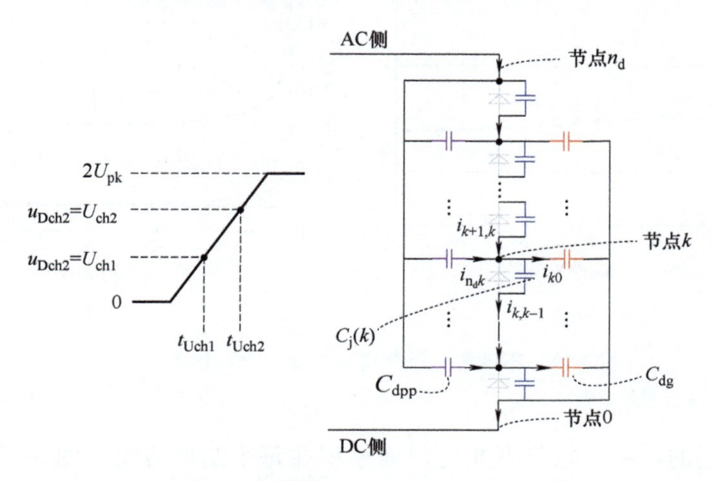


图 3-11　二极管链 $C_{Dch2}$ 的寄生电容模型

在充电和放电过程中，网络结构保持不变，只是每个链路中的电流相反。此外，在一次充放电过程中沿链的初始电压是另一个相对过程中沿链的最终电压分布。因此，链中的电压在两个过程中是相反的，这意味着在给定的链电压下，结电容上的电压分布在两个过程中是相同的，所以结电容的值是相同的。因此，在充放电过程中电容网络保持不变，因此链电容 $C_{Dch2}$ 也是相同的。换句话说，链电容 $C_{Dch2}$ 的 $C$-$U$ 特性曲线在充电和放电过程中完全相同。

通过简单的拓扑推演很难推导出链电容 $C_{Dch2}$。本书采用了一种从能量角度解决该问题的简单方法。$C_{Dch2}$ 的详细推导和解析表达式见附录 A. 5。

图 3-12a 展示了链电容 $C_{Dch2}$ 的 $C$-$U$ 特性曲线。当链电压 $u_{Dch2}$ 升高，链 $D_{ch2}$ 中的结电容充电而变小。相应地，电容 $C_{Dch2}$ 随着结电容减小而减小。正如前文提到的，该 $C$-$U$ 特性曲线在充电和放电过程中保持不变，但如果某些二极管雪崩击穿，$C$-$U$ 特性曲线可能就会发生变化。基于式（3-9），可以通过沿着 x 轴平移和镜像电容 $C_{Dch2}$ 的 $C$-$U$ 特性曲线来获得电容 $C_{Dcht}$。电容 $C_{Dcht}$ 的 $C$-$U$ 特性曲线显示在图 3-12b 中。

由于结构电容 $C_{dpp}$ 和 $C_{dg}$ 的存在，沿链的二极管电压分布不平衡。这种不平衡的电压会使链中的一些二极管发生雪崩击穿，从而改变链上的电容网络，进一步改变了链电容。下面以链 $D_{ch2}$ 为例对电压不平衡进行分析，如图 3-11 所示。其他的二极管链也具有相同的不平衡电压。

当链电压 $u_{Dch2}$ 为零时，链中的二极管导通，且电压也为零。当电压 $u_{Dch2}$ 增加时，二极管截止，它们的结电容开始充电。电荷从 AC 侧流向 DC 侧。由于电

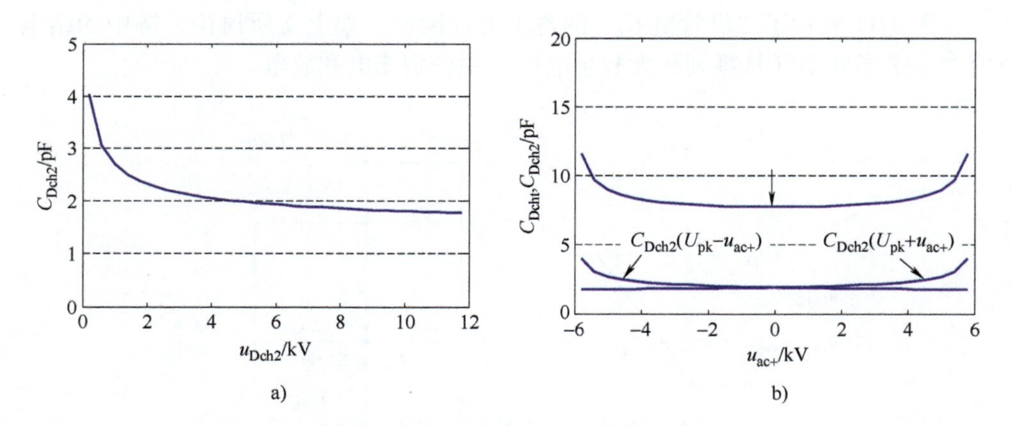


图 3-12 不考虑二极管雪崩击穿的倍增器等效电容

a）以 $u_{Dch2}$ 为变量的链电容 $C_{Dch2}$ 的 $C$-$U$ 特性曲线 b）以 $u_{ac+}$ 为变量的电容 $C_{Dcht}$ 的 $C$-$U$ 特性曲线

容 $C_{dpp}$ 和 $C_{dg}$ 的存在，电荷不能均匀地累积在每个结电容上。图 3-13 展示了链 $D_{ch2}$ 上电荷的流动情况，其中流经节点 $k$ 的电荷有两个来源，一个来自 AC 侧，通过电容 $C_{dpp}$ 流向节点 $k$。另一个来自结电容 $C_j(k+1)$。经过节点 $k$ 后，电荷再次分成两个输出，一个从电容 $C_{dg}$ 流向 DC 侧，另一个流向结电容 $C_j(k)$。根据该电荷流动情况，只有当电容 $C_{dpp}$ 和 $C_{dg}$ 中的电荷相等时，通过电容 $C_j(k+1)$ 和 $C_j(k)$ 的电荷才相同。但这并不适用于链上的所有节点。结构电容 $C_{dpp}$ 可能会向结电容中释放额外的电荷，而电容 $C_{dg}$ 可能会从结电容中吸收电荷，这会导致电容 $C_j$ 上电荷累积不均匀。因此，结电容上的电压分布也不均匀。

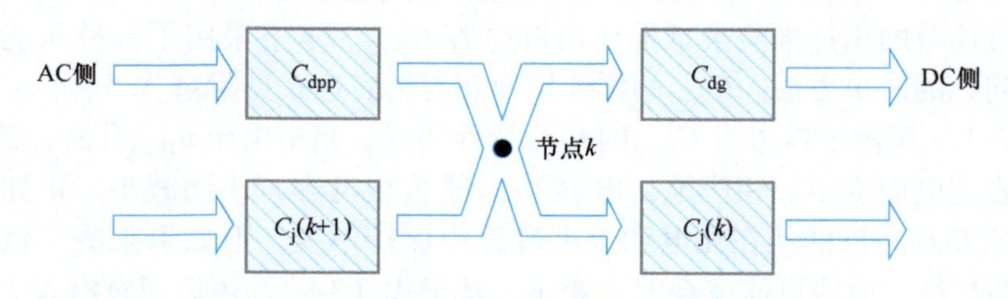


图 3-13 充电过程中沿二极管链的电荷流动

在充电过程结束时（即图 3-10 中的 $t_2$ 时刻），不平衡电压将保持到下一个半周期（$t_3$ 时刻），此时链路开始放电。在放电过程中，电荷反向流动（见图 3-13），最终沿链的电压恢复为零。

图 3-14 展示了在几种特定情况下二极管链 $D_{ch2}$ 的电压分布。正常平衡情况下，链上所有二极管电压是平均链电压，即电压 $u_{Dch2}$ 除以每条链上二极管的数目。如图 3-14a 所示，如果结构电容 $C_{dpp}$ 和 $C_{dg}$ 之间的差异越大，电压就越不平衡。另一个要点是，如果这两个电容的值交换，电压同样会变得不平衡。然而，

电压不平衡的“方向”是相反的。如果电容 $C_{dg}$ 大于电容 $C_{dpp}$，则更靠近交流侧的二极管可能具有更高的电压。否则更靠近直流侧的二极管会具有更高的电压。此外，如图 3-14b 所示，随着二极管数量的增加，电压变得更不平衡，这是因为更多的二极管会产生更多的结构电容，这些电容可以向链末端的结电容释放或吸收更多的电荷。在实际中，倍增器中的所有二极管都设计为具有相同的额定电压，即平均链电压。由于电压分布不平衡，电压越高的二极管越容易发生雪崩击穿，对此可以选择雪崩二极管来处理雪崩能量。击穿会改变链的电容网络，从而改变了链电容。

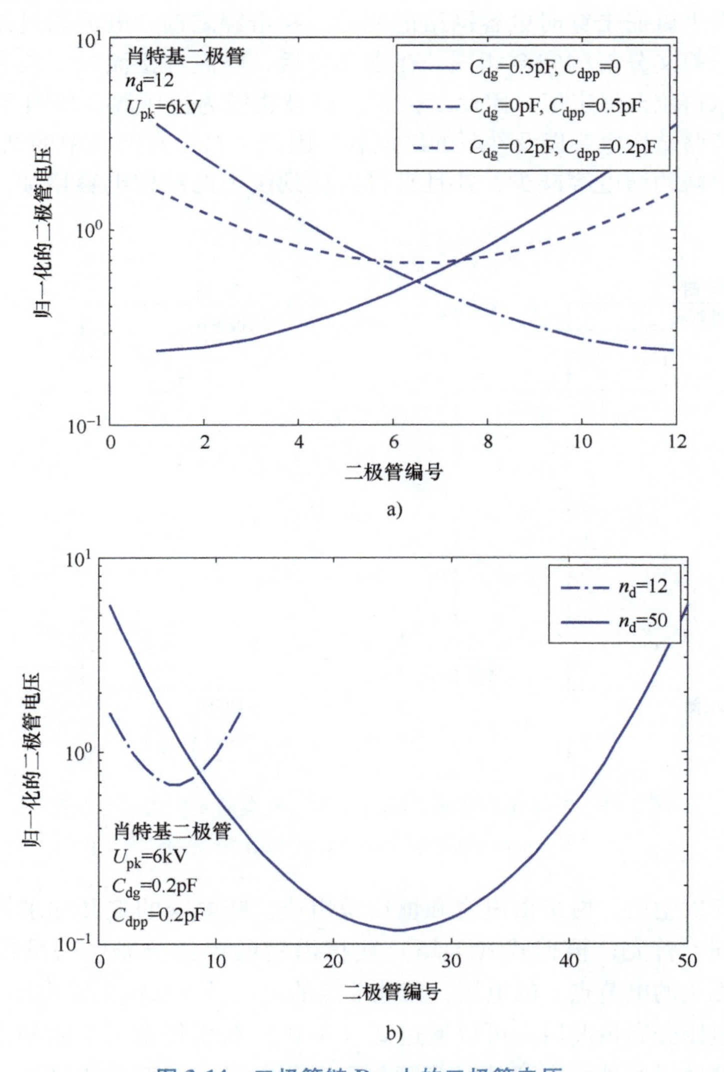


**图 3-14　二极管链 $D_{ch2}$ 上的二极管电压**

a）不同结构电容 $C_{dpp}$ 和 $C_{dg}$ 的影响　b）不同链上二极管数量的影响

下面分析考虑二极管雪崩击穿的倍增器的链电容。分析仍以二极管链 $D_{ch2}$ 为例进行，其他链电容具有与二极管链 $D_{ch2}$ 相同的 $C$-$U$ 特性曲线。

当二极管链充电时，链电压 $u_{Dch2}$ 随着结电容电压的上升而增加。如前所述，如果假设结电容 $C_{dg}$ 和 $C_{dpp}$ 相等，那么链两端二极管的电压将比其他二极管的电压更高。一旦电压超过二极管的击穿电压 $U_{BR}$，这些二极管就会发生雪崩击穿，其电压箝位至 $U_{BR}$。如果链电压继续增加，两端可能会有更多的二极管沿着链逐个击穿，直到链电压达到最大截止电压 $2U_{pk}$。

二极管的击穿会改变二极管链的电容网络结构。图 3-15 展示了链两端的两个二极管发生雪崩击穿时电容网络的变化。在击穿之前，电流通过结电容，网络的结构与前文分析的完全相同。在击穿之后，电流直接流过二极管，二极管两端的电压箝位至恒定值，因此二极管可以被建模为恒压源，如图 3-15b 所示。恒压源将旁路结构电容以及并联的结电容。因此，与正常网络中的结电容相比，击穿导致串联的结电容减少，并且直接连接到链上的结构电容增加，从而增加了链电容。

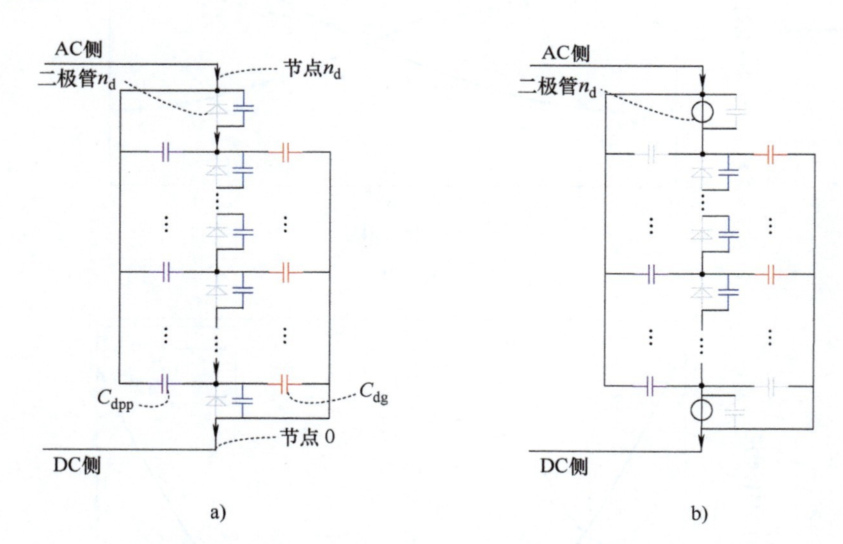


图 3-15　由于击穿导致二极管链 $D_{ch2}$ 电容网络变化的示意图

a）击穿前的电容网络　b）击穿后的电容网络

当击穿发生后，网络由电容和恒压源组成。链电容的定义和求解方式与无击穿时相同。首先，根据式（A-15）获得沿链的电压分布。这里仅计算与击穿二极管无关的电节点上的电压，其他节点的电压可以根据击穿电压 $U_{BR}$ 轻松获得。得到电压分布情况后，可以通过式（A-16）获得任意两个时刻之间寄生电容的能量波动。此外，击穿的二极管也会吸收能量，这部分能量波动也应该被包括在内，并且可以通过对流过击穿二极管的电流与 $U_{BR}$ 的积在时间上进行积分来计算。

图 3-16 展示了充电过程中链电容 $C_{Dch2}$ 的 $C$-$U$ 特性曲线。曲线中的阶跃是在计算时考虑突然击穿引起的。该图表明了在充电和放电过程中，链电容 $C_{Dch2}$ 的 $C$-$U$ 特性曲线是不同的，这是两次过程中链的电容网络不同所致。链电压 $u_{Dch2}$ 停止增加时，充电过程结束，结电容的不平衡电压将被保留，直到放电过程开始。保留的不平衡电压作为放电的结电容的初始电压。一旦电压 $u_{Dch2}$ 下降，击穿立即消失，链的电容网络恢复到图 3-15a 所示的结构。随着电压 $u_{Dch2}$ 的持续降低，之前发生雪崩击穿的二极管将比其他二极管更早地导通。一旦二极管导通，就会在电容网络中短路，这与它们发生雪崩击穿时的情况类似。与充电过程中发生的情况类似，网络从图 3-15a 转变为图 3-15b，只是将恒压源替换为短路。可以看出，在充电和放电转换的一定链电压下，链的网络有很大不同。因此，链电容的 $C$-$U$ 特性曲线在两个过程也是不同的。

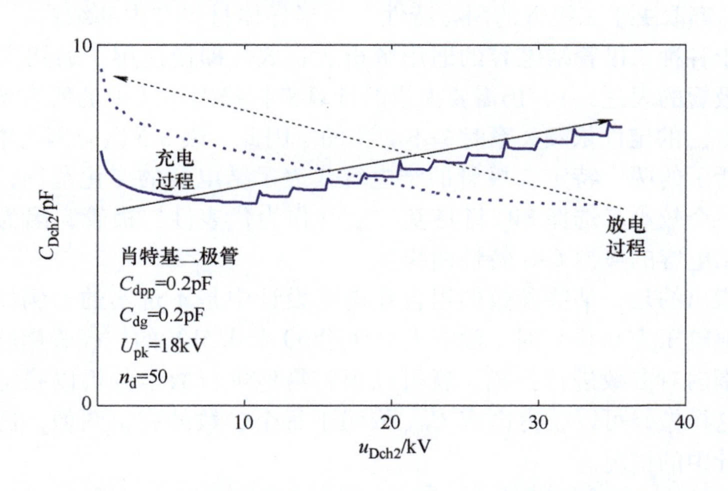


图 3-16　充电和放电过程中链电容 $C_{Dch2}$ 的不同 $C$-$U$ 特性曲线

根据电容 $C_{Dcht}$ 的解析表达式，下面将介绍该电容与结电容 $C_j$、结构电容 $C_{dpp}$、$C_{dg}$ 以及每条链中二极管的数量 $n_d$ 四个参数之间的依赖关系。对每个参数的依赖关系将分别进行阐述，首先是对不考虑二极管雪崩击穿的倍增器进行说明，对二极管击穿依赖关系的影响将在最后一部分中讨论。

正如前文中所提到的，电容 $C_{Dcht}$ 的表达式非常复杂（包括四个参数），因此无法简单地看出电容 $C_{Dcht}$ 与每个参数之间的关系。为了获得依赖关系，在 3D FE 电磁仿真的基础上，固定其他参数，在合理的范围内对每个参数进行扫描。表 3-5 展示了电容网络中每个参数的范围。

表 3-5　电容网络中每个参数的范围

| 参数 | | 范围 |
|---|---|---|
| 二极管结电容 $C_j$ | | 1. 碳化硅肖特基二极管；击穿电压（$U_{BR}$）：4.5kV；$C_{j0}=299\text{pF}$，$\phi_{bi}=1.353\text{V}$<br>2. 碳化硅肖特基二极管；击穿电压（$U_{BR}$）：1.2kV；$C_{j0}=144\text{pF}$，$\phi_{bi}=0.926\text{V}$ |
| 结构电容 | $C_{dpp}$ | 0~0.5pF |
| | $C_{dg}$ | 0~0.5pF |
| 每串二极管的数量 $n_d$ | | 4~50 |
| 施加在电容 $C_{Dcht}$ 上的电压 $u_{ac+}$ | | $-U_{pk}\sim U_{pk}$（$U_{pk}$：0.6~18kV） |

二极管结电容的 *C-U* 特性曲线通常可以用一个包含三个变量的函数来表示，这三个变量分别是零偏压下的电容 $C_{j0}$、内置电位 $\phi_{bi}$ 以及两端电压。每个二极管的 $C_{j0}$ 和 $\phi_{bi}$ 都取决于二极管的固有特性（如半导体材料和内部结构）。因此无法找到适用于各种二极管结电容的通用解析表达式。即使使用了通用表达式（如肖特基二极管的表达式），仍需要大量的计算来扫描表达式中的所有参数，这在获取电容 $C_{Dcht}$ 的定性依赖关系时是不必要的。因此，表 3-5 电容网络中每个参数的范围中所示的两个特定二极管的结电容代表了结电容的变化范围，其中一个较大，另一个较小。选择 SiC 肖特基二极管作为代表性二极管，因为它具有一般二极管结电容的典型 *C-U* 特性曲线。

需要指出的是，某些参数的组合在电路设计中是不现实的。例如，当级联输入的峰值电压为 0.6kV 时，没有人会使用 50 个 4.5kV 的二极管串联。但通过在一定范围内对参数进行扫描，就可以很容易地进行数学分析以确定其依赖关系。通过这样做，可以获得电容 $C_{Dcht}$ 依赖于每个参数的完整图像，这包括了实际电路设计中的情况。

结电容取决于二极管的特性和两端的电压。因此，电容 $C_{Dcht}$ 对结电容的依赖关系分为两部分进行讨论，一部分是关于电压对电容 $C_{Dcht}$ 的影响，另一部分是关于不同二极管的影响。

**1. 电压的影响**

式（3-9）表明，电容 $C_{Dcht}$ 会受到输入电压 $u_{ac+}$ 及其峰值 $U_{pk}$ 的影响。在理想的两级倍增器中，输出电压等于 $4U_{pk}$，因此 $U_{pk}$ 也可以反映输出电压等级。在后文中，首先观察给定输出电压下的电压依赖关系，然后再讨论不同输出电压的影响。

图 3-17 展示了电容 $C_{Dcht}$ 对倍增器输入电压 $u_{ac+}$ 的依赖关系。*C-U* 特性曲线呈现出顶部有开口的抛物线形状，该形状是由两个二极管链的反相行为所产生的。当电压 $u_{ac+}$ 从 $-U_{pk}$ 增加到 $U_{pk}$ 时（见图 3-10），半个二极管链（如 $D_{ch1}$）的结电容

放电，导致链电容增大。同时，另一半二极管链（如 $D_{ch2}$）的结电容充电，导致链电容减小。总体上，两个二极管链的反相行为导致了电容 $C_{Dcht}$ 先减小后增大。

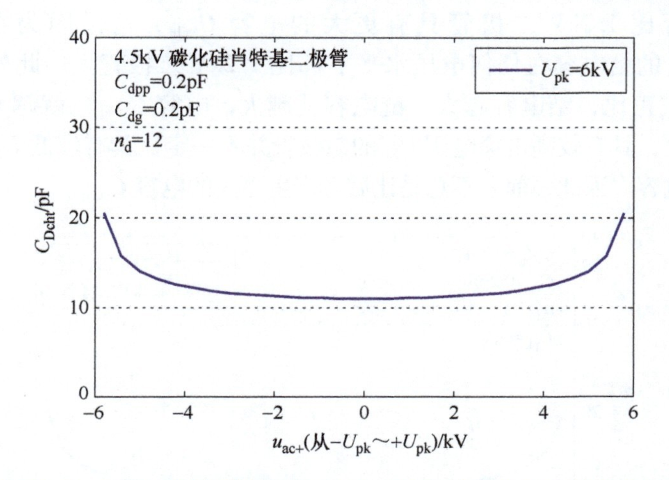


图 3-17　在给定倍增器输出电压下，电容 $C_{Dcht}$ 的 $C$-$U$ 特性曲线

图 3-18 展示了电容 $C_{Dcht}$ 对倍增器输出电压的依赖关系。首先，由于输入电压 $u_{ac+}$ 在 $-U_{pk}$ 到 $U_{pk}$ 之间波动，所以输出电压更高的倍增器具有更宽的输入电压变化范围。其次，输出电压更高的倍增器具有更低的电容 $C_{Dcht}$。假设有两个倍增器，其电压分别为 $U_{pk1}$ 和 $U_{pk2}$，其中 $U_{pk1}$ 大于 $U_{pk2}$。那么，对于电压为 $U_{pk1}$ 的倍增器，无论是 $U_{pk1}+u_{ac+}$ 还是 $U_{pk1}-u_{ac+}$，其链电压始终大于与 $U_{pk2}$ 相关的链电压。因此，根据式（3-9），倍增器的电容 $C_{Dcht}(u_{ac+} \mid U_{pk1})$ 始终小于电容 $C_{Dcht}(u_{ac+} \mid U_{pk2})$，这是因为链电容与链电压成反比。

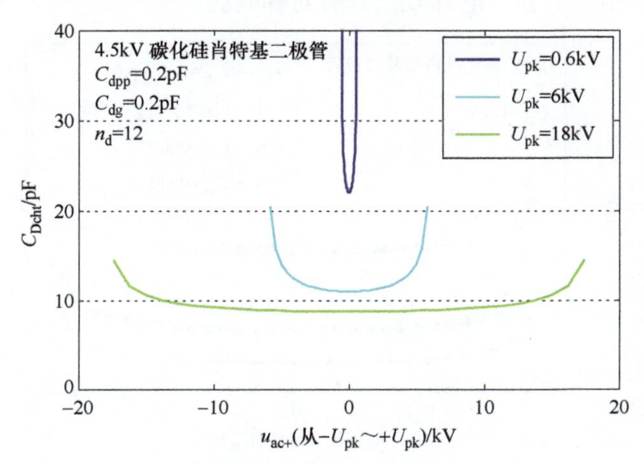


图 3-18　倍增器不同输出电压下的电容 $C_{Dcht}$

**2. 不同二极管的影响**

图 3-19 展示了不同二极管在给定输出电压下对电容 $C_{Dcht}$ 的影响。可以看出，4.5kV 二极管比 1.2kV 二极管具有更大的电容 $C_{Dcht}$，这是因为在此例子中，4.5kV 二极管的结电容在任何电压水平下都比 1.2kV 二极管大。此外，由于链电容与结电容成正比，结电容越大，链电容就越大，电容 $C_{Dcht}$ 也就越大。值得一提的是，实际上，具有较高击穿电压 $U_{BR}$ 的二极管并不一定比具有较低 $U_{BR}$ 的二极管具有更大的结电容。因此，前者不总是比后者产生更大的电容 $C_{Dcht}$。

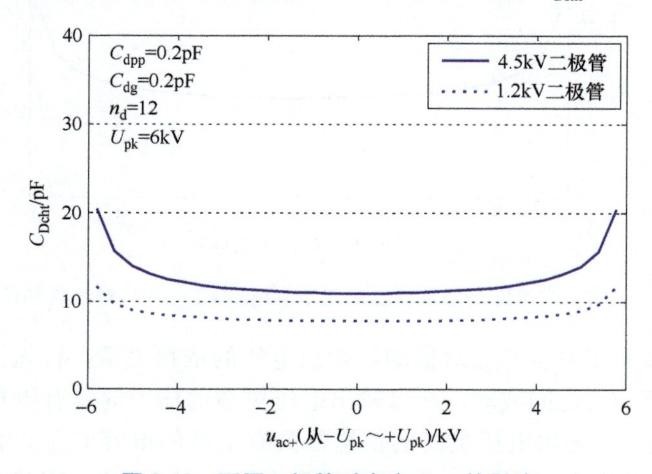


图 3-19 不同二极管对电容 $C_{Dcht}$ 的影响

图 3-20 展示了结构电容 $C_{dpp}$、$C_{dg}$ 对电容 $C_{Dcht}$ 的影响。从图中可以看出：

1）任一结构电容 $C_{dpp}$、$C_{dg}$ 增加时，电容 $C_{Dcht}$ 也会增加。

2）这两个结构电容对电容 $C_{Dcht}$ 具有对称效应。

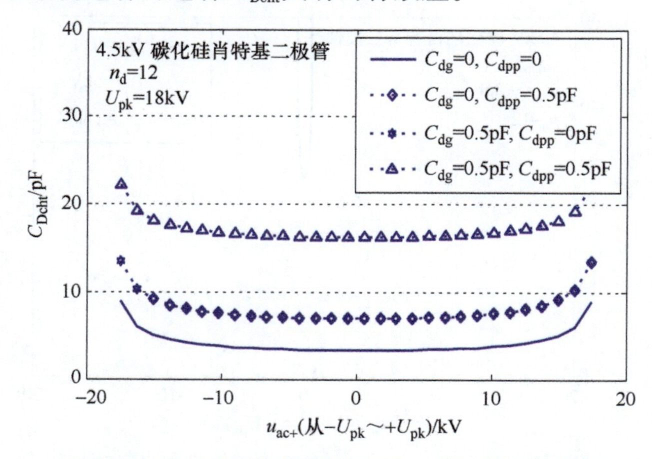


图 3-20 电容 $C_{Dcht}$ 与结构电容 $C_{dg}$、$C_{dpp}$ 的依赖关系

图 3-21 展示了完整模型中电容 $C_{Dcht}$ 与每条链中二极管数量 $n_d$ 之间的依赖关系。图中每个点表示当输入电压 $u_{ac+}$ 为零时的电容 $C_{Dcht}$。可以观察到：

1）如果结构电容 $C_{dpp}$ 和 $C_{dg}$ 中的任何一个为零，则随着二极管数量的增加，电容 $C_{Dcht}$ 在开始时快速减小，随后缓慢减小。

2）如果结构电容 $C_{dpp}$ 和 $C_{dg}$ 都不为零，则电容 $C_{Dcht}$ 会先减小，然后随二极管数量 $n_d$ 成比例增加。

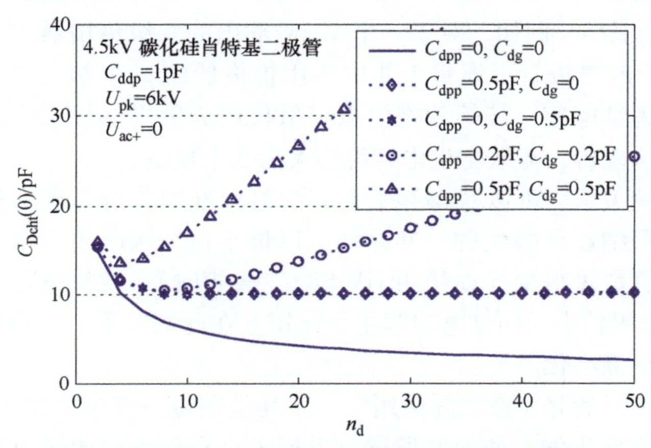


图 3-21　电容 $C_{Dcht}$ 与二极管数量 $n_d$ 的依赖关系

该图的趋势可以定性地解释，它是由结电容 $C_j$ 和结构电容 $C_{dpp}$、$C_{dg}$ 所产生的两种相反效应引起的。从图 3-6 所示的电容模型中可以看出，随着链中二极管数量 $n_d$ 的增加，相应的结构电容和结电容也会增加，增加的结构电容会使电容变大，但增加的结电容会使其减小。在倍增器模块中，结构电容通常小于 0. 5pF，而击穿电压在 1kV 以上的二极管的结电容大于 1pF。因此，当 $n_d$ 足够小时，结电容可以主导电容 $C_{Dcht}$。近似判断 $n_d$ 是否足够小的条件如下：

$$\frac{C_j(u)}{n_d} \gg n_d C_{dpp}(\text{或 } C_{dg}) \tag{3-10}$$

这意味着

$$n_d \ll \sqrt{\frac{C_j(u)}{C_{dpp}}} \tag{3-11}$$

在这种情况下，增加的结电容使得电容 $C_{Dcht}$ 减小。随着 $n_d$ 变大，增加的结电容对电容 $C_{Dcht}$ 的减小效应减弱，增加的结构电容对电容 $C_{Dcht}$ 的增加效应增强。如果其中一个结构电容为零，则两种相反效应会相互抵消，从而使得电容 $C_{Dcht}$ 略微变化。但是，如果两个结构电容都存在，则增加效应比减小效应更强，这会导致电容 $C_{Dcht}$ 增加。一旦 $n_d$ 足够大，许多结电容串联，它们的有效电容可以变得非常小。同时，许多结构电容叠加在一起，并主导电容 $C_{Dcht}$。这种情况发

生的条件与 $n_d$ 较小时相反，可以表示如下：

$$n_d \gg \sqrt{\frac{C_j(u)}{C_{dpp}}} \tag{3-12}$$

上述依赖关系非常重要。每条链上有许多二极管的 HV 倍增器会有很大的电容 $C_{Dcht}$，进而倍增器的等效寄生电容也很大。结构电容在整个过程中起着重要作用。如果忽略它们，仅考虑二极管的结电容，就会给人错误的印象，认为等效寄生电容 $C_{em}$很小。例如，对于一个 72kV 输出的双级倍增器，每条链需要串联约 50 个 1kV 的二极管。通常工业中使用价格低的 Si 二极管而不是 SiC 二极管，如果只考虑结电容，其等效寄生电容值仅约为数皮法或更小。但由于紧凑布局带来的结构电容，等效寄生电容可增大为几十皮法。

基于此依赖关系，可以获得一个重要的设计准则。为了最小化倍增器的等效电容，需要仔细设计模块的空间结构，以最小化结构电容。如果倍增器中每条链上的二极管数量很少（如使用 HV SiC 二极管时），结构电容在倍增器等效电容 $C_{em}$中的作用较小，而结电容起主导作用。在此情况下，应当优先考虑选择小的结电容进行最小化。

同时需要注意的是，在实际应用中，尤其是在每条链中使用大量二极管时，雪崩击穿是可能发生的。如前文所述，雪崩击穿会使串联的结电容减小，而直接连接在链上的结构电容增加，这会增加整体的链电容。此外，如果二极管在充电过程中发生雪崩击穿，它们在下一个放电过程中将首先导通，这同样会改变电容网络并增加链电容。图 3-22a 展示了击穿后对电容 $C_{Dcht}$的增加情况。

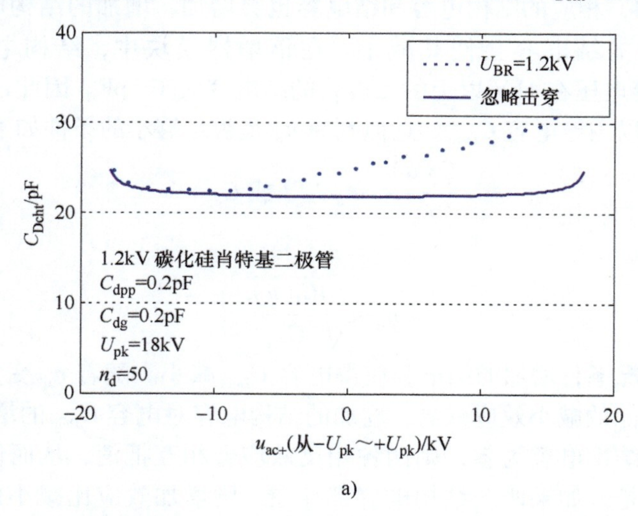


a)

**图 3-22　击穿对电容 $C_{Dcht}$的影响**

a）击穿对电容 $C_{Dcht}$的增加作用（考虑突然击穿）

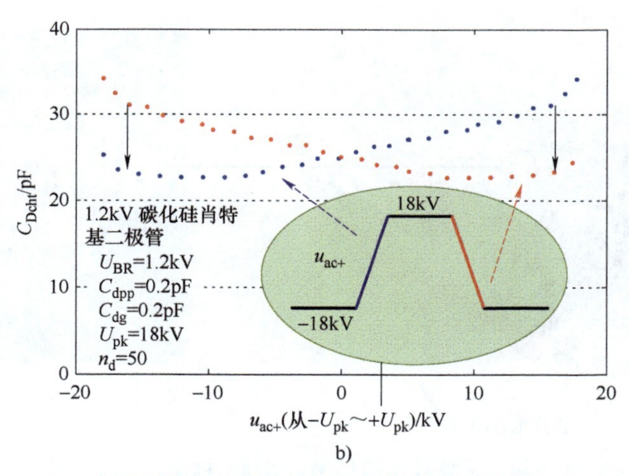

b)

**图 3-22　击穿对电容 $C_{Dcht}$ 的影响（续）**

b）电容 $C_{Dcht}$ 在两个半周期内的镜像 $C$-$U$ 特性曲线

电容 $C_{Dcht}$ 的 $C$-$U$ 特性曲线在半个周期的非导电区间与输入电压 $u_{ac+}$ 是不对称的。但在另一半周期中，电容 $C_{Dcht}$ 具有镜像的 $C$-$U$ 特性曲线，如图 3-22b 所示。因此，在一个周期内寄生电容上没有净电荷的累积，这对电路的稳定运行是必需的。二极管击穿并不会改变电容 $C_{Dcht}$ 对这四个参数的依赖关系。但是，它可能会提高电容 $C_{Dcht}$ 的平均值。发生雪崩击穿的二极管越多，电容 $C_{Dcht}$ 的平均值就越高。因此，对于每条链有很多二极管的倍增器，不仅结构电容会产生相应的等效寄生电容 $C_{em}$，而且二极管击穿还可以进一步增加电容 $C_{em}$ 的值。

## 3.2.4　等效寄生电容验证

本节展示了寄生电容的完整模型和等效寄生电容 $C_{em}$ 分析的实验验证结果。

图 3-23 展示了一个两级对称式 C. W. 电压倍增器。它的拓扑结构如图 3-2 所示，只是二极管的极性是相反的，这样可以输出正的 DC 电压。它是一个用于产生 144kV DC 输出的四级级联倍增器的低压测试样机。低压实验平台的结构与全尺寸模块相同，但二极管额定电压按比例降低。低压实验平台的每条链由 12 个未封装二极管组成，这些二极管是表 3-5 中所示的 1.2kV SiC 二极管。

实验平台的等效寄生电容 $C_{em}$ 是通过 LCC 变换器与倍增器级联，并在空载下获得的。在空载条件下，当电路稳定工作时，二极管始终处于截止状态，因此倍增器可以被等效电容 $C_{em}$ 所替代。原则上，变换器将在级联倍增器的输入产生正弦电压 $u_{ac+}$ 对倍增器中的寄生电容进行充电和放电。

图 3-24 展示了测试平台。倍增器被放置在接地的容器中。在用于医用 X 射线机的实际高压发生器中，容器通常用绝缘油进行冷却。但在本研究的验证中，低压测试并不需要绝缘油。等效电容 $C_{em}$ 是通过将流入倍增器的电荷变化除以倍增器

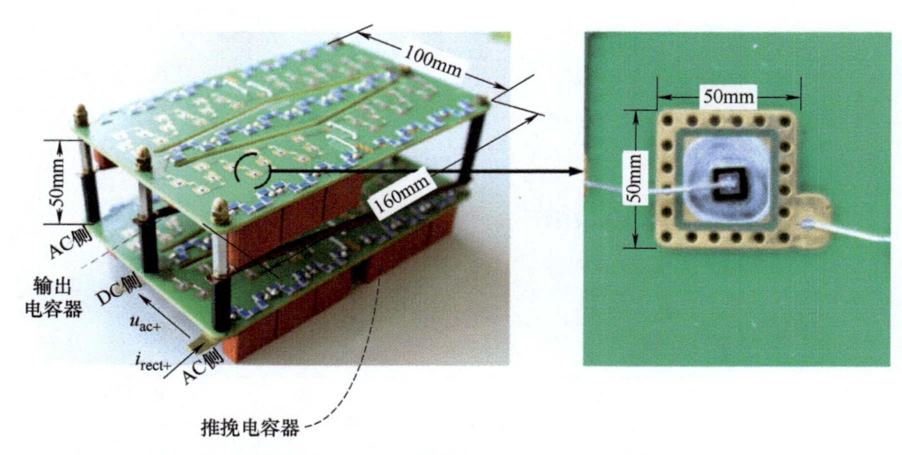


图 3-23　两级对称式 C. W. 电压倍增器的实验装置

输入电压获得的。用于计算电荷的电流 $i_{rect+}$ 和电压 $u_{ac+}$ 如图 3-24 所示。由于要测量的电流仅是毫安级别的，并且基于测量的电压和电流所获得的电容是几十皮法级别的，因此实验需要相对精确的测量。表 3-6 中列出了用于精确测量的仪器。

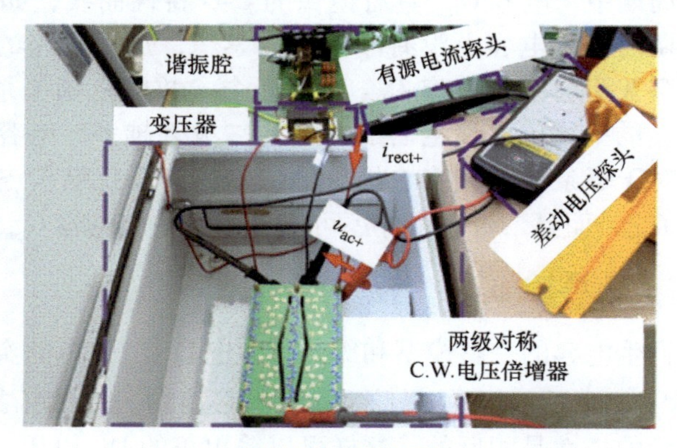


图 3-24　测试平台

表 3-6　测量仪器

| 仪器 | 类型 | 备注 |
|---|---|---|
| 示波器 | YOKOGAWA 数字示波器 DLM2034 | 采集数据的 12 位分辨率 |
| 电流探头 | TECHTRONIX 主动电流探头 TM502A | 最小可测量 1mA 的电流 |
| 电压探头 | YOKOGAWA HV 差分电压探头 700924 | 校准输入电容：200~500kHz，14pF |

图 3-25 展示了倍增器的输入电压和电流的测量结果。由于变压器存在漏感，因此输入电流存在振荡，并叠加在应该由正弦输入电压 $u_{ac+}$ 和压控电容 $C_{em}$ 产生的理想电流波形上，如图 3-25a 所示。根据测量结果，振荡的频率在 10MHz 左右，最大幅度约为 3mA。而电路工作电流频率约为 250kHz，峰-峰值约为 16mA。

因此，在不影响工作电流波形的情况下滤除振荡是合理的。图 3-25b 展示了使用示波器滤除振荡后的波形。通过比较可以看出，通过曲线拟合得到的电容 $C_{em}$ 的 $C$-$U$ 特性曲线并没有太大差异。

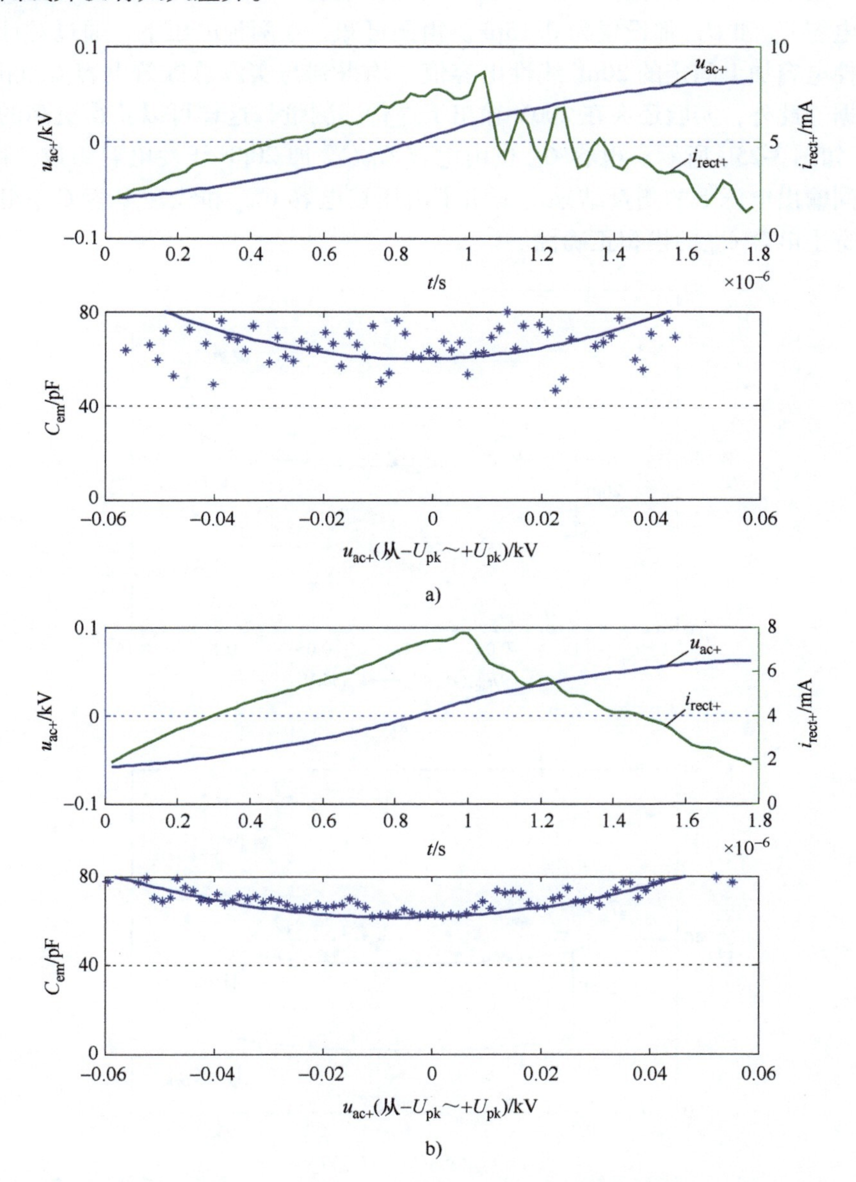


**图 3-25　级联倍增器的输入电压 $u_{ac+}$ 和电流 $i_{rect+}$ 以及等效寄生电容 $C_{em}$（星号），包括电压探头的输入电容**

a）10MHz 带宽下测量的电压和电流　b）2MHz 带宽下测量的电压和电流

图 3-26 中的星号标记展示了不同输出电压下两级级联倍增器的等效寄生电容 $C_{em}$ 的测量结果。从图 3-26a 和 b 可以清楚地看到电容 $C_{em}$ 与电压有关。图中还展示了基于完整模型计算的电容 $C_{em}$ 以及压控电容 $C_{Dcht}$。基于 3D FE 电磁仿真，结构电容 $C_{dg}$ 和 $C_{dpp}$ 都设置为 0.15pF。由图可知，在两种电压下，通过对计算得到压控电容加上固定的 20pF 线性电容值，均得到与实测总等效电容 $C_{em}$ 相吻合的数据。此外，实验还在在 200V 输出下进行了测量，这样可以获得更高的电容 $C_{em}$，如图 3-25b 所示。电容 $C_{em}$ 也由电容 $C_{Dcht}$ 叠加 20pF 线性电容组成。因此，在不同输出电压下的测量结果均证明了由压控电容 $C_{Dcht}$ 和线性电容 $C_{ppgt}$ 组成的等效寄生电容 $C_{em}$ 的模型正确性。

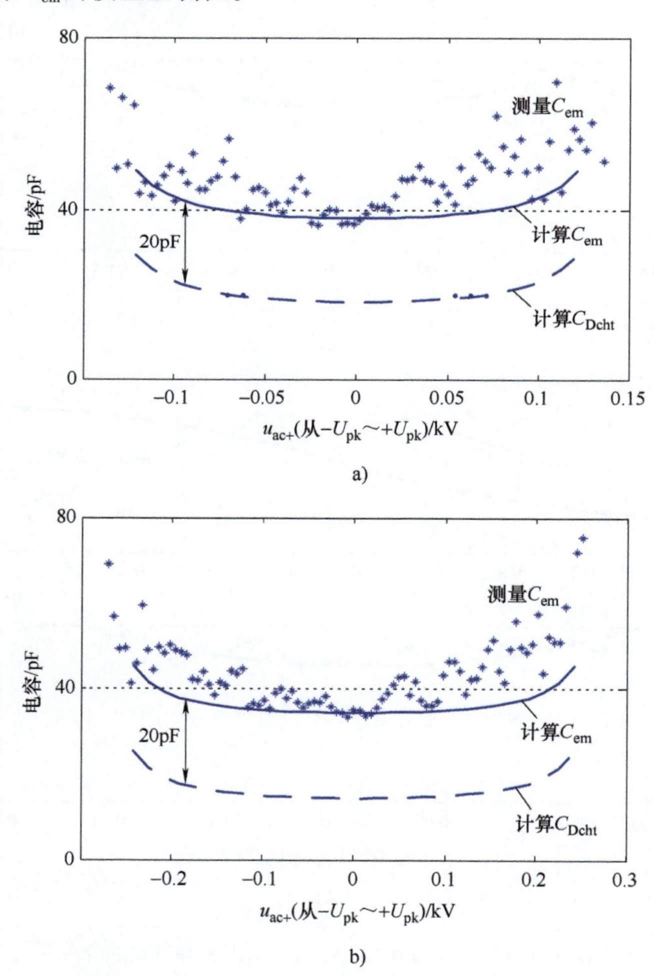


**图 3-26　测量的两级级联倍增器不同输出电压下的等效寄生电容 $C_{em}$**

a）输出电压为 0.5kV　b）输出电压为 1kV

值得一提的是，测量和计算结果都可能存在误差。一方面，关于测量结果，导致误差的主要原因是小电流的测量。尽管使用了相对精确的电流探头，但由于外部环境和仪器本身会产生数毫安的干扰，因此很难保证所测得电流的精度。提高电流大小可以改善由干扰引起的误差。另一方面，倍增器模块结构复杂，3D FE 电磁仿真需要大量的网格划分进行计算，电磁仿真很难获得准确值。此外，在倍增器模块的某些特定结构中，每组结构电容可能会出现较大的分散性，这可能会导致基于它们具有相同值的假设给结果带来偏差。

因此，寄生电容的完整模型并不是为了精确预测等效电容 $C_{em}$，而是用来评估电容 $C_{em}$ 的幅度级别，这对于最小化该电容非常有用。

## 3.3 总结

本章详细介绍了具有对称式 C. W. 电压倍增电路的 LLC 二次侧倍增模块结构寄生电容及其建模设计方法。这是一种典型的高压变换器所带来的多器件串联实例，在此例中，高压倍增器模块中含有多达 400 多个由 PCB 焊盘、电容器电极、接地外壳等结构构成的“电容电极”，最终能形成含 20 多万个寄生电容的复杂网络，且该网络含有大量的二极管非线性结电容。本章详细介绍了如此复杂的结构寄生电容网络的解析建模全过程，通过 3D 有限元模型化简、数值计算、网络拓扑化简、能量法解析计算，最终将如此庞大的寄生电容网络化简为 1 个等效压控型寄生电容，并详细地分析了结构、不同二极管类型、二极管击穿情况、电压这四部分对等效电容的影响，上述分析通过实验得到了很好的验证。

# 第4章 高压变换器结构设计

基于上一章的依赖关系分析，在本章中，首先讨论了最小化倍增器等效寄生电容的准则，这些准则仅在最小化等效寄生电容方面指导倍增器的设计。然后展示了倍增器模块中电场的分布，该电场分布是在没有推挽和输出电容器模块的仿真模型中获得的，这化简了分析过程。在此分析的基础上，提出了一种利用结构寄生电容的分析方法来降低电场强度，并通过应用该方法，设计出了能将电场强度控制在较低范围内的倍增器结构。

## 4.1 高压变换器结构寄生电容设计

完整的电容网络模型可以用于评估具有不同结构的倍增器模块的寄生电容，并且在最小化等效寄生电容 $C_{em}$时非常有用，其准则如下：

1）在相同电压等级下，应选择表面尺寸较小的推挽和输出电容器。

2）如果每条链串联的二极管数量足够少，二极管的结电容对电容 $C_{em}$ 的影响较大（如使用 HV SiC 二极管时），此时应优先选择结电容小的二极管。

3）如果每条链串联的二极管数量足够多，结构电容 $C_{dpp}$、$C_{dg}$对电容 $C_{em}$的影响较大（如使用 Si 二极管时），此时应优先进行精细的结构设计以最小化结构电容，其中结构设计包括了优化焊盘大小、PCB 布局和元件位置排列等。

根据这些准则来设计倍增器可以尽量减小等效寄生电容，不需要大量进行几何设计和 3D FE 电磁仿真的迭代过程，从而避免试错。

$C_{Dcht}$和 $n_d$ 之间的关系提供了最小化寄生电容的重要准则。图 4-1 展示了仅从最小化电容 $C_{em}$的角度来考虑倍增器的设计流程，而暂没考虑其他方面（如损耗和成本）。

1）在设计之前，倍增器的输出电压 $U_o$ 已经确定。根据 $U_o$ 的最大值，可以确定推挽和输出电容器的电压等级。不同的电压等级会带来倍增器中串联的电

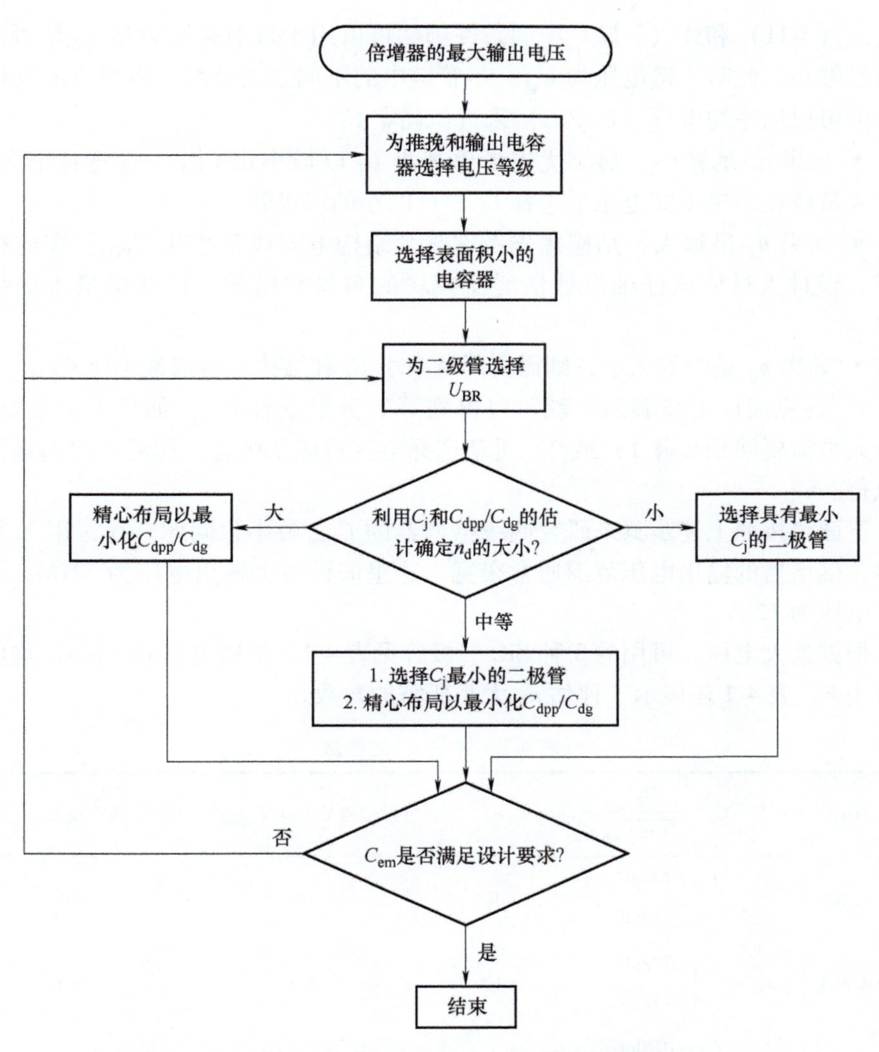


图 4-1　等效寄生电容 $C_{em}$ 最小化流程图

容器数目的不同。在不同电压等级下，都应该选择表面积较小的电容器以减小电容 $C_{ppg}$，从而使总电容 $C_{ppgt}$ 最小化。

2）与步骤 1）一样，可以根据最大 $U_o$ 确定二极管的击穿电压。如果选择具有高 $U_{BR}$ 的二极管（如 HV SiC 二极管），则数量 $n_d$ 较小。相反，如果选择具有低 $U_{BR}$ 的二极管（如 Si 二极管），则数量 $n_d$ 较大。数量不同可能导致电容 $C_{Dcht}$ 的最小化规则有所不同。

3）电容 $C_{Dcht}$ 在半个周期内随电压变化。但是，如果结电容或结构电容在 $C_{Dcht}$ 最小时占主导地位，则这种主导地位将持续半个周期内的大部分时间。因此，式（3-11）和式（3-12）中的条件仍然可以用于近似确定数量 $n_d$ 是否足够大或足够小。此时，链电压为 $U_{pk}$。尽管链中的不同二极管结电容具有不同的电压，但可以用平均电压（$U_{pk}/n_d$）来近似确定 $C_j$。

- 如果 $n_d$ 足够小，则应优先考虑减小 $C_j$ 以最小化 $C_{Dcht}$。在这种情况下，设计人员应在给定击穿电压下选择 $C_j$ 尽可能小的二极管。
- 如果 $n_d$ 足够大，则应优先考虑减少结构电容以最小化 $C_{Dcht}$。在这种情况下，设计人员应该仔细设计倍增器模块的布局和结构，以获得最小的结构电容。
- 如果 $n_d$ 是中等大小，则需要同时减小 $C_j$ 和结构电容以最小化 $C_{Dcht}$。

4）在完成以上步骤后，就可以得到等效寄生电容 $C_{em}$。如果不满足要求，设计人员需要回到步骤 1）或 2）重新选择电容器或二极管，然后再次遵循该程序执行。

下面将按照上述步骤来研究两级倍增器的 $C_{Dcht}$ 最小化问题。在医用 X 射线机中，倍增器的输出电压范围通常很宽。这里假设最大输出电压为 72kV，最小输出电压为 12kV。

根据最大电压，可用的 3 种 SiC 二极管见表 4-1。结构电容 $C_{dpp}$ 和 $C_{dg}$ 均假定为 0. 3pF。表 4-1 还展示了评估 $n_d$ 大小所需的参数。

**表 4-1 评估 $n_d$ 的参数**

| $U_{BR}$ | $C_j=\dfrac{C_{j0}}{\sqrt{1-u/\phi_{bi}}}$ | $n_d$ | $[C_j(18kV/n_d)/C_{dpp}]^{0.5}$ | $[C_j(3kV/n_d)/C_{dpp}]^{0.5}$ |
|---|---|---|---|---|
| 1. 2kV | $C_{j0}=144pF$, $\phi_{bi}=0.926$ | 40 | 60 | 10 |
| 4. 5kV | $C_{j0}=299pF$, $\phi_{bi}=1.35$ | 12 | 5. 5 | 8. 5 |
| 10kV | $C_{j0}=1020pF$, $\phi_{bi}=3.85$ | 5 | 10. 5 | 16. 5 |

很明显，当输入电压为 72kV 时，如果选择 1. 2kV 的二极管，$n_d$ 足够大。这意味着结构电容在电容 $C_{Dcht}$ 中占主导地位。此时倍增器模块的布局和结构都需要经过精心设计，以获得尽可能小的结构电容。图 4-2a 显示，将结构电容从 0. 3pF 降低到 0. 1pF，电容 $C_{Dcht}$ 减小了近 40%。

在另一个极端情况下，在输出电压为 12kV 时，当选择 10kV 二极管，数量 $n_d$ 足够小，这意味着结电容 $C_j$ 主导电容 $C_{Dcht}$。图 4-2b 表明此种情况下，结构电容的变化对电容 $C_{Dcht}$ 几乎没有影响。此时如果选择另一个具有更低 $C_j$ 的

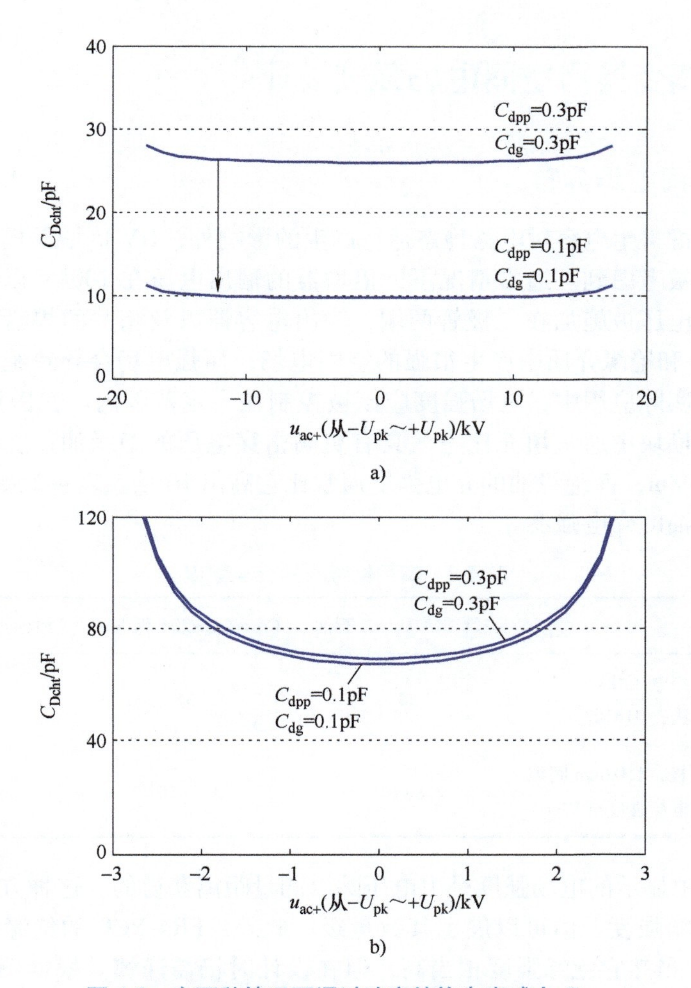


**图4-2　在两种情况下通过改变结构电容减小 $C_{Dcht}$**

a）1.2kV二极管，$U_o=72$kV　b）10kV二极管，$U_o=12$kV

10kV二极管，则 $C_{Dcht}$ 会大幅度降低。就表中展示的其他情况而言，结电容和结构电容都应当减小，以使电容 $C_{Dcht}$ 最小化。

另外，从表4-1中可以看出，$n_d$ 的绝对数值并不一定反映它足够大或小。它必须与式（3-11）和式（3-12）右侧的参数进行比较。例如，当使用10kV二极管，且倍增器在18kV的输出电压下工作时，虽然每条链只有5个二极管，但这并不一定意味着数量足够少，也不意味着结电容在电容 $C_{Dcht}$ 占主导地位，这是因为在高输出电压下，结电容通常很小，即使只有几个二极管串联，结构电容仍然是电容 $C_{Dcht}$ 的主要成分。

# 4.2 高压变换器空间电场强度设计

## 4.2.1 空间电场分布

除了考虑寄生电容对电路稳态运行产生的影响外，HV 倍增器模块中的绝缘问题也需要被考虑到。通常情况下，倍增器的输出电压在 100kV 以上。在电路模块中，高电压被施加在二极管两端，输出电容器以及相关的焊盘上。高电压可以在 PCB 和绝缘介质中产生很强的空间电场，而强电场会导致绝缘材料的击穿。因此在实际应用中，电场强度应该被控制在一定范围内。在医用 X 射线机中，倍增器模块中通常填充比空气具有更高击穿电压的绝缘油，空气的介电强度为 $3\times10^{6}$V/m，而绝缘油的介电强度通常比它高出 10 倍。表 4-2 展示了三种典型商用绝缘油的介电强度。

表 4-2 商用绝缘油的介电强度

| | 壳牌 DIALA AX 石油 | CrossTrans206 保温油 | 加德士变压器油 BSI |
|---|---|---|---|
| 介质击穿电压/kV<br>测试方法：D1816 | 28 | 36 | 30 |
| 60Hz，VDE 电极，1.02mm 间隙<br>击穿时的近似电场强度/(V/m) | $2.8\times10^{7}$ | $3.6\times10^{7}$ | $3\times10^{7}$ |

表 4-2 中显示的电场强度是由电压除以测量距离获得的。这种方法无法精确确定击穿电场强度，但可以展示其数量级。此外，FR4 PCB 的绝缘强度也约为 $2\times10^{7}$V/m，虽然它绝缘强度相当高，但在设计时仍需谨慎。根据图 4-3 所示的 3D FE 电磁仿真可以看出，倍增器模块中的电场强度可以达到 $2\times10^{7}$V/m 以上，这已经接近绝缘材料的极限。

因此，研究模块中电场的分布以确定高电场强度区域并在必要时采取措施降低电场强度是至关重要的。这种研究对于使用 SiC 二极管的倍增器模块尤其重要，因为体积的减小可能导致其具有比使用 Si 二极管的模块更高的电场强度。

本节接下来讨论四级倍增器模块中电场强度分布的问题，并探讨导致模块中高电场强度的原因。

图 4-4 展示了一个四级倍增器。在图中，每个电容（如 $C_1$）和二极管（如 $D_1$）实际上代表了串联的多个元件。如前几章所述，DC 侧节点上的电压（即输出电容器两端的电位）是恒定的。AC 侧每级节点上的电压在该级输出电容器两端的电压电位之间波动，因此 AC 电压在模块中会产生 AC 电场。这里假设静电

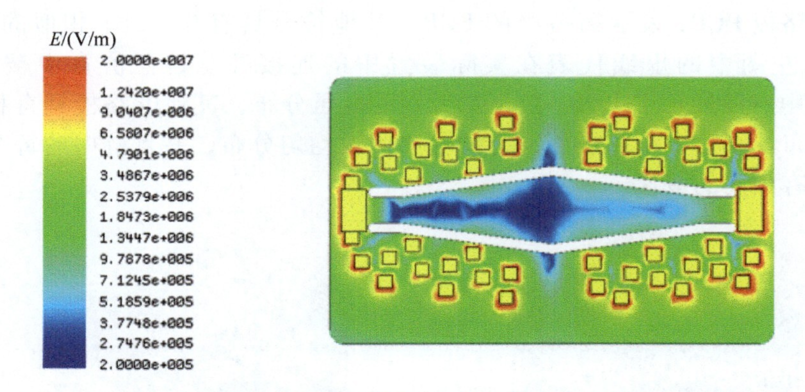


图 4-3　通过 3D FE 电磁仿真得到的 HV 倍增器模块中的高强度空间电场

场的最大强度是导致击穿的唯一因素，因此需要选择一个工作点以获取电场的分布情况。在示例中，选择并分配倍增器 AC 输入为零时的电压（即图 4-4 中的数字）用于 3D FE 电磁仿真。

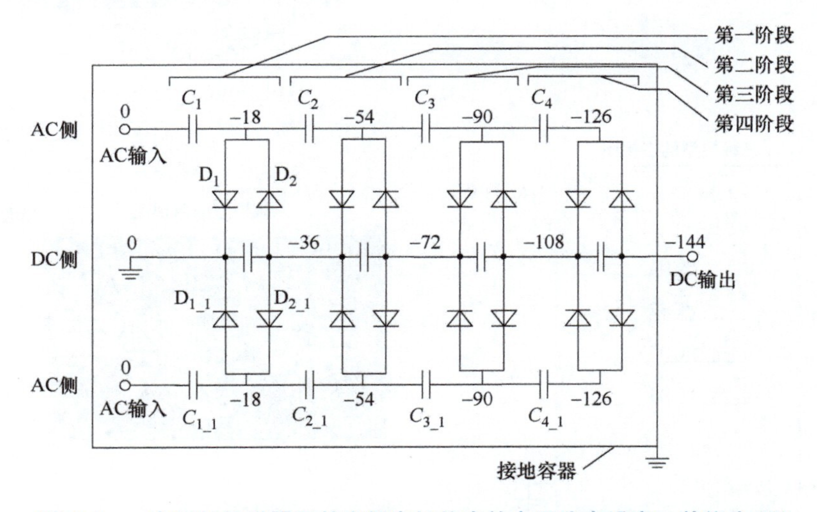


图 4-4　一个四级倍增器及其空间电场仿真的电压分布设定，单位为 kV

图 4-5 展示了四级倍增器的 3D 仿真模型，该模型的化简见附录 A. 4. 1。由于二极管的封装尺寸与焊盘相比较小，因此二极管模型被忽略，只留下焊盘来评估电场的分布情况。在与该模型相关的以下内容中，二极管由焊盘表示。该仿真模型中没有添加推挽和输出电容器，这样有助于更加清楚地理解模型中电场的分布。电容器将作为降低电场强度的工具在后续阶段添加。通过模型简化，仿真可以进行精细的网格保证准确的仿真结果。模型中的电压分配如图 4-5b 所示。倍增器中每一级别的二极管组装在一块电路板上，图

中的电路板 PCB1 表示第一级的 PCB，其他符号具有与 PCB1 相似的含义，图 4-5b 左图中的虚线代表在实际装置中的连接柱，其在仿真中被忽略。图 4-5b中右图展示了 PCB1 板上二极管的电压分布，其他电路板具有相同的电压分布规则。一个二极管链上的电压假设均匀分布，并且链中的每个二极管应具有相同的电压。

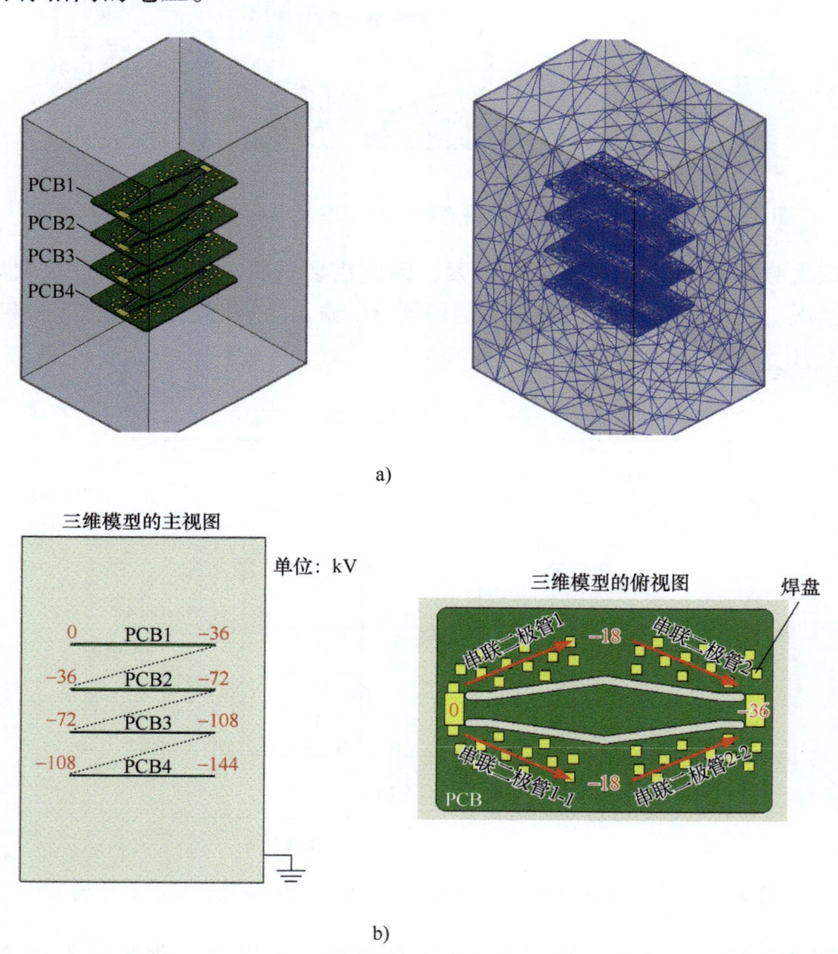


图 4-5　无推挽和输出电容器的四级倍增器的 3D 仿真模型及其电压分配
a）3D FE 电磁仿真模型　b）模型中的电压分配

图 4-6 展示了四块 PCB 上电场强度的分布。从图中可以观察到两个有趣的规律。首先，两个二极管之间的电场强度远小于 $2\times10^7$V/m。在仿真中，二极管链的电压设置为 18kV，意味着每个二极管上的电压为 1.5kV。因此，模型中相邻焊盘的电压差为 1.5kV，它们之间的距离大约为 4mm。由电压差引起的电场

强度大小约为 $3.75\times10^5$V/m，几乎比极限值 $2\times10^7$V/m 小了 50 倍。在最坏情况下（即二极管链的最大截止电压为 36kV），电场强度大小仅为 $7.5\times10^5$V/m，仍然远远低于 $2\times10^7$V/m。即使二极管之间的距离进一步减小到 1mm，电场强度仍然只有 $3\times10^6$V/m，远远低于极限值。因此，二极管之间的电压差并不是产生强电场的原因。

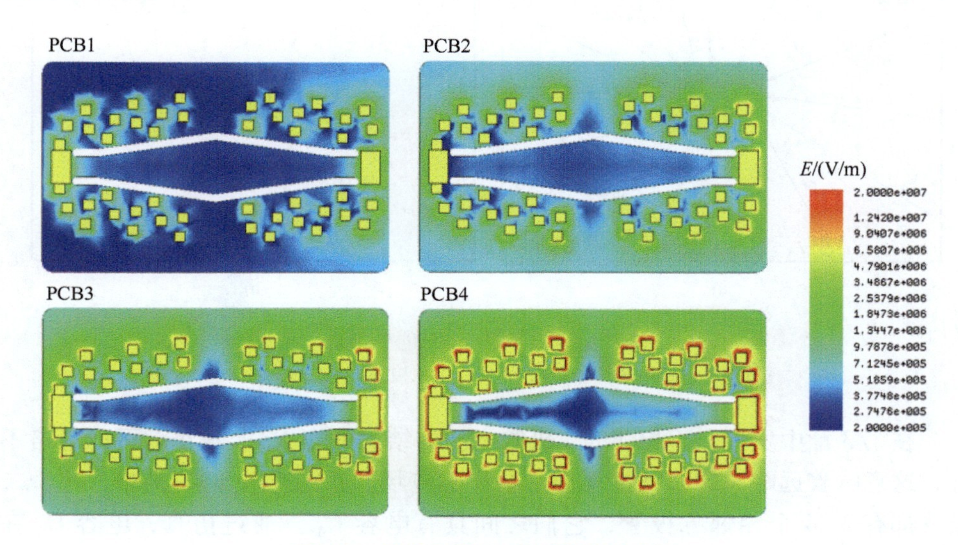


图 4-6　四块 PCB 上电场强度的分布

其次，可以看出 PCB4 上二极管周围的电场强度最高，超过了 $2\times10^7$V/m。从上面的讨论来看，这种高电场强度不太可能由二极管的布局引起，它可能是二极管与接地容器之间的巨大电压差造成的，但对此需要进一步的探讨。

图 4-7a 展示了与二极管相关的空间电场的一般分布情况。在二极管附近的区域，电场的分布和强度受到结构（如二极管以及其他元件的布局，接地容器的结构）和元件上的电压的影响。由于二极管的物理尺寸比接地容器小，因此电场主要集中在二极管附近的区域，并且电场强度随着空间距离的增加而迅速衰减。由于模块的 3D 结构复杂，整个模块中的电场分布也非常复杂。因此，通过观察电场和电压电位之间的线积分关系，很难看出哪种结构和电压决定了高电场强度。但由于在第 3 章中已经求得了与电场相关的寄生电容，所以可以通过电容来解释高电场强度的原因。通常二极管有两种结构电容，分别是二极管之间的结构电容 $C_{dd}$ 和二极管与接地容器之间的结构电容 $C_{dg}$，如图 4-7b 所示。寄生电容与二极管表面电场之间的关系为

$$Q=C_{dg}u_{dg}+\sum C_{dd}u_{dd}=\varepsilon\oint_S \boldsymbol{E}\cdot \mathrm{d}S \tag{4-1}$$

式中，$\boldsymbol{E}$ 表示二极管表面上的电场强度；$\varepsilon$ 表示介电常数；$S$ 表示二极管的表面积；$Q$ 表示二极管表面上的电荷量；$u_{dg}$表示二极管和接地容器之间的电压差；$u_{dd}$表示不同二极管之间的电压差。

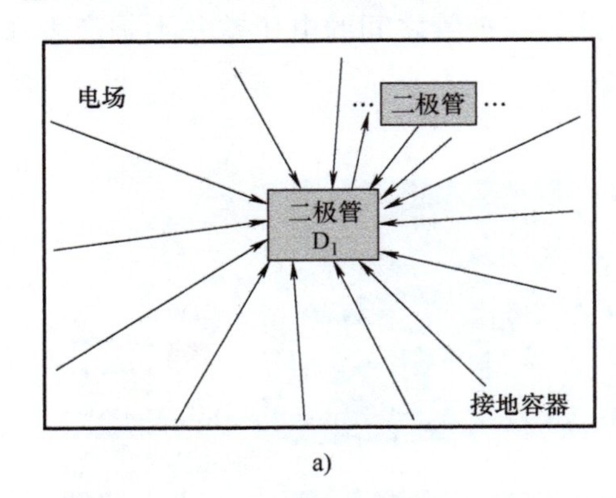


a)

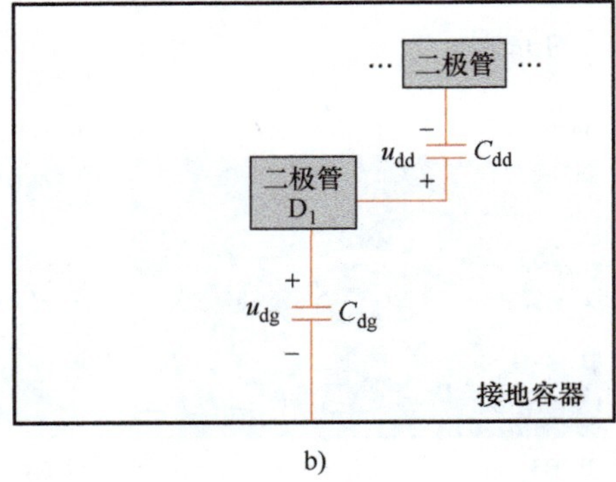


b)

图 4-7　二极管周围的空间电场表示

a）模块中二极管 $D_1$ 周围电场的分布示意　b）与二极管 $D_1$ 相关的寄生电容的分布示意

在第 3 章中发现，不相邻的二极管之间的结构电容 $C_{dd}$非常小，可以忽略不计，这意味着远距离的二极管几乎不会影响电场。在图 4-5b 的布局中，每个二极管都有 2~4 个相邻二极管，它们之间具有电容 $C_{dd}$。通过仿真，电容 $C_{dd}$在 0.6~1pF 之间，而电容 $C_{dg}$通常约为 0.25pF。考虑极端情况，电容 $C_{dd}$的总和为 4pF，是电容 $C_{dg}$的 16 倍。由 3D FE 电磁仿真可得，此时拓扑中相邻二极管之间的电压为 1.5kV。因此，式（4-1）中的$\sum C_{dd}u_{dd}$项大约为 6。而第四级二极管的电压 $u_{dg}$至少为 108kV，是 $u_{dd}$的 72 倍。因此，在式（4-1）中，$C_{dg}u_{dg}$的乘积约为 27，是$\sum C_{dd}u_{dd}$的 4.5 倍。当倍增器的输入电压波动到峰值时，即使电压 $u_{dd}$为 3kV，前者的乘积仍比后者大 2.25 倍。简而言之，电荷 $Q$ 主要由 $C_{dg}$和 $u_{dg}$决定，即由二极管和接地容器的结构以及二者之间的电压决定。由式（4-1）可知，靠近二极管的电场主要受到 $C_{dg}$和 $u_{dg}$的影响，从而在 PCB4 上二极管附近的区域产生强烈的电场。

可以总结出，PCB4 上二极管周围的区域具有最强的电场，这主要是由二极管与接地容器之间的高电压差 $u_{dg}$引起的。

一方面，通过将 Si 二极管替换为 SiC 二极管来减小模块的体积并不会导致二极管和接地容器之间的平均距离明显减小。另一方面，如果它们之间的距离远远大于焊盘和二极管的尺寸，则距离的减小会稍微增加电容 $C_{dg}$。因此，SiC 型模块中的电容 $C_{dg}$可能略大于 Si 型模块中的电容 $C_{dg}$，而两个模块中的电压 $u_{dg}$保持不变。所以 SiC 型模块体积的减小不会显著增加最高场强。

## 4.2.2　低场强结构设计

如上所述，空间电场在二极管及其焊盘周围会变得更强，而强电场主要与电容 $C_{dg}$和电压 $u_{dg}$有关。面对高场强的问题，本节介绍一种简单的技术来降低场强。

降低电场强度可以通过在 PCB 上二极管周围添加一条带有恒定电压的铜线（场屏蔽线）来实现，该屏蔽线目的是用来减小强电场的主要诱因——$C_{dg}$和 $u_{dg}$的乘积，如式（4-1）所示。由于邻近二极管之间的距离相对较短，二极管之间的结构电容 $C_{dd}$几乎不受屏蔽线的影响，不会发生变化。

图 4-8 展示出了屏蔽线降低电场的原理。在没有屏蔽线的情况下，图 4-8a 所示的与 $C_{dg}u_{dg}$乘积有关的电场 $\boldsymbol{E}_{nt}$为

$$\varepsilon\oint_S \boldsymbol{E}_{nt}(x,y,z)\cdot dS = C_{dg}u_{dg} \tag{4-2}$$

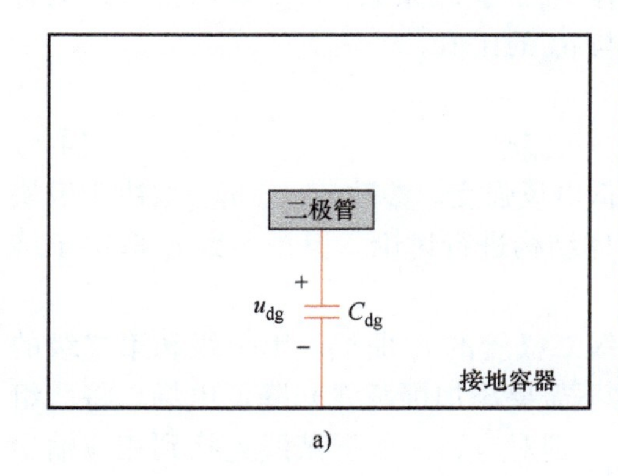


a)

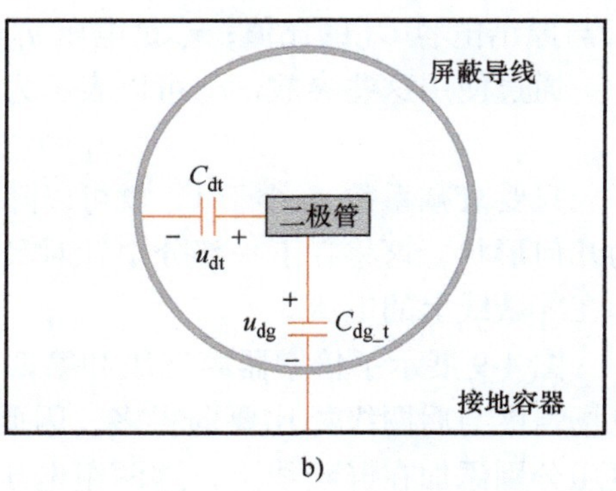


b)

图 4-8　减少电场强度的原理示意图

a）添加屏蔽线前的寄生电容　b）添加屏蔽线后的寄生电容

$\boldsymbol{E}_{nt}$表示没有屏蔽线时二极管表面的电场。通过添加屏蔽线，二极管与接地容器之间的电场将被部分屏蔽，从而使结电容 $C_{dg}$降低为 $C_{dg\_t}$，同时添加了一个新的结电容 $C_{dt}$。屏蔽线上的电压可以设置为输出电容器两端电压之间的任意值。在实际装置中可以容易地将屏蔽线连接到输出电容器的一个端点。添加屏蔽线后，电场变为

$$\varepsilon\oint_S \boldsymbol{E}_{t}(x,y,z)\cdot dS = C_{dg\_t}u_{dg}+C_{dt}u_{dt}=\varepsilon\oint_S r_E\boldsymbol{E}_{nt}(x,y,z)\cdot dS \tag{4-3}$$

式中，$\boldsymbol{E}_t$ 表示带有屏蔽线且忽略其他二极管的影响时，二极管表面的电场；$r_E$ 表示电场衰减系数；$u_{dt}$表示二极管与屏蔽线之间的电压差。

由于二极管及其焊盘的尺寸相对较小，在紧靠二极管的周边区域电场的空间分布规律不会发生显著改变，所以电场的分布可以假设为不变的，这意味着

电场 $E(x,y,z)$ 的空间依赖关系不会改变。因此，带有屏蔽线的结构中的空间电场 $E_t$ 可以表示为电场 $E_{nt}$乘以场强衰减系数 $r_E$。根据上述方程，可以认为屏蔽线对靠近二极管的电场有两种相反的影响，这两种影响由式（4-3）右侧的两项反映。因为屏蔽导线部分屏蔽了二极管接地容器间的电场，所以式（4-3）中 $C_{dg\_t}$ 要小于式（4-2）中的 $C_{dg}$，同样 $C_{dg_t}u_{dg}$的值也小于 $C_{dg}u_{dg}$的值，这一项表示了一种降低电场的效应。然而，$C_{dt}u_{dt}$在数学上可理解为一个新的电场，这一项表示了一种增强电场的效应。总体来说，为了降低电场，屏蔽线应该具有减小电场强度的净效应，这意味着参数 $r_E$ 应该小于 1。为了清楚地表示 $r_E$，定义了几个参数如下：

$$r_{Cstru}=\frac{C_{dg\_t}}{C_{dg}};\quad a_{Cstru}=\frac{C_{dt}}{C_{dg}};\quad r_v=\frac{u_{dt}}{u_{dg}} \tag{4-4}$$

式中，$r_{Cstru}$是通过添加屏蔽线减小结电容 $C_{dg}$ 的衰减系数；$a_{Cstru}$表示新增结电容 $C_{dt}$与原结电容 $C_{dg}$的比值；$r_v$ 是电压 $u_{dt}$与 $u_{dg}$的比值。

通过使用这些参数，$r_E$ 可以表示为

$$r_E=r_{Cstru}+a_{Cstru}r_v \tag{4-5}$$

只要衰减系数 $r_E$ 小于 1，就可以降低电场强度。参数 $r_{Cstru}$、$a_{Cstru}$取决于模块的几何形状，这将在下一部分中针对具体结构进行讨论。但是参数 $r_v$ 取决于施加在屏蔽线上的电压。

图 4-9 展示了倍增器第三级和第四级二极管的 $r_v$ 曲线。第一级和第二级的电场强度与后两级相比要弱得多，因此不需要添加屏蔽线来降低电场。将两组电压分别添加在屏蔽线上，这两组电压分别对应每一级屏蔽线连接到相应输出电容器两端低 DC 电压和高 DC 电压的情况。这两种情况下的 $r_v$ 曲线分别展示在图 4-9a 和 b 中。

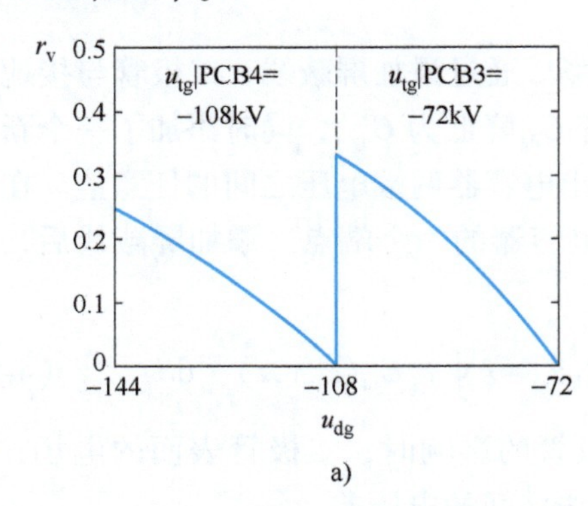


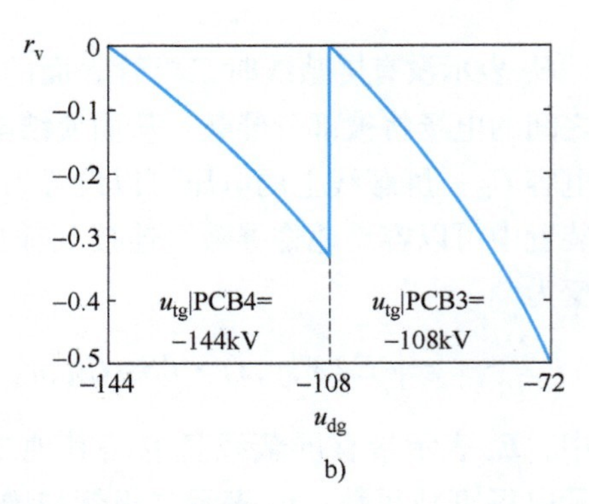


**图 4-9 PCB3 和 PCB4 的参数 $r_v$**

a）$u_{tg}$ | PCB4＝−108kV，$u_{tg}$ | PCB3＝−72kV b）$u_{tg}$ | PCB4＝−144kV，$u_{tg}$ | PCB3＝−108kV

注：符号 $u_{tg}$表示屏蔽线和接地容器之间的电压差。$u_{tg}=u_{dg}-u_{dt}$

如果将屏蔽线连接到低 DC 电压，PCB4 和 PCB3 上的屏蔽线电压 $u_{tg}$ 分别为 −108kV 和−72kV。在这种情况下，参数 $r_v$ 始终低于 0.35，这意味着屏蔽线对电场的增强效应被很好地抑制了。如果将屏蔽线连接到高 DC 电压，如图 4-9b 所示，则参数 $r_v$ 为负数。根据式（4-5），这种情况具有更好的屏蔽效果。在这种情况下，屏蔽线上的电压低于二极管上的电压。屏蔽线上的电压能够引发电场，其方向与从地面到二极管的电场相反，因此通过抵消电场比前一种情况更小。

下面介绍一个通过添加屏蔽线来减小电场的简单案例。

图 4-10 展示了一个简化的四级倍增器（不包含推挽和输出电容器）的 3D 仿真模型中的电压分配情况。3D 模型的结构和电压分配与图 4-5 相似，但有两个不同之处。第一个是简化倍增器仅使用了 4 个二极管，这简化了 3D 建模并加快了仿真速度。同时二极管的布局也进行了调整，在这种情况下，当倍增器的输入电压为零时，两个二极管之间的电压差为 4.5kV。第二个不同之处是在仿真中增加了二极管模型，与仅有焊盘的模型相比，可以得出更为真实的结果。由于去掉了推挽和输出电容器，即使使用包含二极管的模型，3D FE 电磁仿真也很快。详细的二极管模型见附录 A.4.1。

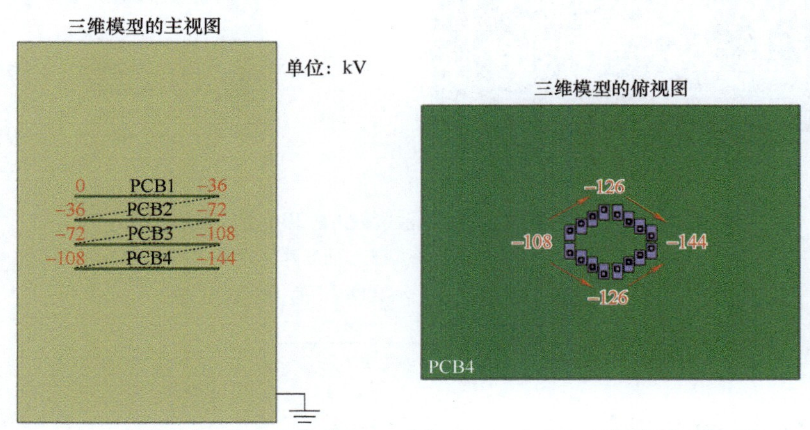


图 4-10　无推挽和输出电容器的简化四级倍增器的 3D 仿真模型中电压分配情况

图 4-11 展示了 PCB4 上电场强度的分布情况。在屏蔽线上设置两个电压以比较场强降低的效果。从图中可以看出，两种情况下，在二极管周围添加屏蔽线都可以明显降低焊盘周围的电场强度。

通过观察参数 $r_E$ 可以判断场强的降低情况，如图 4-12 所示。x 轴表示图 4-10 中 PCB4 上半桥臂的每个二极管（如值为−108 表示阴极电压为−108kV 的二极管）。y 轴表示式（4-4）和式（4-5）中的参数值，这些参数可以定量地表示添加屏蔽线所降低的电场强度。图中对线路电压为−108kV 的情况表示为 $u_{tg}=-108kV$，电压为−144kV 的情况也用类似的符号表示。

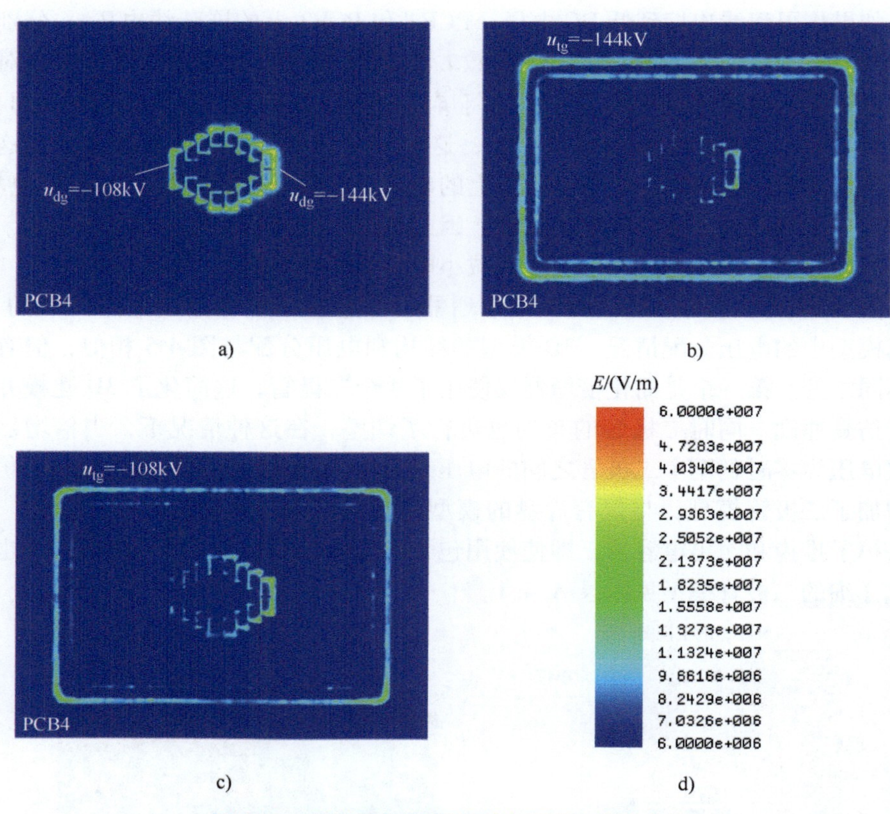


**图 4-11　通过添加屏蔽线减少 PCB4 上的电场**

a）无屏蔽线的场强　b）有屏蔽线的场强，$u_{tg}$=-144kV

c）有屏蔽线的场强，$u_{tg}$=-108kV　d）场强色差图

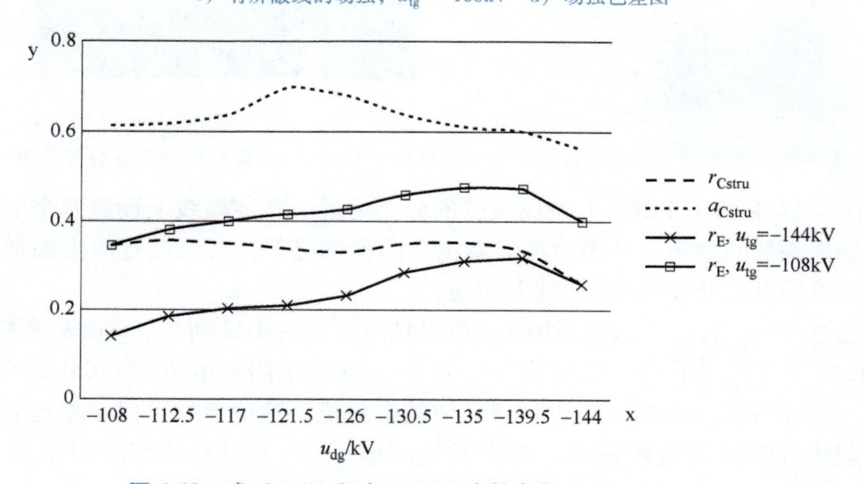


**图 4-12　式（4-4）和式（4-5）中的参数 $r_{Cstru}$、$a_{Cstru}$、$r_E$**

从图中可以看出，添加屏蔽线后结电容 $C_{dg}$ 降低到原来的 35%左右，$r_{Cstru}$ 约为 0.35。新增加的结电容 $C_{dt}$ 约为原始 $C_{dg}$ 的 60%，$a_{Cstru}$ 约为 0.6。通过在屏蔽线上添加适当的电压来降低 $a_{Cstru}r_E$ 的乘积。当电压 $u_{tg}$ 为 -108kV 时，该乘积小于 0.15，此时电场强度的衰减系数 $r_E$ 小于 0.5，意味着场强大幅降低。如果在导线上分配 -144kV 的电压，则 $a_{Cstru}r_E$ 变为负数，此时参数 $r_E$ 比在 -108kV 情况下还要小，因此场强更低，如图 4-11b 和 c 所示。

在本案例中，由于焊盘模型有尖角，场强比在 4.2.1 节中使用圆角焊盘时更高。因此，上述模型中的最大电场强度为 $6\times10^7$ V/m，比之前的仿真结果更大。

从图 4-11 还可以观察到，由于高电压，屏蔽导线周围的电场可能很大。但是，它依然比具有相同电压的二极管周围的电场要弱。有两种方法可以进一步限制屏蔽线周围的电场。第一种方法是使屏蔽线转角的曲率小于二极管焊盘的曲率。这种方法容易实现，因为 PCB 上有较大的面积来放置大转角曲率的屏蔽线。另一种方法是使用电压逐渐降低的多条屏蔽线来降低屏蔽线周围的局部高场强，其原理与本节所讲述的原理相同。图 4-13 展示了通过添加另一个具有 -108kV 的屏蔽线来降低 -144kV 导线周围电场的情况。此处的场强色差图对图 4-11 中的场强色差图进行了调整，以强调屏蔽线周围电场的降低效果。

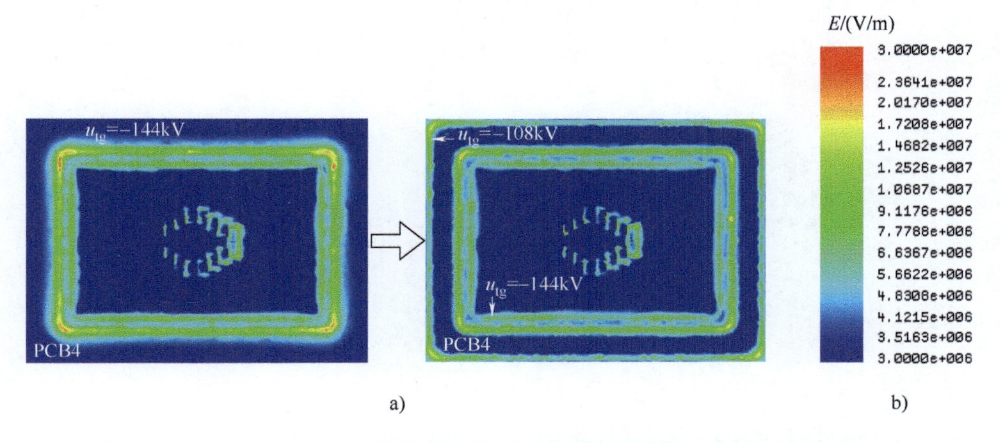


**图 4-13　通过增加多个电压逐渐降低的屏蔽线来减小屏蔽线周围的电场**

a）场强　b）场强色差图

原则上，可以添加更多的屏蔽线，直到屏蔽线的电压降为零。但是，必须考虑实际倍增器模块的布局和结构。通常在一块 PCB 上（如 PCB4），DC 电位会在 -144 ~ -108kV 之间变化。因此，如果想要在屏蔽线上施加低于 -108kV 的电压，则必须由另一块 PCB 提供，这将使连接变得复杂。

## 4.3 总结

在第3章等效寄生电容解析建模的基础上，本章介绍了其最小化的设计准则，并给出了具体的设计指导流程图。除了对倍增器模块结构寄生电容进行建模设计外，由于高压带来的绝缘问题，本章还分析了模块内部电场强度及其减小方法。在电场强度分析中，仍然从电场能量的角度建立起电场强度与寄生电容和电压的关系，通过第3章已有的寄生电容知识，通过巧妙的设计寄生电容和电压，来最终减小电场强度，这种方法避免了晦涩的电场分布计算，而采用寄生电容构成的电路模型，方便工程师理解和进行结构设计。

# 第5章 多器件并联型变换器

本书在第2~4章以多器件串联型变换器为应用对象，详细介绍了复杂寄生电容网络建模及相关设计。与之相对应的寄生电感，在电路中同样重要。因此，本书将从此章节开始，面向多器件并联的变换器应用结构，介绍其复杂寄生电感建模及相关设计。

本章主要介绍了多器件并联型变换器，首先介绍了SiC器件在中大功率光伏逆变器和新能源汽车驱动中的应用，然后介绍了分立式SiC MOSFET并联功率模组的发展现状。

## 5.1 中大电流变换器

近年来，中大容量电力电子装置在光伏、电驱、轨道交通等场景中广泛应用，成为实现“双碳”目标的重要发展方向。同时，随着第三代宽禁带半导体技术的快速发展，SiC MOSFET因其相比于Si IGBT具备更优异的特性，能够使得变换器向高效、高功率密度、高可靠性等方向发展。因此，SiC器件在中大功率变换器装置中得到越来越广泛的关注和应用。目前已经实现商业化的全SiC功率器件主要应用在光伏逆变器和新能源汽车中，而在以轨道交通为代表的高压大容量领域中，全SiC功率模块实现商业化仍需要一定时间。

SiC器件对于中大功率光伏逆变器效率的提升十分显著。日立公司通过将4个SiC MOSFET功率模块并联，搭建出了一台功率达160kW的逆变器样机。与原Si基逆变器相比，在20kHz的开关频率下，额定效率提高了0.9%[144]。2016年，Cree公司采用第二代SiC MOSFET半桥功率模块，以20kHz的开关频率将额定功率为312kW的逆变器效率提高至99%以上。同年，GE公司应用其研发的SiC功率模块，在8kHz开关频率下，将图5-1a所示的兆瓦级逆变器的效率推升至99%[145]。2017年，德国Fraunhofer研究所通过1200V的SiC半桥功率模块开发出将兆瓦级逆变器[146]，如图5-1b所示，在40kHz的开关频率下效率达到了

98.9%。此外，由于 SiC 器件具备更小的开关损耗和更高的导热率，可以有效减少逆变器的散热系统需求。在保持器件在安全温度范围内运行的前提下，仅通过将逆变器中的 Si IGBT 器件直接替换为 SiC 器件，散热器可减少约 60% 的体积[147]。另外，SiC 逆变器高频特性，使得逆变器中的无源元件的尺寸能够进一步减小，如直流电容和滤波电感等，从而优化逆变器整体积和重量[148]。Cree 公司利用 SiC 器件搭建了 50kW 的光伏逆变器，将开关频率从 20kHz 提升至 48kHz，进而将逆变器的总体积缩小为原 Si 基逆变器的 1/5[149]，如图 5-2 所示。

a)

b)

图 5-1 MW 级 SiC 逆变器

a）参考文献［145］ b）参考文献［146］

相比于光伏逆变器，新能源汽车的主驱逆变器对于高能量转换效率以及高功率密度更加敏感，促进了 SiC 器件与新能源汽车高度适配。我国新能源汽车市场体量庞大，随着特斯拉等国外品牌开始在电驱系统中应用 SiC 方案，国内的厂商也快速跟进，以比亚迪为代表的整车厂商开始全方位布局，推动 SiC 器件在电动汽车领域的加速应用。SiC 器件带来的高能量转换效率使得电动汽车在相同的电池容量下可以有效提升整车的续航里程，或者在相同的续航里程下节省能耗，进而降低电池组的成本[150]。此外，SiC 器件的高温以及高导热率特性，一方面可以化简散热设计，提高系统功率密度[151]。另一方面可以提高系统的瞬时电流输出能力，使得汽车在加速瞬间爆发出更大的功率。SiC 器件的高频特性，有利于降低电驱动系统噪声，并且可以优化电动机谐波电流[152]。目前大

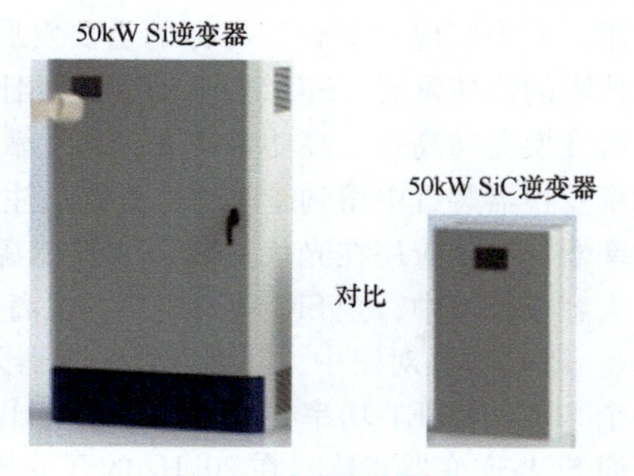


图 5-2 功率密度提升

多数中低端电动汽车主要还是采用 Si IGBT 功率器件，基于其构建的驱动逆变器的峰值效率能达到 97%~98%。然而该峰值效率只会出现在部分工况区域内，并且高效率区的范围较窄[153]。在某些工况点如轻载工况下，受限于 IGBT 的开启电压，导通损耗会变大，效率会降到 80%以下[154]，能量损耗较为严重。应用 SiC MOSFET 器件可以提升驱动逆变器的峰值效率到 99%以上[155]，在轻载工况下，如 10%的额定功率，其在效率上的提升更为显著。参考文献［156］的研究表明 SiC 逆变器在轻载工况下能够带来 5%~10%的效率提升。在提升电驱系统功率密度上，应用 SiC 器件带来的优势同样明显。参考文献［157］基于 Cree 公司的四个全桥 SiC MOSFET 模块，开发出一款输出功率为 55kW、体积为 4.5L 的电动汽车逆变器，如图 5-3a 所示。该逆变器集成了交错并联双向 DC-DC 变换器，在高开关频率下降低了整机无源器件体积，进而提高了整机的功率密度。参考文献［158］利用 SiC MOSFET 半桥模块原型研制了如图 5-3b 所示电动汽车逆变器样机，输出功率为 35kW。该 SiC 模块将体积仅有 0.5L，功率密度达到了 70kW/L。

a)

b)

图 5-3 基于 SiC 器件的电驱

a）参考文献［157］ b）参考文献［158］

SiC 器件的使用将给中大功率变换器带来高效、高功率密度、高可靠的优势。但应用 SiC 器件仍需面临一些问题，包括 SiC 器件的封装技术、电路寄生参数、驱动与保护电路设计、长期可靠性、高成本等。解决这些问题是推动 SiC 器件在中大功率变换器中广泛应用的关键。

## 5.2 分立器件并联功率模组

受到 SiC 晶圆增长、器件封装以及生产成本的限制，单个 SiC MOSFET 芯片的载流能力相对较弱。为了适应电动汽车驱动系统这种大功率电能变换的应用场景，需要将 SiC MOSFET 芯片并联使用。从并联应用的技术路线角度，存在着器件并联功率模组以及多芯片并联大功率模块两种主要方案。图 5-4a 为深圳市鹏源电子和华南理工大学联合开发的分立器件并联 SiC 逆变器，每个桥臂由 6 个 TO247 封装形式的 SiC 单管并联构成。图 5-4b 为特斯拉在 Model 3 车型中搭载的 SiC 逆变器，每个桥臂由 4 个 TPAK 模块并联，而每个 TPAK 模块中又集成了 2 个并联的 SiC 芯片。图 5-4c 为国内车企比亚迪自主研发的多芯片并联大功率 SiC 模块，并在旗下高端车型汉 EV 四驱版中应用，成为国内首个采用自研 SiC 功率模块的车企。

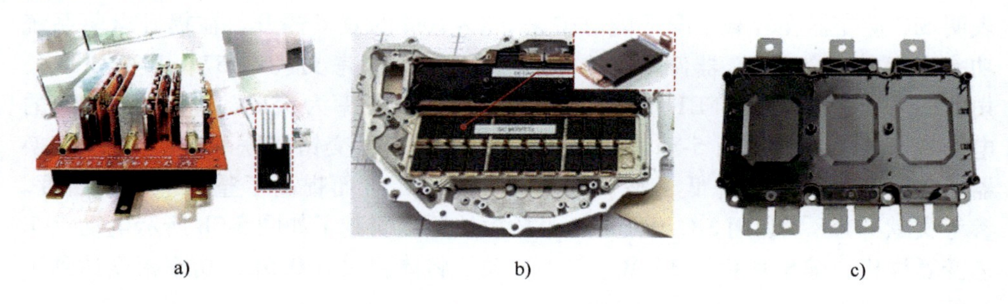

a) b) c)

图 5-4 功率半导体器件并联方案

a）分立器件并联 b）功率模块并联 c）多芯片并联大功率模块

目前，功率模块出货量少且封装并不兼容，封装技术发展还不成熟，供货渠道也较为单一，使得价格非常昂贵，并不利于发展低成本的电驱动系统。相比于功率模块，分立器件（如 TO247 单管）大多基于标准封装，工艺成熟，良品率高，并且产量大。因此在器件价格上，分立器件每安培的成本比模块小很多。在系统层面，分立器件并联型方案可通过增减并联器件的数目来改变电流输出能力，实现功率的灵活扩展，易于平台化开发从实现不同车型的动力配置。综上，现阶段受成本、器件资源、性能拓展灵活性等因素影响，分立式 SiC MOSFET 并联方案相比于多芯片并联大功率模块具有一定的优势。因此，对于汽车厂商，将分立器件并联应用可以作为开发较低成本 SiC 逆变器的过渡方案，从而为快速切入高性能电动机控制器市场抢占一定先机。对于新能源行业，能够促进电动汽车产业的发展，加快实现国家能源结构的转型。综上所述，现阶段研究和开发基于 SiC MOSFET 分立器件并联型功率模组有着重要的经济意义和战略价值。

当然，分立式 SiC MOSFET 并联方案也存在着一定局限性。在更大的功率应用场合，需要并联的器件数量将急剧上升，带来系统体积的增大，整体的寄生参数对称性以及均温设计难度增加。另外，SiC 分立器件沿用 Si IGBT 的封装形式，虽然工艺成熟，但难以进一步发挥器件优势。实际上，随着 Cree、Ⅱ-Ⅵ等企业 6in SiC 晶片制造技术的成熟，将不断提高下游对 SiC 晶片的利用率和生产效率，未来 SiC 器件的价格有望大幅下降。在系统设计层面，SiC 功率模块集成度高，利于实现装置的高功率密度。加之SiC功率模块封装技术的逐渐成熟，其可靠程度也会逐渐提高。因此，未来多芯片并联大功率模块仍是实现电动机逆变器功率单元的主流方案，并能普遍应用在各类型新能源车型中。然而，目前国内虽然有不少半导体企业布局了SiC封装产线，但在开发车用SiC功率模块上仍然比较滞后，主要是因为车规级功率模块需要不断通过可靠性测试进行工艺、材料上的叠代，这需要大量的数据积累以及时间成本。国内诸多研究院所对SiC功率模块的先进封装技术进行了研究，这些技术有的需要引入额外的制造工艺，有的需要集成去耦电容、柔性PCB、驱动芯片等，虽然能带大幅降低寄生电感，实现较优的电气性能，但缺乏对热和热应力多目标的综合考量。另外，复杂结构会带来较低的良品率，同时工艺可靠性均未得到充分研究和认证。因此，开发高性能、高可靠SiC功率模块，对国产SiC功率模块封装技术的积累，附加推动SiC功率模块的工程化应用具有重要意义。

器件在并联应用中，会出现器件电流分配不均的现象。不均衡的电流会使并联器件间产生不对等的损耗、电压和电流应力，容易在某个器件上形成更高的过冲应力。一方面危及器件的安全运行，另一方面因短板效应迫使系统降额运行。常规商用1200V两芯片并联Si IGBT功率模块的降额率约为15%，4芯片并联降额率高达19.6%。另外，由于SiC MOSFET的开关速度远高于Si IGBT，动态电流不均衡现象将更加严重。芯片电气参数如阈值电压，导通电阻的分散性和外电路并联支路间寄生参数的差异性是影响并联器件电流均衡分配的主要因素。芯片电气参数的分散性是由工艺参数的差异带来的，在功率半导体芯片制备过程中，需要经过多道工艺环节，很难完全保证不同芯片的每道工序的一致性。通过探针台或功率器件参数分析仪对芯片或器件进行筛选，是在器件并联应用中避免参数分散性的有效方式。另外，随着SiC器件封装技术的成熟加之厂商的严格把控，同一批次器件的分散性不会很大。因此，聚焦于外电路的对称性设计，实现并联支路寄生参数的对称分布，是确保器件并联应用时电流均衡分配的关键。

实际上，从封装角度，将分立器件并联应用相当于是对多个单管进行二次封装形成功率模组，扮演着与功率模块相同的角色。因此，无论是分立器件并联还是芯片并联，存在共性的技术问题，即如何通过合理的封装结构设计使得功率器件实现优良的电气特性，包括较低的尖峰电压以及均衡的电流分配等。这对于SiC MOSFET的并联应用尤为重要，这是因为SiC器件的开关速度快，快速瞬态电流变化不仅会使得器件承受更大的电压过冲，还会导致并联器件电流分配对寄生参数更加敏感。因此，针对该关键问题，本书在后续章节介绍了分立式SiC MOSFET并联功率模组寄生参数建模和设计，为SiC MOSFET并联应用提供理论与技术支撑，具有一定的创新以及工程应用价值。

## 5.3 总结

现阶段，受限于 SiC 器件的载流能力，将其并联应用是搭建中大功率变换器的常规解决方案，进而助力其朝着高效、高功率密度、高可靠性方向发展。但 SiC 器件的快速开关特性使其对电路寄生电感更为敏感，尤其是在并联应用背景下，加剧了电流失衡分配的风险。因此，对电路寄生电感进行建模与设计对充分发挥 SiC 高频性能十分重要。本章首先以光伏和新能源汽车领域为背景，总体介绍了 SiC 器件在中大功率变换中的应用情况，可以看到由于 SiC 器件具备高速、高频、高温等特性，其对于提高系统效率以及功率密度具有较大优势。进一步，由于目前 SiC 器件与新能源汽车的适配性较高，本章接着以新能源汽车的主驱逆变器为应用背景，介绍了 SiC 功率模组方案，并阐述了寄生参数对称性设计对于实现分立器件并联型功率模组均流特性的重要性。

# 第6章 并联型变换器结构寄生电感建模

针对多器件并联型变换器，本章主要介绍了并联型器件带来的结构复杂寄生电感网络建模，以及等效寄生电感对均流的影响。首先，介绍了部分自感和互感原理。接着，以中大功率变换器常用的互连结构-叠层母排为对象，介绍了动静态过程并联支路复杂寄生参数的建模方法。最后，从开关速度以及负载电感两个维度分析了等效寄生参数对于动静态并联均流的影响。

## 6.1 部分自感和互感原理

为了清晰地认识回路电感、部分电感以及部分自感和互感，图6-1示出了几种电感模型。首先建立部分电感和回路电感的关系，如图6-1a所示，电流在矩形导体中构成回路，根据法拉第定律，闭合电流回路具有回路电感。回路电感可由式（6-1）定义：

$$L_{\text{loop}}=\frac{\varphi}{I}=\frac{\int_S \vec{B}\cdot \mathrm{d}\vec{S}}{I} \tag{6-1}$$

式中，$\varphi$ 是磁通量；$I$ 是回路电流；$\vec{B}$ 是磁通密度；$S$ 代表的是导体围成的回路面积。

而对于处在电流回路的某导体段，若需要知道其对应的电感量，则需要引入部分电感概念对其电感特性进行描述。以图6-1b所示的回路中部分导体段 $c_1$ 为例，其 $L_1$ 则表示为部分电感。部分电感也有其对应的物理意义，根据磁高斯定理，通过磁场中任一闭合曲面的总磁通量恒等于0，因此磁场为无源场，可由式（6-2）表示：

$$\Delta\cdot\vec{B}=0 \tag{6-2}$$

式中，$\Delta$ 表示哈密顿算子。

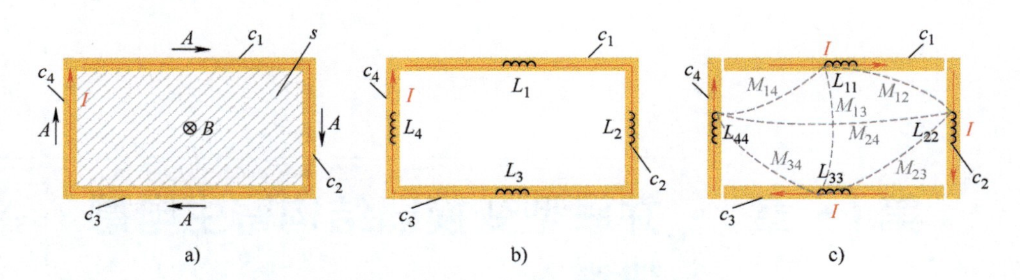


**图 6-1　几种电感的模型**

a）回路电感　b）部分电感　c）部分自感和部分互感

任一无源场可以表示为另一个矢量场的旋度，因此式（6-2）可写成式（6-3）：

$$\vec{B}=\Delta\times\vec{A} \tag{6-3}$$

式中，$\vec{A}$ 即为引入的磁矢势。

根据斯托克斯定理，可将矢量旋度的面积分变换为该矢量的线积分。因此式（6-1）中的回路电感可写成与磁场矢量位有关的表达式，如式（6-4）所示：

$$L_{\text{loop}}=\frac{\varphi}{I}=\frac{\int_S \vec{B}\cdot \mathrm{d}\vec{S}}{I}=\frac{\oint_C \vec{A}\cdot \mathrm{d}\vec{l}}{I} \tag{6-4}$$

式中用封闭的线积分代替了回路区域的面积分，$C$ 为回路中导体围成的封闭矩形的周长。根据图 6-1b，整个矩形确定的线积分可分解成 4 个线段的积分之和，每个线段的积分即为对应导体段的部分电感，如式（6-5）所示：

$$\begin{aligned}L_{\text{loop}}&=\frac{\oint_C \vec{A}\cdot \mathrm{d}\vec{l}}{I}\\&=\frac{\int_{c_1} \vec{A}\cdot \mathrm{d}\vec{l}}{I}+\frac{\int_{c_2} \vec{A}\cdot \mathrm{d}\vec{l}}{I}+\frac{\int_{c_3} \vec{A}\cdot \mathrm{d}\vec{l}}{I}\frac{\int_{c_4} \vec{A}\cdot \mathrm{d}\vec{l}}{I}\\&=L_1+L_2+L_3+L_4\end{aligned} \tag{6-5}$$

通过引入磁矢势，建立了回路电感与部分电感的联系。事实上，部分电感理论的基本概念是由部分自感和部分互感组成的。在单个或多个电流回路中，可能存在着多个独立的导体段，如图 6-1c 所示。各导体段存着自感，同时导体段间存在着耦合互感。对于图 6-1b 中每个导体段的部分电感，可通过电路关系建立其与部分自感和互感的联系。以导体段 $c_1$ 为例，其部分电感与自感和互感满足式（6-6）：

$$u_1=L_1\frac{\mathrm{d}I}{\mathrm{d}t}=L_{11}\frac{\mathrm{d}I}{\mathrm{d}t}+M_{12}\frac{\mathrm{d}I}{\mathrm{d}t}+M_{13}\frac{\mathrm{d}I}{\mathrm{d}t}+M_{14}\frac{\mathrm{d}I}{\mathrm{d}t} \tag{6-6}$$

式中，$u_1$ 为导体段 $c_1$ 两端感应的电压。

通过化简，可得每个导体段部分电感与部分自感和互感关系，可由下式表示：

$$L_i = \sum_{j}^{4} N_{ij} \qquad \begin{cases} i=j, N_{ii}=L_{ii} \\ i\neq j, N_{ii}=M_{ij} \end{cases} \tag{6-7}$$

可以看到导体端的自感以及导体段间互感共同影响了该导体段的部分电感。在复杂的多电流回路多导体段结构中，需要引入部分自感和部分互感理论来对电路结构寄生参数进行建模。一方面可以清楚地描述复杂电路结构下寄生参数的分布，另一方面能够看到多导体段间的相互影响情况。在本章中，部分电感即为导体段对应的等效寄生电感，以此来评估电路对外的电气特性。部分自感和互感则根据所建立的寄生电感模型从有限元（FE）仿真软件 Ansys Q3D 中仿真提取。

## 6.2　并联支路大规模耦合寄生参数建模与提取

### 6.2.1　动静态过程电流路径

以单相半桥拓扑为例，每个桥臂由两个 SiC MOSFET 并联构成，如图 6-2a 所示。由于 MOSFET 为双向型导通器件，电流可从功率源极流向漏极。另外通过使用同步调制，体二极管只能在相对较短的死区时间周期内导通。SiC MOSFET 的体二极管已经具备与 SiC 肖特基势垒二极管相当接近的性能。综合以上原因，并不需要再额外反向并联二极管。为清晰阐述开关状态，两个并联支路等效看成一个，图 6-2b 展示出一个开关周期内 MOSFET 的电压电流波形，假设在 $t_0$ 时刻之前，电流由下桥臂 MOSFET 流向负载侧。在 $t_0$ 时刻，下桥臂器件关断，上桥臂器件开通，由于感性负载，负载电流 $i_L$ 不能突变，下桥臂电流换向到上桥臂。即下桥臂电流下降，上桥臂电流增大，并保持相同的变化速率。在 $t_1$ 时刻，负载电流 $i_O$ 完全从下桥臂换流至上桥臂。在 $t_1$~$t_2$ 之间，上桥臂漏极电流 $i_H$ 需要承担负载电流 $i_O$ 以及下桥臂 MOSFET 结电容充电电流，并且由于功率回路寄生电感和电容相互作用，$i_H$ 出现振荡。时间段 $t_0$~$t_2$ 称为动态过程。在 $t_2$ 时刻之后，电流通过上桥臂 MOSFET 继续流向负载侧，在 $t_2$~$t_3$ 之间，电流缓慢上升并非绝对静止，其上升的斜率取决于负载电感的大小。该阶段相比于动态的开通以及关断过程，时间要长很多，因此相对而言，称为静态过程。

根据图 6-2a，上下桥臂 SiC MOSFET 需要与三个不同的电极进行连接，从而构成主功率回路。图 6-3 为对应化简展示的功率器件与外电路的一种电气连接结构，红色展示的为正导电层，其与电容的正端以及上桥臂 MOSFET 漏电极相连。

蓝色展示的为交流导电层，与上桥臂 MOSFET 源电极和下桥臂 MOSFET 漏电极以及负载端相连。绿色展示的为负导电层，其与下桥臂 MOSFET 源电极以及电容的负端相连。

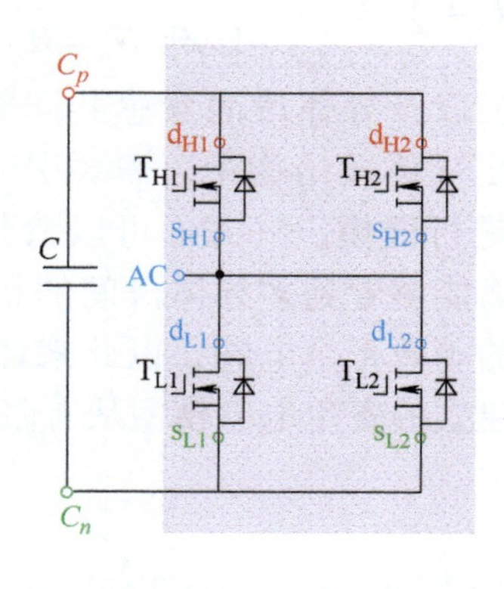


a)

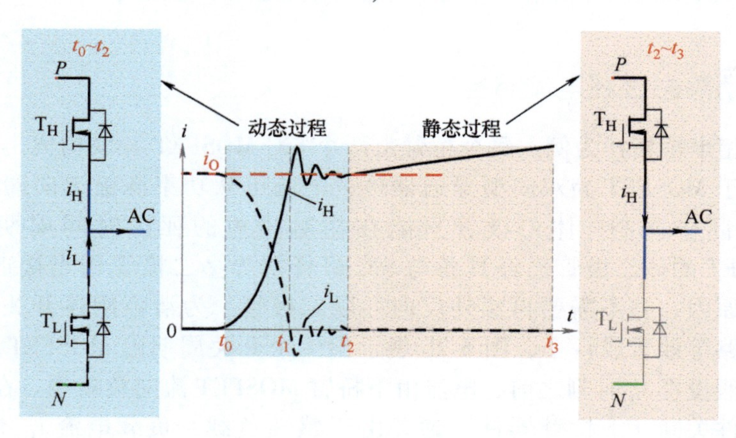


b)

**图 6-2　半桥电路开关过程中状态分析**

a）电路拓扑　b）开关状态

根据图 6-2b 的分析，在动态过程中，电流在上下桥臂间进行换流，根据基尔霍夫（Kirchhoff）电流定律：

$$i_H + i_L = I_{load} \tag{6-8}$$

因为 Kirchhoff 电流定律对全电流有效，即对傅里叶（Fourier）分解后的各次谐波都有效，可将 $i_H$，$i_L$ 分解为直流和交流两部分：

$$i_H = i_{Hdc} + i_{Hac}$$

$$i_L = i_{Ldc} + i_{Lac} \tag{6-9}$$

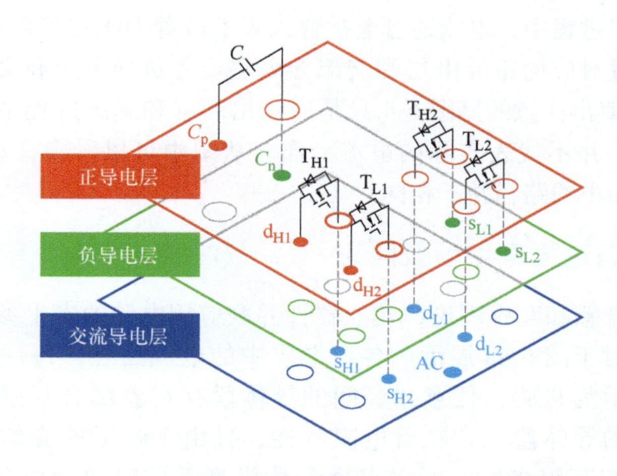


图 6-3　并联 SiC MOSFET 的电气连接结构

结合式（6-8），可得

$$i_{\mathrm{Hdc}}+i_{\mathrm{Hac}}+i_{\mathrm{Ldc}}+i_{\mathrm{Lac}}=i_{\mathrm{load}} \tag{6-10}$$

导电层中的寄生电感对于换流瞬间的直流分量相当于通路，所以只需考虑交流分量。由于负载被假定为大电感，即换流的瞬间输出电流 $i_{\mathrm{load}}$ 不变，即 $i_{\mathrm{load}}$ 中只含有直流分量，因此可得

$$i_{\mathrm{Hac}}+i_{\mathrm{Lac}}=0 \tag{6-11}$$

根据式（6-11）可知，上下桥臂中电流的交流分量大小相等，方向相反，即在电容、功率器件和各导电层中构成换流回路，如图 6-4a 所示。

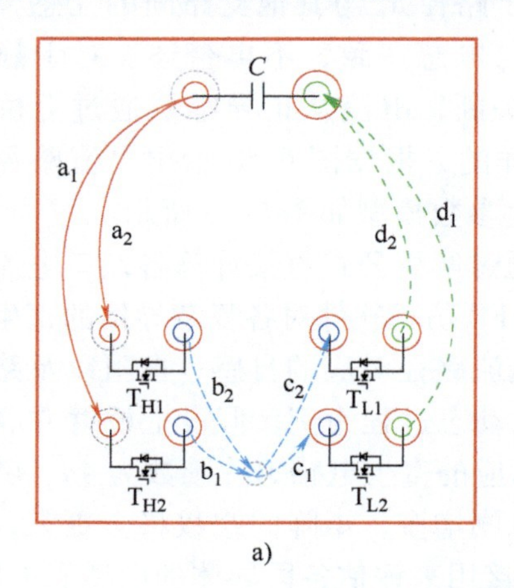


a）

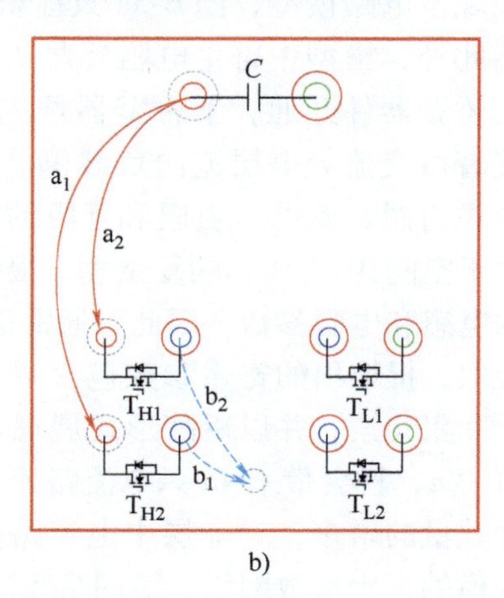


b）

图 6-4　动静态过程导电层的电流路径

a）动态过程　b）静态过程

而在准静态过程中，电流通过上桥臂或者下桥臂 MOSFET 向负载电感充电，因此电流只流过对应的正导电层和交流导电层或者负导电层和交流导电层，如图 6-4b 所示。值得注意的是图 6-4 只是展示出动态和静态过程中各导电层端子间的电流路径，并不代表实际的电流分布。从图中可以看到在动静态过程中，电流在各导电层中的路径并不相同。

### 6.2.2 动静态过程寄生参数网络

基于部分自感和互感理论，建立器件并联应用电路的寄生参数模型。首先是动态过程，对于图 6-4a 展示的各导电层中的电流路径，每一条路径对应的导体段可以表示为自感，任意路径间的导体段存在着耦合互感。实际上，各电流路径对应的导体段也存在着电阻特性，且由于临近效应的影响，各路径间同时也存在着互阻参数，所以寄生参数模型需同时包含电感和电阻元素。最终，所建立的考虑部分自感、互感以及部分自阻、互阻的寄生参数模型如图 6-5a 所示。在模型中，单个桥臂由四部分电感构成，分别为 $L_{ajaj}$、$L_{bjbj}$、$L_{cjcj}$、$L_{djdj}$（$j$ 表示并联支路编号，1 或 2），其中，$L_{ajaj}$为正导电层中电容端子至上桥臂器件漏极端子间电流路径所对应的自感，$L_{bjbj}$、$L_{cjcj}$为交流导电层中上桥臂器件源极端子以及下桥臂器件的漏极至汇流点处电流路径所对应的自感，$L_{djdj}$为负导电层中下桥臂器件的源极端子至电容端子间电流路径所对应的自感。对于互感，不仅不同导电层间的电流路径相互耦合，同一导电层中的各支路电流路径也存在耦合效应，如 $M_{\mathrm{a1b1}}$表示为正导电层中路径 $\mathrm{a}_1$ 和交流导电层中路径 $\mathrm{b}_1$ 之间的互感，$M_{\mathrm{a1a1}}$则表示为正导电层中路径 $\mathrm{a}_1$ 和 $\mathrm{a}_2$ 之间的互感。为了清晰展现该电路模型，图 6-5a 只标识出了路径 $\mathrm{a}_1$ 与其他支路间的互感，其他省略。此外，模型中寄生电阻标号方式与电感一致，不再赘述。对于静态过程，上桥臂器件开通，下桥臂器件完全关断，电流从正导电层通过上桥臂器件，接着由交流导电层流向负载侧。同样的，根据图 6-5b 示出电流路径，建立的考虑自感、互感、自阻和互阻的寄生参数模型如图 6-6b 所示。

由于空间 3D EM 场的复杂性，很难通过解析公式直接计算各端口电流路径对应的电感和电阻参数。因此，通常借助 FE 仿真软件对各复杂导体的寄生参数进行提取，提取出的寄生参数包含了各电流路径对应的自感、自阻以及路径间互感、互阻元素，并以矩阵形式展现。以动态过程为例，假设上桥臂并联器件的个数为 $n$，将会带来 $4n$ 条电流路径，对应的寄生电感矩阵维数为 $4n$。随着并联器件数量的增多，导电层中电流路径急剧增多，矩阵的维数将会更大，带来更大规模的寄生参数网络。该网络无法直接用来评估各段导体的电感和电阻量，以及准确分析并联结构设计的优劣性。因此需要一种方法将其进一步建模成图 6-6所示的各并联支路的等效寄生参数模型。

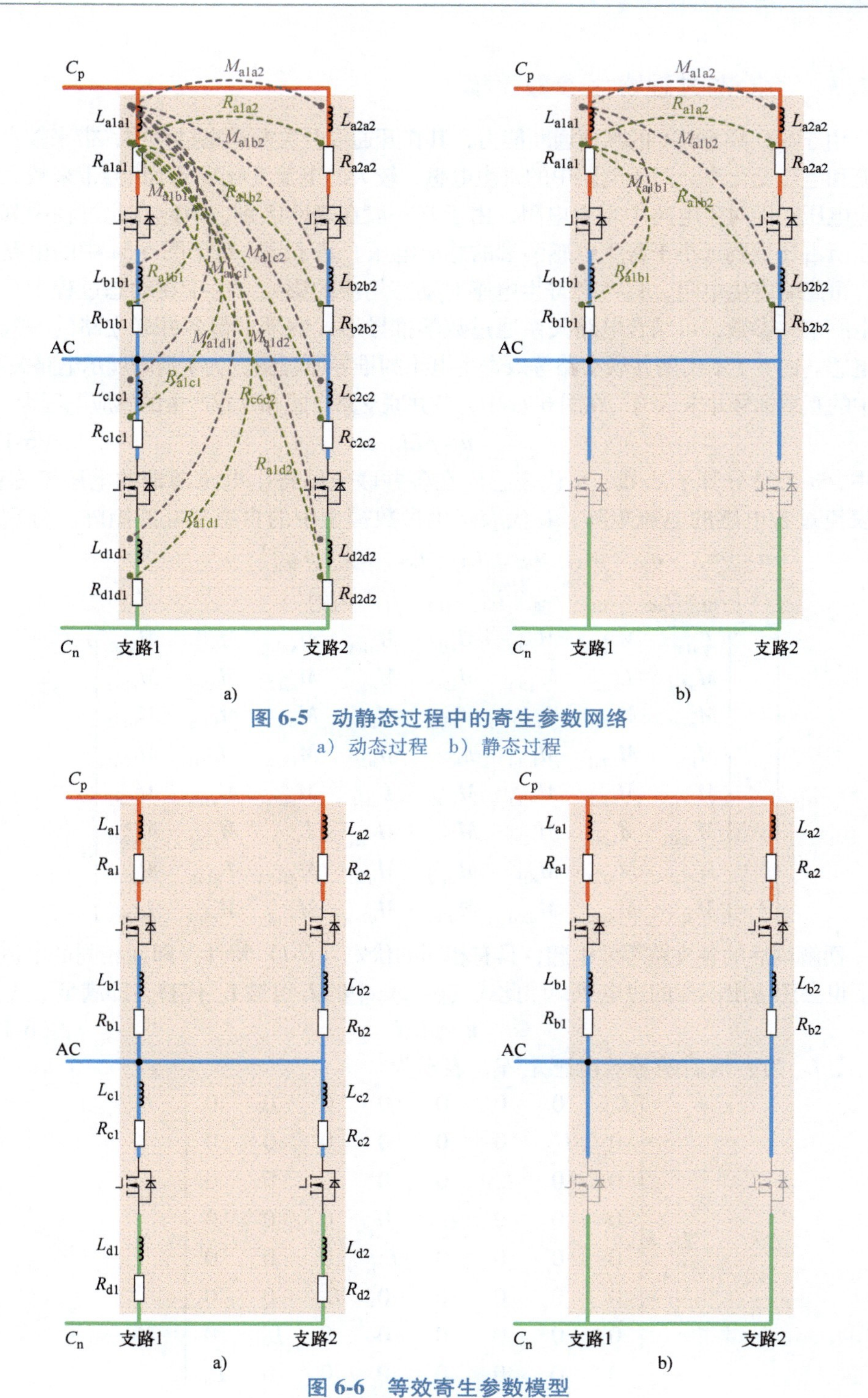


**图 6-5　动静态过程中的寄生参数网络**

a）动态过程　b）静态过程



**图 6-6　等效寄生参数模型**

a）动态过程　b）静态过程

### 6.2.3 动静态过程寄生参数建模

由于 SiC MOSFET 的高速通断能力，其在开通以及关断动态过程中，带来较大的电流和电压变化率。对于电路中的寄生电感，较大的电流变化率 $\mathrm{d}i/\mathrm{d}t$ 会带来较大的感应电压。而对于电路中寄生电阻，由于其一般在毫欧级别，因此在此过程中其端电压所占比重要远小于寄生电感两端的感应电压。基于此，对于图 6-5a 中的电路模型，可忽略寄生电阻，只考虑寄生电感对动态均流的影响。由于在动态过程中只包含电感单一参数，可结合电路关系通过数学推导形式解耦求得各并联支路的等效寄生电感。图 6-7 示出两并联支路等效寄生电感的推导原理图，为了清晰展示电路关系，图中的互感标号并未示出。在图 6-7a 中，各并联支路自感和互感产生的感应电压为

$$\boldsymbol{u}=p\boldsymbol{L}\boldsymbol{i} \tag{6-12}$$

式中，$p$ 为微分算子 $\mathrm{d}/\mathrm{d}t$；$\boldsymbol{u}$ 代表感应在各并联支路寄生电感两端的电压矩阵；$\boldsymbol{i}$ 代表流过各电感的电流矩阵；$\boldsymbol{L}$ 代表寄生参数模型中的自感和互感矩阵。分别为

$$\begin{cases}\boldsymbol{u}=[u_{\mathrm{a1}}\quad u_{\mathrm{a2}}\quad u_{\mathrm{b1}}\quad u_{\mathrm{b2}}\quad u_{\mathrm{c1}}\quad u_{\mathrm{c2}}\quad u_{\mathrm{d1}}\quad u_{\mathrm{d2}}]^{\mathrm{T}}\\ \boldsymbol{i}=[i_{\mathrm{H1}}\quad i_{\mathrm{H2}}\quad i_{\mathrm{H1}}\quad i_{\mathrm{H2}}\quad i_{\mathrm{L1}}\quad i_{\mathrm{L2}}\quad i_{\mathrm{L1}}\quad i_{\mathrm{L2}}]^{\mathrm{T}}\\ \boldsymbol{L}=\begin{bmatrix} L_{\mathrm{a1a1}} & M_{\mathrm{a1a2}} & M_{\mathrm{a1b1}} & M_{\mathrm{a1b2}} & M_{\mathrm{a1c1}} & M_{\mathrm{a1c2}} & M_{\mathrm{a1d1}} & M_{\mathrm{a1d2}}\\ M_{\mathrm{a2a1}} & L_{\mathrm{a2a2}} & M_{\mathrm{a2b1}} & M_{\mathrm{a2b2}} & M_{\mathrm{a2c1}} & M_{\mathrm{a2c2}} & M_{\mathrm{a2d1}} & M_{\mathrm{a2d2}}\\ M_{\mathrm{b1a1}} & M_{\mathrm{b1a2}} & L_{\mathrm{b1b1}} & M_{\mathrm{b1b2}} & M_{\mathrm{b1c1}} & M_{\mathrm{b1c2}} & M_{\mathrm{b1d1}} & M_{\mathrm{b1d2}}\\ M_{\mathrm{b2a1}} & M_{\mathrm{b2a2}} & M_{\mathrm{b2b1}} & L_{\mathrm{b2b2}} & M_{\mathrm{b2c1}} & M_{\mathrm{b2c2}} & M_{\mathrm{b2d1}} & M_{\mathrm{b2d2}}\\ M_{\mathrm{c1a1}} & M_{\mathrm{c1a2}} & M_{\mathrm{c1b1}} & M_{\mathrm{c1b2}} & L_{\mathrm{c1c1}} & M_{\mathrm{c1c2}} & M_{\mathrm{c1d1}} & M_{\mathrm{c1d2}}\\ M_{\mathrm{c2a1}} & M_{\mathrm{c2a2}} & M_{\mathrm{c2b1}} & M_{\mathrm{c2b2}} & M_{\mathrm{c2c1}} & L_{\mathrm{c2c2}} & M_{\mathrm{c2d1}} & M_{\mathrm{c2d2}}\\ M_{\mathrm{d1a1}} & M_{\mathrm{d1a2}} & M_{\mathrm{d1b1}} & M_{\mathrm{d1b2}} & M_{\mathrm{d1c1}} & M_{\mathrm{d1c2}} & L_{\mathrm{d1d1}} & M_{\mathrm{d1d2}}\\ M_{\mathrm{d2a1}} & M_{\mathrm{d2a2}} & M_{\mathrm{d2b1}} & M_{\mathrm{d2b2}} & M_{\mathrm{d2c1}} & M_{\mathrm{d2c2}} & M_{\mathrm{d2d1}} & L_{\mathrm{d2d2}} \end{bmatrix}\end{cases}$$

而解耦后的各支路等效电感，具有相同的伏安（$U$-$I$）特性，即在相同的电流激励下也会感应出同样的过电压，因此式（6-12）中的 $\boldsymbol{L}$ 可被 $\boldsymbol{L}_{\mathrm{e}}$ 代替，即满足下式：

$$\boldsymbol{u}=p\boldsymbol{L}_{\mathrm{e}}\boldsymbol{i} \tag{6-13}$$

式中，$\boldsymbol{L}_{\mathrm{e}}$ 为去耦后的等效电感矩阵，表示为

$$\boldsymbol{L}_{\mathrm{e}}=\begin{bmatrix} L_{\mathrm{a1}} & 0 & 0 & 0 & 0 & 0 & 0 & 0\\ 0 & L_{\mathrm{a2}} & 0 & 0 & 0 & 0 & 0 & 0\\ 0 & 0 & L_{\mathrm{b1}} & 0 & 0 & 0 & 0 & 0\\ 0 & 0 & 0 & L_{\mathrm{b2}} & 0 & 0 & 0 & 0\\ 0 & 0 & 0 & 0 & L_{\mathrm{c1}} & 0 & 0 & 0\\ 0 & 0 & 0 & 0 & 0 & L_{\mathrm{c2}} & 0 & 0\\ 0 & 0 & 0 & 0 & 0 & 0 & L_{\mathrm{d1}} & 0\\ 0 & 0 & 0 & 0 & 0 & 0 & 0 & L_{\mathrm{d2}} \end{bmatrix}$$

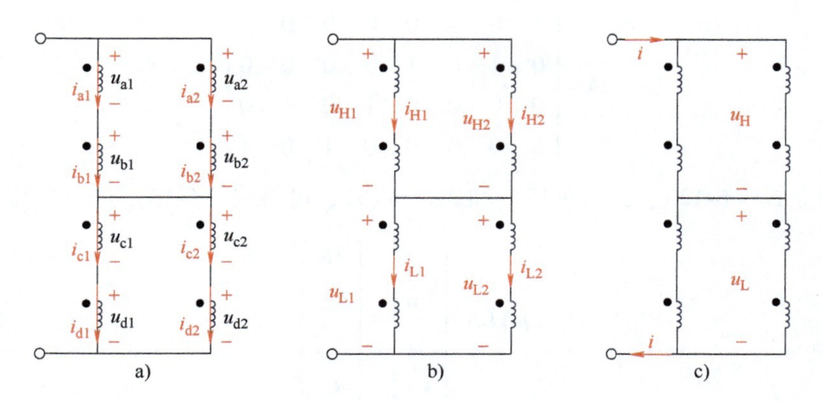


**图 6-7　动态过程中等效电感的推导原理图**

a）电感电压和电流　b）桥臂电压和电流　c）相电压和电流

联立式（6-12）和式（6-13），可得到各支路等效电感的表达式，如式（6-14）所示，其中电感矩阵 $\boldsymbol{L}$ 可依据所建立的电感模型从 FE 仿真软件 Ansys Q3D 中提取出。若各支路电流大小或者比例已知，即可通过式（6-14）解耦计算出各支路的等效电感。

$$
\begin{cases}
L_{a1}=L_{a1a1}+M_{a1a2}\dfrac{i_{H2}}{i_{H1}}+\cdots+M_{a1d1}\dfrac{i_{L1}}{i_{H1}}+M_{a1d2}\dfrac{i_{L2}}{i_{H1}} \\
L_{a2}=M_{a2a1}\dfrac{i_{H1}}{i_{H2}}+L_{a2a2}+\cdots+M_{a2d1}\dfrac{i_{L1}}{i_{H2}}+M_{a2d2}\dfrac{i_{L2}}{i_{H2}} \\
\vdots \\
L_{d2}=M_{d2a1}\dfrac{i_{H1}}{i_{L2}}+M_{d2a2}\dfrac{i_{H2}}{i_{L2}}+\cdots+M_{d2d1}\dfrac{i_{L1}}{i_{L2}}+L_{d2d2}
\end{cases}
\tag{6-14}
$$

在图 6-7b 中，各并联支路电流和端电压与对应的桥臂电流和电压分别满足：

$$
\boldsymbol{A}^{\mathrm{T}}\begin{bmatrix} i_{H1} \\ i_{H2} \\ i_{L1} \\ i_{L2} \end{bmatrix}=\boldsymbol{i}
\tag{6-15}
$$

$$
\boldsymbol{A}\boldsymbol{u}=\begin{bmatrix} u_{H1} \\ u_{H2} \\ u_{L1} \\ u_{L2} \end{bmatrix}
\tag{6-16}
$$

式中，系数矩阵 $\boldsymbol{A}$ 为

$$\boldsymbol{A}=\begin{bmatrix}1&0&1&0&0&0&0&0\\0&1&0&1&0&0&0&0\\0&0&0&0&1&0&1&0\\0&0&0&0&0&1&0&1\end{bmatrix}$$

联立式（6-12）、式（6-15）和式（6-16），可将式（6-12）进一步写为

$$p\boldsymbol{ALA}^{\mathrm{T}}\begin{bmatrix}i_{\mathrm{H1}}\\i_{\mathrm{H2}}\\i_{\mathrm{L1}}\\i_{\mathrm{L2}}\end{bmatrix}=\begin{bmatrix}u_{\mathrm{H1}}\\u_{\mathrm{H2}}\\u_{\mathrm{L1}}\\u_{\mathrm{L2}}\end{bmatrix}\tag{6-17}$$

各支路电流即为

$$\begin{bmatrix}i_{\mathrm{H1}}\\i_{\mathrm{H2}}\\i_{\mathrm{L1}}\\i_{\mathrm{L2}}\end{bmatrix}=(p\boldsymbol{L}_{\mathrm{s}})^{-1}\begin{bmatrix}u_{\mathrm{H1}}\\u_{\mathrm{H2}}\\u_{\mathrm{L1}}\\u_{\mathrm{L2}}\end{bmatrix}\tag{6-18}$$

其中，

$$\boldsymbol{L}_{\mathrm{s}}=\boldsymbol{ALA}^{\mathrm{T}}$$

在图 6-7c 中，各桥臂电流与并联支路总电流的关系满足式（6-19），同时桥臂电压因并联关系可表达成式（6-20）：

$$\begin{bmatrix}1&1&0&0\\0&0&1&1\end{bmatrix}\begin{bmatrix}i_{\mathrm{H1}}\\i_{\mathrm{H2}}\\i_{\mathrm{L1}}\\i_{\mathrm{L2}}\end{bmatrix}=\begin{bmatrix}i\\i\end{bmatrix}\tag{6-19}$$

$$\begin{bmatrix}1&0\\1&0\\0&1\\0&1\end{bmatrix}\begin{bmatrix}u_{\mathrm{H}}\\u_{\mathrm{L}}\end{bmatrix}=\begin{bmatrix}u_{\mathrm{H1}}\\u_{\mathrm{H2}}\\u_{\mathrm{L1}}\\u_{\mathrm{L2}}\end{bmatrix}\tag{6-20}$$

将式（6-19）、式（6-20）代入式（6-18），即有

$$\begin{bmatrix}u_{\mathrm{H}}\\u_{\mathrm{L}}\end{bmatrix}=\left[\begin{bmatrix}1&1&0&0\\0&0&1&1\end{bmatrix}(p\boldsymbol{L}_{\mathrm{s}})^{-1}\begin{bmatrix}1&0\\1&0\\0&1\\0&1\end{bmatrix}\right]^{-1}\begin{bmatrix}i\\i\end{bmatrix}\tag{6-21}$$

将式（6-21）代入式（6-20），可得

$$\begin{bmatrix}1&0\\1&0\\0&1\\0&1\end{bmatrix}\left[\begin{bmatrix}1&1&0&0\\0&0&1&1\end{bmatrix}(p\boldsymbol{L}_{\mathrm{s}})^{-1}\begin{bmatrix}1&0\\1&0\\0&1\\0&1\end{bmatrix}\right]^{-1}\begin{bmatrix}i\\i\end{bmatrix}=\begin{bmatrix}u_{\mathrm{H1}}\\u_{\mathrm{H2}}\\u_{\mathrm{L1}}\\u_{\mathrm{L2}}\end{bmatrix} \tag{6-22}$$

将式（6-22）代入式（6-18），即得式（6-23）为

$$\begin{bmatrix}i_{\mathrm{H1}}\\i_{\mathrm{H2}}\\i_{\mathrm{L1}}\\i_{\mathrm{L2}}\end{bmatrix}=\boldsymbol{L}_{\mathrm{s}}^{-1}\begin{bmatrix}1&0\\1&0\\0&1\\0&1\end{bmatrix}\left(\begin{bmatrix}1&1&0&0\\0&0&1&1\end{bmatrix}\boldsymbol{L}_{\mathrm{s}}^{-1}\begin{bmatrix}1&0\\1&0\\0&1\\0&1\end{bmatrix}\right)^{-1}\begin{bmatrix}1\\1\end{bmatrix}i \tag{6-23}$$

式（6-23）给出了各并联支路电流与总电流的比例关系，进而结合式（6-14）求得各支路的等效电感。该解耦计算过程首先依据原始多维电感矩阵与解耦后的等效电感矩阵具有相同 *U-I* 特性这一原则，建立两种矩阵的数学关系。接着通过实际电路关系，求得各并联支路间电流相对于总电流的比例。最终可解耦求得各支路对应的等效电感。

在静态过程中，电流缓慢上升，其上升斜率与负载电感大小相关。此过程中，由于电流变化率较小，其在电路寄生电感上感应电压较小。虽然电路中寄生电阻依旧为毫欧级别，但寄生电阻两端电压与寄生电感两端电压可能在相同数量级内，对并联 MOSFET 的电流分配有着影响，因此该过程中的寄生电阻不能忽略。以上桥臂器件完全导通为例，图 6-8a 示出两并联 MOSFET 支路的时域电路模型，电路中包含了寄生电阻和寄生电感参数。为了清晰展现，图中省略了互感和互阻标识。由于上桥臂 MOSFET 完全导通，可等效为电阻 $R_{\mathrm{on1}}$ 和 $R_{\mathrm{on2}}$。下桥臂器件完全关断，没有电流路径，因此不再图中显示。在图 6-8a 中，桥臂端电压 $u$ 与支路寄生电感感应电压、寄生电阻端电压以及器件导通电压 $u_{\mathrm{ds}}$ 满足下式：

$$\begin{aligned}\begin{bmatrix}u\\u\end{bmatrix}&=\begin{bmatrix}u_{\mathrm{La1}}+u_{\mathrm{Lb1}}\\u_{\mathrm{La2}}+u_{\mathrm{Lb2}}\end{bmatrix}+\begin{bmatrix}u_{\mathrm{Ra1}}+u_{\mathrm{Rb1}}\\u_{\mathrm{Ra2}}+u_{\mathrm{Rb2}}\end{bmatrix}+\begin{bmatrix}u_{\mathrm{ds1}}\\u_{\mathrm{ds2}}\end{bmatrix}\\&=p\begin{bmatrix}1&0&1&0\\0&1&0&1\end{bmatrix}\boldsymbol{L}_{\mathrm{matrix}}\begin{bmatrix}i_{\mathrm{H1}}\\i_{\mathrm{H2}}\\i_{\mathrm{H1}}\\i_{\mathrm{H2}}\end{bmatrix}+\begin{bmatrix}1&0&1&0\\0&1&0&1\end{bmatrix}\boldsymbol{R}_{\mathrm{matrix}}\begin{bmatrix}i_{\mathrm{H1}}\\i_{\mathrm{H2}}\\i_{\mathrm{H1}}\\i_{\mathrm{H2}}\end{bmatrix}+\begin{bmatrix}R_{\mathrm{on1}}&0\\0&R_{\mathrm{on2}}\end{bmatrix}\begin{bmatrix}i_{\mathrm{H1}}\\i_{\mathrm{H2}}\end{bmatrix}\end{aligned} \tag{6-24}$$

式中，$\boldsymbol{L}_{\text{matrix}}$和$\boldsymbol{R}_{\text{matrix}}$为从 Q3D 中提取出的外电路寄生参数矩阵，分别为

$$\boldsymbol{L}_{\text{matrix}}=\begin{bmatrix} L_{\text{a1a1}} & M_{\text{a1a2}} & M_{\text{a1b1}} & M_{\text{a1b2}} \\ M_{\text{a2a1}} & L_{\text{a2a2}} & M_{\text{a2b1}} & M_{\text{a2b2}} \\ M_{\text{b1a1}} & M_{\text{b1a2}} & L_{\text{b1b1}} & M_{\text{b1b2}} \\ M_{\text{b2a1}} & M_{\text{b2a2}} & M_{\text{b2b1}} & L_{\text{b2b2}} \end{bmatrix}$$

$$\boldsymbol{R}_{\text{matrix}}=\begin{bmatrix} R_{\text{a1a1}} & R_{\text{a1a2}} & R_{\text{a1b1}} & R_{\text{a1b2}} \\ R_{\text{a2a1}} & R_{\text{a2a2}} & R_{\text{a2b1}} & R_{\text{a2b2}} \\ R_{\text{b1a1}} & R_{\text{b1a2}} & R_{\text{b1b1}} & R_{\text{b1b2}} \\ R_{\text{b2a1}} & R_{\text{b2a2}} & R_{\text{b2b1}} & R_{\text{b2b2}} \end{bmatrix}$$

$\boldsymbol{L}_{\text{Ematrix}}$和$\boldsymbol{R}_{\text{Ematrix}}$为解耦后用以评估并联支路对称性设计以及分析相关电特性的等效寄生参数，分别为

$$\boldsymbol{L}_{\text{Ematrix}}=\begin{bmatrix} L_{\text{a1}} & 0 & 0 & 0 \\ 0 & L_{\text{a2}} & 0 & 0 \\ 0 & 0 & L_{\text{b1}} & 0 \\ 0 & 0 & 0 & L_{\text{b2}} \end{bmatrix} \quad \boldsymbol{R}_{\text{Ematrix}}=\begin{bmatrix} R_{\text{a1}} & 0 & 0 & 0 \\ 0 & R_{\text{a2}} & 0 & 0 \\ 0 & 0 & R_{\text{b1}} & 0 \\ 0 & 0 & 0 & R_{\text{b2}} \end{bmatrix}$$

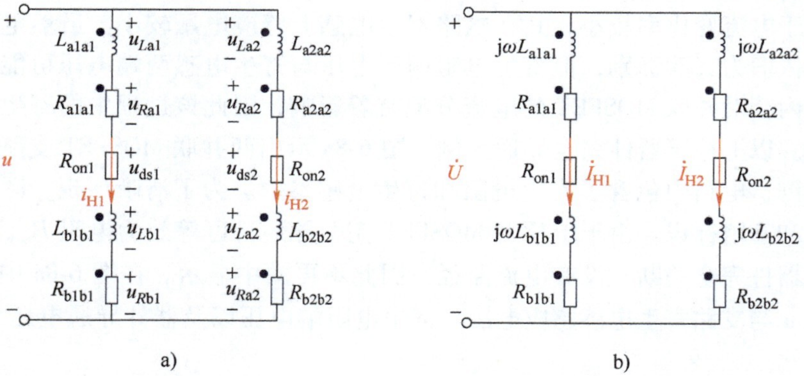

a) b)

图 6-8 静态过程中等效寄生参数的提取

a）时域电路 b）频域电路

然而式（6-24）中同时存在电感和电阻元素，很难直接通过数学推导的方法得到$\boldsymbol{L}_{\text{Ematrix}}$和$\boldsymbol{R}_{\text{Ematrix}}$。由于解耦后的等效寄生参数与原始寄生参数有相同的 $U$-$I$ 特性，因此在式（6-24）中将$\boldsymbol{L}_{\text{matrix}}$和$\boldsymbol{R}_{\text{matrix}}$替代为$\boldsymbol{L}_{\text{Ematrix}}$和$\boldsymbol{R}_{\text{Ematrix}}$同样成立。基于此，可采用相量法等效求解该线性电路中的寄生电感和寄生电阻，对应的电路如图 6-8b 所示。在电路中施加正弦电压激励，其与电流响应的比值即为各并联

支路对应的阻抗，可由式（6-25）表示。其中实部 $R_{Hj}$ 为支路的等效寄生电阻和 MOSFET 通态电阻的总和。虚部 $\omega L_{Hj}$ 为感抗，其与 $\omega$ 的比值即为支路的等效寄生电感。$j$ 为支路编号，1 或 2。

$$Z_{Hj}=U_{H}^{g}/I_{Hj}^{g}=R_{Hj}+j2\pi fL_{Hj} \tag{6-25}$$

借助于 Q3D 和 Simplorer 的场路联合仿真，通过上述相量法可对各并联支路等效寄生参数进行提取。仿真提取电路如图 6-9a 所示，在电路仿真软件 Simplorer 中搭建外围电路，$U_{in}$ 为施加在正负两端的正弦电压激励，VM 为电压表，AM 为电流表。紫色虚线框内为从 Q3D 中导入的仿真模型，其内部为寄生参数对应的 SPICE 模型，并提供与外围电路连接的端子，如图 6-9b 所示。在 Simplorer 中设置交流仿真环境，对照图 6-8b，VM 可测到桥臂电压 $\dot{U}$，AM 可测得各支路电流 $\dot{I}_{H1}$ 和 $\dot{I}_{H2}$。仿真后通过各桥臂电压与各支路电流的比值，可求得各支路阻抗，进而根据式（6-25）求得各并联支路的等效寄生电感和电阻。

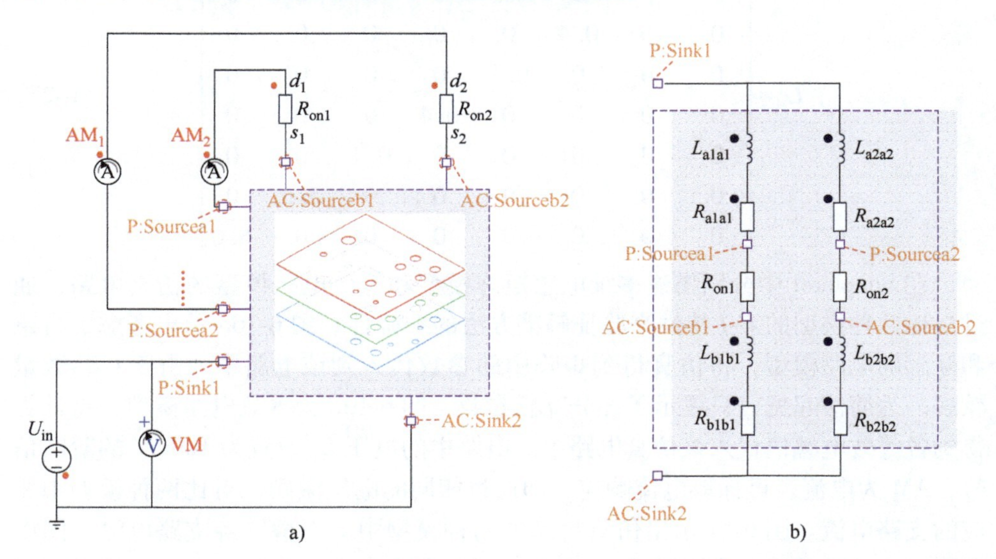


**图 6-9　基于 Ansys Q3D 和 Simplorer 的场路联合仿真**

a）仿真电路　b）寄生参数模型

## 6.2.4　解耦提取方法的验证

本章展示的并联支路等效寄生参数建模方法可通过电路仿真软件 Simplorer 进行验证。对于动态过程，首先在 Q3D 中对图 6-3 展示的导电层结构进行仿真，按照图 6-4a 中展示的电流路径对该仿真模型进行激励赋值，通过仿真可得到该模型的原始寄生电感矩阵，如式（6-26）所示。关于导体寄生参数在 Q3D 中仿真提取的步骤，将在下一章节中详细介绍。接着通过前面提出的动态过程的解耦计算方法，可得到各并联支路等效寄生电感如式（6-27）所示。

$$\boldsymbol{L}=\begin{bmatrix} 10.4 & 10.7 & 0.4 & -0.4 & -2.0 & -0.9 & -5.6 & -6.6 \\ 10.7 & 13.6 & 1.5 & -0.4 & -2.8 & -1.3 & -6.6 & -8.0 \\ 0.4 & 1.5 & 4.4 & 2.1 & -2.2 & -0.9 & -2.1 & -2.9 \\ -0.4 & -0.4 & 2.1 & 2.4 & -0.9 & -0.3 & -1.0 & -1.3 \\ -2.0 & -2.8 & -2.2 & -0.9 & 4.4 & 2.1 & 0.3 & 1.5 \\ -0.9 & -1.3 & -0.9 & -0.3 & 2.1 & 2.4 & -0.4 & -0.5 \\ -5.6 & -6.6 & -2.1 & -1.0 & 0.3 & -0.4 & 10.3 & 10.5 \\ -6.6 & -8.0 & -2.9 & -1.3 & 1.5 & -0.5 & 10.5 & 13.4 \end{bmatrix} \tag{6-26}$$

$$\boldsymbol{L}_{\mathrm{e}}=\begin{bmatrix} 5.2 & 0 & 0 & 0 & 0 & 0 & 0 & 0 \\ 0 & 7.6 & 0 & 0 & 0 & 0 & 0 & 0 \\ 0 & 0 & 0.4 & 0 & 0 & 0 & 0 & 0 \\ 0 & 0 & 0 & 0.1 & 0 & 0 & 0 & 0 \\ 0 & 0 & 0 & 0 & 0.4 & 0 & 0 & 0 \\ 0 & 0 & 0 & 0 & 0 & 0.1 & 0 & 0 \\ 0 & 0 & 0 & 0 & 0 & 0 & 5.0 & 0 \\ 0 & 0 & 0 & 0 & 0 & 0 & 0 & 6.6 \end{bmatrix} \tag{6-27}$$

在 Simplorer 中分别搭建多维电感矩阵模型和等效电感模型的仿真电路，通过对比两种模型的 $U$-$I$ 特性来验证解耦方法的准确性。图 6-10a 示出考虑了自感和互感的电路模型，将仿真得到矩阵中的参数代入到该电路中，由于互感数量较多，为简洁起见，只展示了部分互感参数。图 6-10b 为等效电路模型，将计算得到各等效电感值代入该仿真电路中。电路中的电压 $U_{\mathrm{in}}$ 设置为 100mV 的阶跃信号，AM 为电流表可探取电流响应，即通过相同的电压激励，对比两种模型中相应的支路电流。图 6-11 示出仿真得到的两种模型中上下桥臂各支路电流。图中实线对应的是基于分布自感和互感模型的各支路电流，虚线对应的是等效电感模型中各支路电流。为了能够清晰对比，这里将等效电感模型中的各支路电流取负数。可以看到两种模型中对应的上下桥臂各支路电流关于 x 轴对称，即两种模型中各支路电流相等。该结果说明了两种模型具有相同的 $U$-$I$ 特性，可验证该解耦计算方法的准确性。

静态过程中的解耦计算方法是利用场路联合仿真，通过相量法求解该线性电路中各并联支路等效寄生电感和寄生电阻。该方法本身是基于两种寄生参数模型具备相同 $U$-$I$ 特性这一原则进行仿真求解，因此并不需要再次仿真验证。

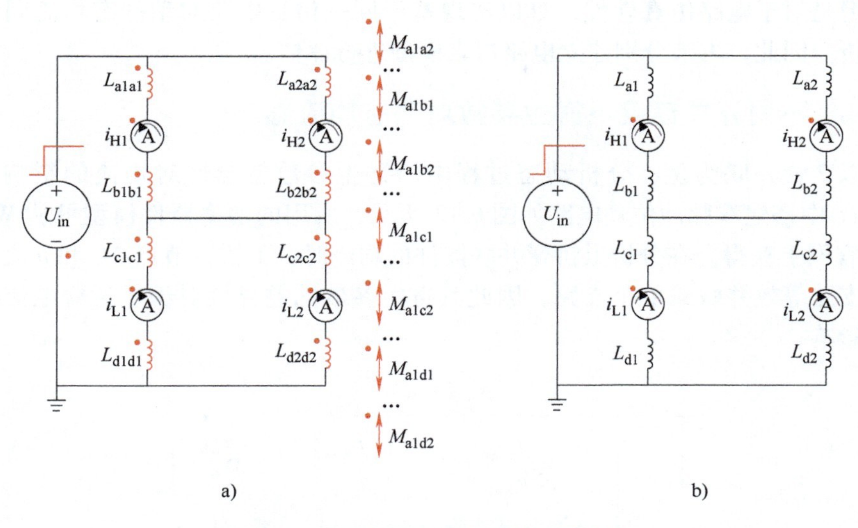


图 6-10 动态过程等效寄生电感模型验证

a）考虑自感和互感模型 b）等效电路模型

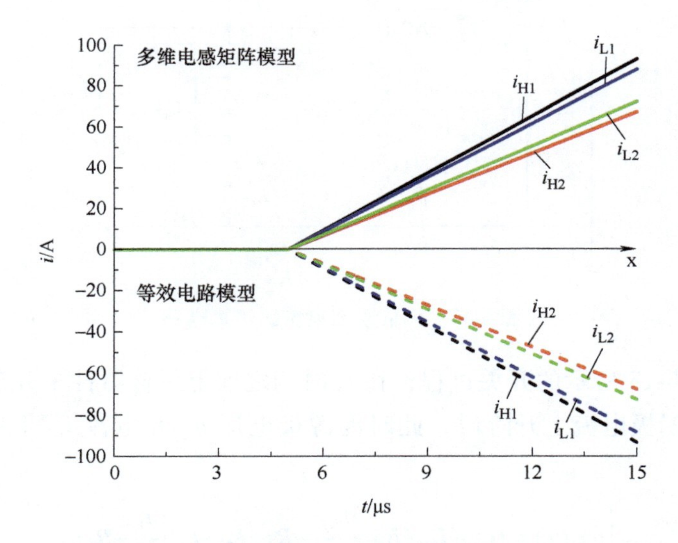


图 6-11 两种电路模型下的各支路电流对比

## 6.3 等效寄生参数对并联均流的影响

在实际的电路运行中，由于动静态过程对应在导体层中电流路径不相同，导致路径间的耦合关系不一样，最终反映在两个过程中的等效寄生参数并不相同。但是对于电路仿真软件，难以实现基于同一仿真电路对动静态均流同时进行分析。因此，本节分别建立电路仿真模型进行评估。

### 6.3.1 不同开关速度下寄生参数对动态均流影响

以2管并联为例，分析动态过程中的寄生参数差异性对均流的影响。在LTspice中搭建双脉冲仿真电路如图6-12所示，所用的功率器件模型可从Wolfspeed官网上获得。在分析上桥臂并联器件的均流时，下桥臂节点AC和$n$之间的两条支路等效并联成单个支路，因此其寄生参数的差异性对于上桥臂电流分配并不影响。

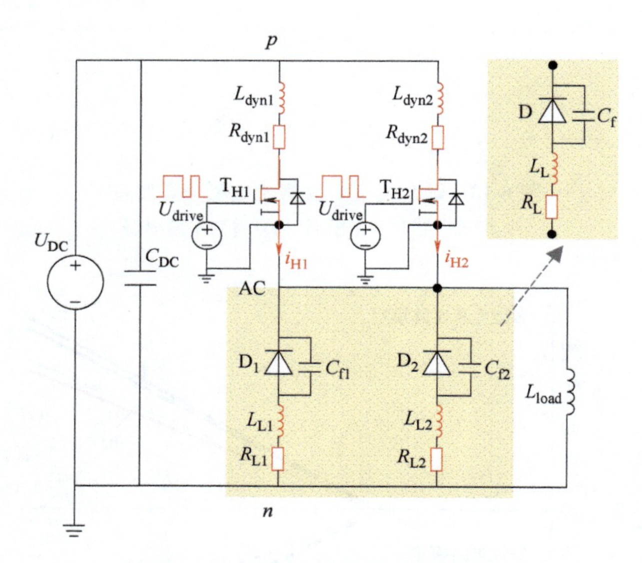


图6-12 评估动态电流的仿真电路

结合图6-13所示的开关过程，在$t_0$时刻之前上桥臂器件未开启，$t_0 \sim t_1$阶段为上桥臂漏极电流上升阶段，此时漏源极电压$u_{dsj}$和电流$i_{Hj}$可由式（6-28）表示：

$$
\begin{cases}
u_{dsj}(t)=U_{DC}+U_F-L_{dynj}\dfrac{di_{Hj}}{dt}-R_{dynj}i_{Hj}-L_L\dfrac{di_L}{dt}-R_Li_L \\
i_{Hj}(t)\approx g_{fsj}[u_{gsj}(t)-V_{thj}]+C_{dsj}\dfrac{du_{dsj}}{dt}
\end{cases}
\tag{6-28}
$$

式中，$U_F$为续流二极管的导通压降；$L_{dynj}$，$R_{dynj}$为动态过程各支路的等效寄生电感和电阻（在建模过程并不考虑电阻）；$g_{fs}$为器件跨导；$C_{ds}$为漏源极结电容；$j$为支路编号。在该阶段，功率回路寄生电感因电流急剧变化感应电压，致使

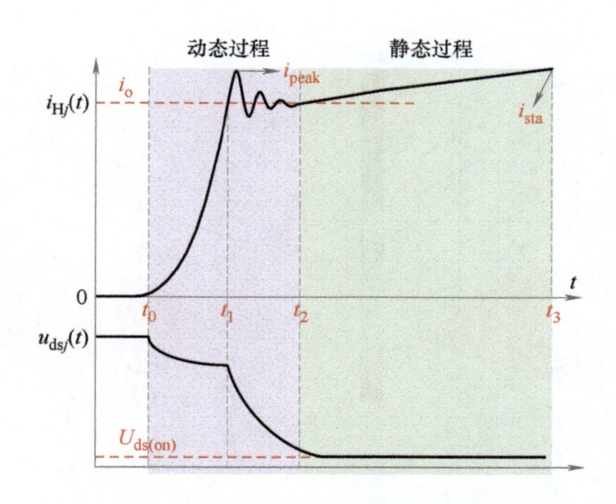


图 6-13 开关过程电压和电流波形示意图

$u_{dsj}$下降，使得 $C_{ds}$通过器件沟通释放电荷。因此，并联支路寄生参数的不一致会使得$u_{dsj}$存在差异，带来 $C_{ds}$上位移电流的差异性，最终使得 $i_{Hj}$在该阶段存在一定差异。

在 $t_1 \sim t_2$ 阶段，上下桥臂完成换流，$i_{Hj}$维持负载电流并且给二极管结电容充电。由于寄生电感和结电容的共同作用，电流发生振荡。该过程的漏极电压 $u_{dsj}$ 电流 $i_{Hj}$可由下式表示：

$$\begin{cases} u_{dsj}(t) = U_{DCj} - u_F(t) - L_{dynj}\dfrac{di_{Hj}}{dt} - R_{dynj}i_{Hj} - L_L\dfrac{di_L}{dt} - R_Li_L \\ i_{Hj}(t) \approx I_{0j} + C_{dsj}\dfrac{du_{dsj}}{dt} \end{cases} \tag{6-29}$$

式中，$u_F$ 为二极管两端电压；$I_{0j}$为各支路在开关过程前分配得到负载电流。同样的，在该阶段若寄生参数不一致，会造成 $u_{dsj}$的差异，致使 $i_{Hj}$存在差异性。

动态过程中各器件漏极电流 $i_{Hj}$到达峰值点处的电流差值 $\Delta i_{dyn}$（$\Delta i_{dyn} = |i_{peak1} - i_{peak2}|$）一般用来评估动态均流程度。通过对式（6-28）和式（6-29）的分析可知，电流变化率会影响漏-源极两端电压，进而影响漏极电流，因此动态均流与开关速度必然相关。图 6-14 示出寄生参数差异性在不同开关速度下对动态均流的影响。首先可以看到电阻差异性对动态均流没有影响，这是因为寄生电阻为毫欧级别，其两端电压相比于寄生电感两端因电流急剧变化而带来的感应压降要小很多。这也是寄生参数建模过程中并未考虑的原因。另外，通过降低开关速度可以弱化寄生电感差异性对于动态均流的影响，但这牺牲了 SiC 器件高速通断的性能。

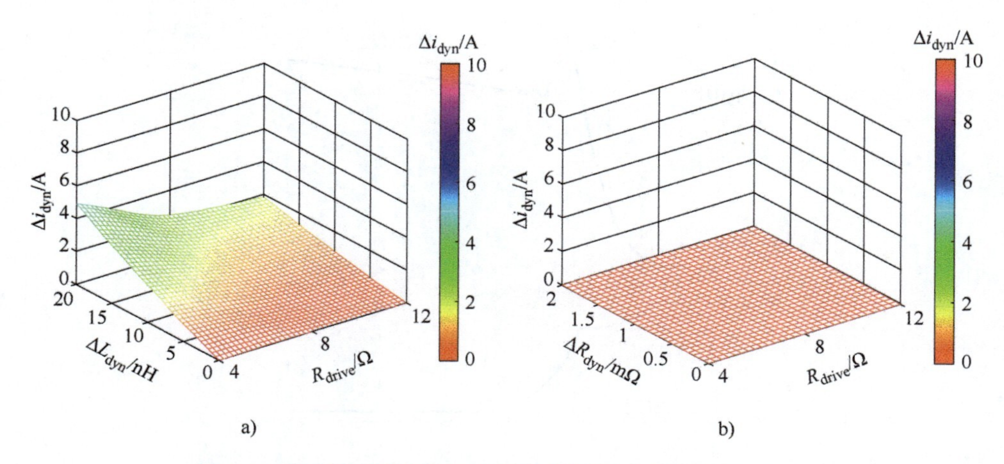


图 6-14　不同开关速度下电路寄生参数对动态均流的影响

a）寄生电感　b）寄生电阻

## 6.3.2　不同负载电感下寄生参数对静态均流影响

$t_2$ 时刻，上桥臂器件完全关断，等效为电阻。等效电路如图 6-15 所示。电源给负载电感充电，$i_{Hj}$以一定的斜率上升，电路关系满足下式：

$$U_{DC}=R_{dsj}i_{Hj}+L_{staj}\frac{di_{Hj}}{dt}+R_{staj}i_{Hj}+L_{load}\frac{d(i_{O1}+i_{O2})}{dt} \tag{6-30}$$

式中，$R_{dsj}$为器件的通态电阻；$L_{staj}$、$R_{staj}$为静态过程各支路的等效寄生电感和电阻。从该式可以直接看到，静态电流与功率回路寄生电感，寄生电阻，器件通态电阻以及负载电感均相关。在静态均流分析中，一般用第一个脉冲结束前各器件漏极电流 $i_{Hj}$的差值 $\Delta i_{sta}$（$\Delta i_{sta}=|i_{sta1}-i_{sta2}|$）来评估不均流程度。图 6-16a 和 b 分别示出寄生电感和寄生电阻的差异性在不同负载电感下对静态均流的影响。可以看到寄生电阻差异性对静态均流的影响程度不低于寄生电感。这是因为该阶段电流变化缓慢，寄生电感感应电压较小，与寄生电阻两端电压的数量级相当。然而目前对于并联均流的研究大多关注了通态电阻以及外电路的寄生电感，寄生电阻受到忽略，这导致寄生参数模型并不精确。另外，从图 6-16 中还可以看到，负载电感的增大会弱化寄生电感差异性对于静态均流的影响，这是因为负载电感大，电流上升斜率低，寄生电感感应电压占的比重相对降低。因此，在大负载应用背景下，更应关注电路寄生电阻差异性对于静态均流的影响。

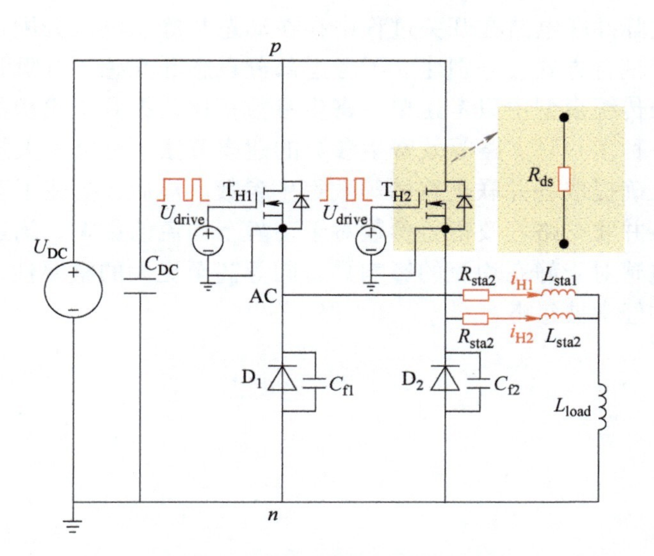


图 6-15　评估静态均流的仿真电路

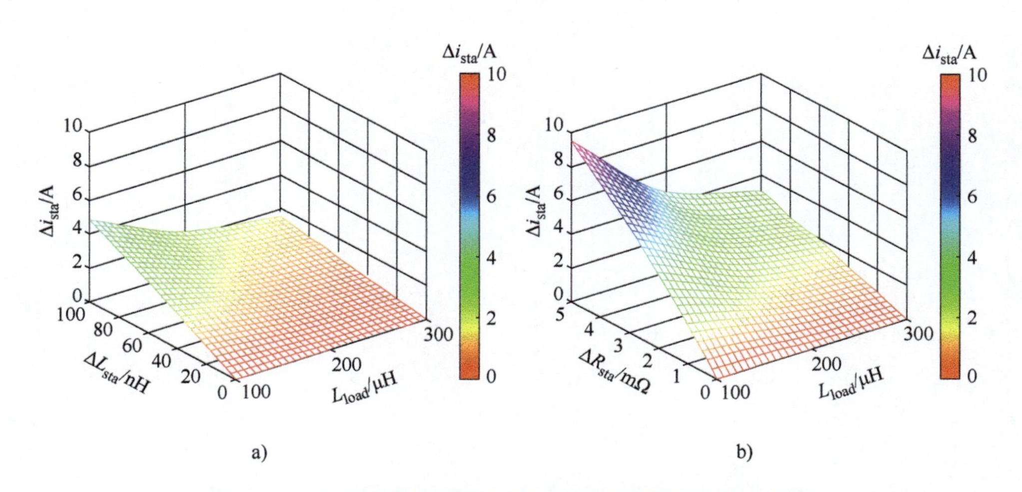


图 6-16　不同负载电感下电路寄生参数对静态均流的影响

a）寄生电感　b）寄生电阻

## 6.4　总结

器件并联应用会使变换器互连结构存在复杂电流路径，进而带来大规模耦合寄生参数网络，无法用来判断不同结构设计下各并联支路的寄生参数大小和对称性。针对上述问题，本章开展了并联型变换器结构寄生参数的建模研究。

首先，依据实际并联电路在开关过程中存在动态和静态电流分配过程，以及不同的电流路径耦合方式，分别建立了考虑部分自感和互感，自阻和互阻的寄生参数模型。与传统模型中只考虑单一寄生参数相比，提升了模型的精准度。接着，提出了一种多并联支路等效寄生参数的建模方法，可以从大规模耦合寄生参数网络中准确提取各并联支路的等效寄生参数。最后，搭建了双脉冲仿真电路，分析了各并联支路等效寄生参数对于动静态均流的影响。阐述了电路寄生电阻与寄生电感对于静态均流的影响具备同等甚至更大的重要性，而这一点在大多的研究中经常被忽略。

# 第7章 多器件并联型互连母排设计

在上一章中，介绍了并联型变换器结构寄生参数建模方法，这对器件并联应用下的互连结构设计具有一定指导意义。本章将以分立式 SiC MOSFET 并联为案例，详细介绍多器件并联下互连母排的结构设计，以实现低回路电感以及均衡的寄生参数分布。首先，介绍分立式 SiC MOSFET 功率模组的三维结构特征。接着，基于上一章建立的寄生参数模型，分析分立器件布局方式以及关键尺寸等因素对等效寄生参数的影响规律。最后，通过总结出的设计原则，设计并优化了基于6管并联型功率模组。

## 7.1 分立器件并联模组的三维结构特性

### 7.1.1 分立器件与叠层母排连接形式

在中大功率 SiC 逆变器中，通常采用叠层母排作为母线电容与功率器件的互连载体，以实现逆变器主电路的低寄生电感结构设计。对于分立式 SiC MOSFET 的并联应用，通过叠层母排将单管封装在一起，构成大功率模组。除了低寄生电感，母排各并联支路的寄生参数对称性设计也十分重要。因此叠层母排结构设计的优劣性将直接决定了整个功率模组的电气特性。本节以各桥臂两个 SiC 单管并联为例，从而清晰展示基于分立器件并联型叠层母排的三维结构特征。在实际应用中，分立器件的并联数量取决于系统的功率需求。

图 7-1 展示出单相上下桥臂中 SiC MOSFET 与实际电路连接的对应关系，分立器件选用的是基于 TO-247 封装形式的 SiC 单管。对于上桥臂器件，漏极端子与正极相连，功率源极端子与交流层相连。对于下桥臂器件，漏极端子与交流层相连，而功率源极端子与负极相连，从而构成完整的桥臂电路。

对于大功率模块，通常通过螺栓拧接的方式实现功率端子与叠层母排的电气连接。而对于分立器件，则需要采用焊接的形式。与 PCB 不同的是，叠层母

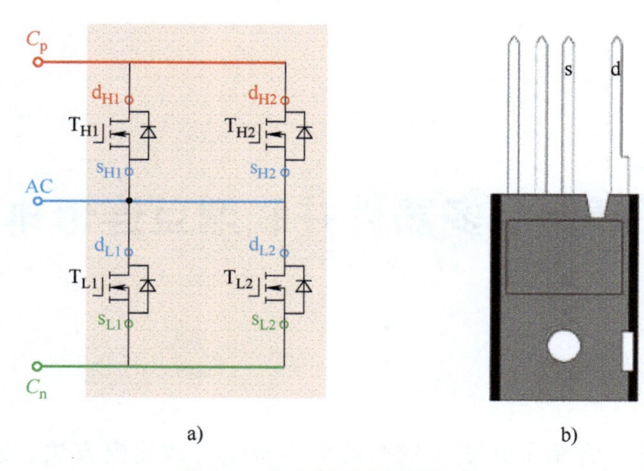


**图 7-1　分立器件的电路连接**

a）单相桥臂　b）TO247-4 封装形式的 SiC 单管

排表面无法形成焊盘。原因在于叠层母排的导电层是整铜结构，并且功率端子间的间距较小，如果对母排进行通孔处理，则没有足够的空间对通孔进行绝缘封边。因此将功率器件 pin 脚直接与母排通过焊盘的形式相连在工艺上较难实现。图 7-2 展示出了一种分立器件与叠层母排的连接方式。即在母排表面开槽，各导电层伸出对应的端子与器件 pin 脚进行焊接，以实现对应的电气连接。图中红色展示的是与上桥臂漏极相连的正母排，蓝色展示的是与上桥臂源极以及下桥臂漏极相连的交流母排，绿色展示的是与下桥臂源极相连的负母排。

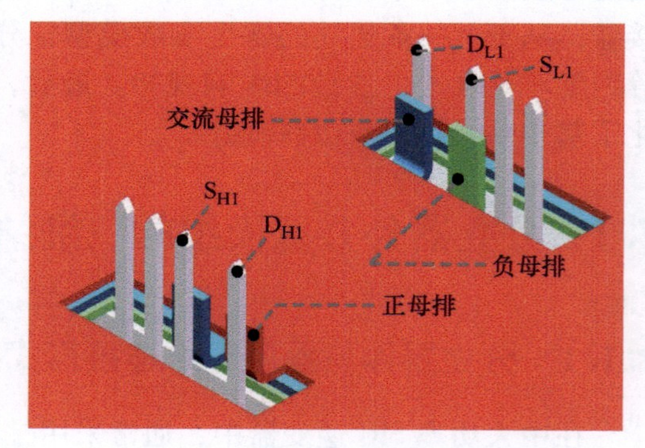


**图 7-2　分立器件与叠层母排连接方式**

## 7.1.2　分立器件在叠层母排中的布局

低寄生电感以及并联支路寄生参数的对称性是分立器件并联型叠层母排设计的关键要素。不同的器件布局影响着叠层母排的结构，进而影响电感等设计参数。除此之外，器件布局也要受整体空间以及模块化应用的约束，从而实现紧凑型设计。在器件并联应用中，器件在空间维度的对称布局有利于实现外电路的对称性设计。图 7-3a 示出一种圆形对称布局形式，即器件按照 $\beta$ 角度（$\beta=360°/n$，$n$ 为并联器件个数）围绕中心点排列，即可理论上实现并联器件在叠层母排中的绝对对称布局。然而这种布局方式需要对叠层母排各端口位置进行精准定位，工序和装配也较为复杂，同时也不利于器件的并联扩展，因此并不适合实际工程应用。图 7-3b 为并联器件的直线型布局方式，器件按照常规方式依次排列。该布局方式下的母排设计相对简易，同时方便灵活扩展系统整体功率，以实现平台化设计。但在该布局方式下，各并联支路寄生参数的对称性相对较难实现，因此需要对布局形式下的叠层母排结构进行系统性的研究，充分实现外电路的对称性设计。

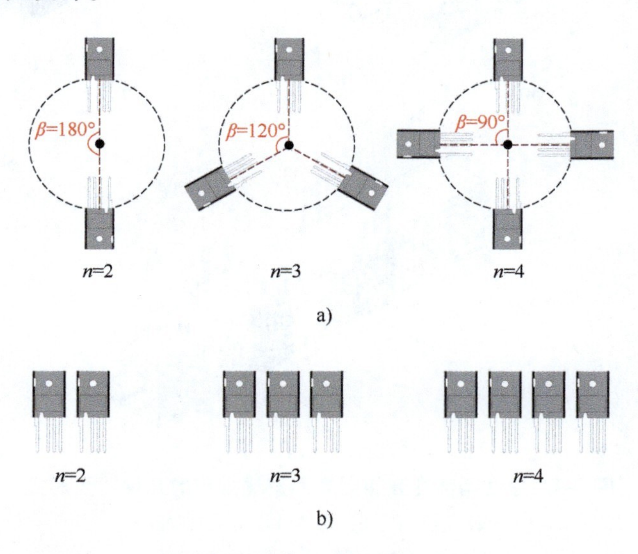


**图 7-3　分立器件并联的排列形式**

a）对称型排列　b）直线型排列

借助于器件与散热器的相对位置可进一步确定器件的直线型排布方式。图 7-4列举出了单相桥臂器件在化简展示的散热器表面直线排布的几种主要形式。在形式Ⅰ中，SiC 单管平铺在散热器表面，并将 pin 脚折弯，进而与叠层母排相连。该方案的缺陷在于散热器面积会比较大，整个装置几乎扁平。另外需要额外工序对 pin 脚进行折弯处理，增加了制造成本。同时器件 pin 脚相对脆弱，折弯也会使器件可靠性降低。在形式Ⅱ中，上下桥臂器件置于散热器一侧。相比于形式Ⅰ，该方案不需要对 pin 脚折弯。然而当并联器件数量较多时，该方案中散热器长度会增大，不利于紧凑型设计。因此，可将形式Ⅱ改进成形式Ⅲ，即将上下桥臂中的器件分别贴在散热器两端，在满足散热前提下，提高散热器利用率，实现紧凑型设计。综上，可选择形式Ⅲ作为分立式 SiC MOSFET 直线型排列方案的主体布局方式。

基于形式Ⅲ，图 7-5 展示出一种分立式 SiC MOSFET 并联功率模组的三维主体结构。器件的功率 pin 脚穿过叠层母排槽口分别与对应电极的母排端子相连。

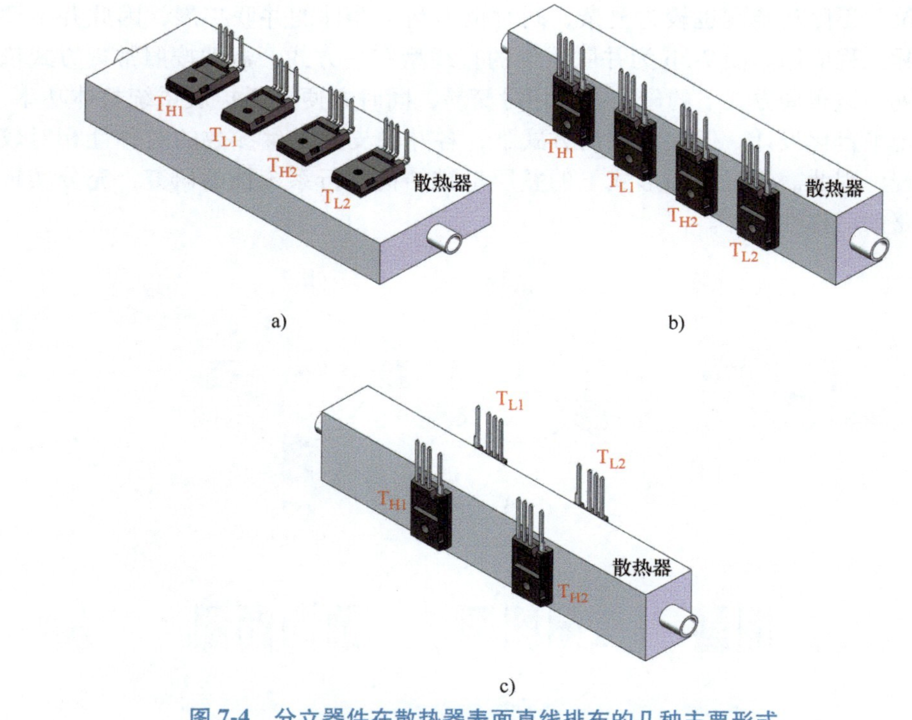


图 7-4　分立器件在散热器表面直线排布的几种主要形式

a）形式Ⅰ　b）形式Ⅱ　c）形式Ⅲ

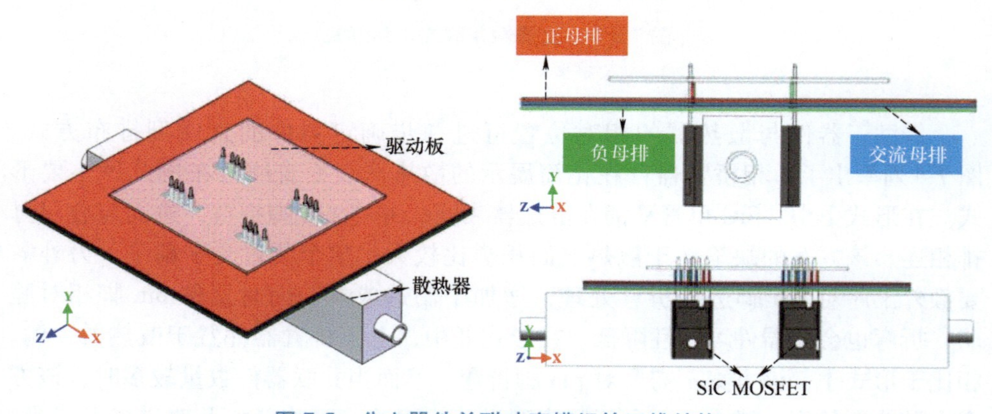


图 7-5　分立器件并联功率模组的三维结构

最上层为驱动板，与器件的驱动 pin 脚相连。图 7-6a 和 b 示出直流侧电容在该叠层母排上的两种主要位置区域，为了便于展示，这里以电容置于母排上端为例。在位置Ⅰ中，电容沿着垂直于散热器的方向布置。在位置Ⅱ中，电容沿着平行于散热器的方向摆放。直流侧电容在叠层母排中的位置会影响并联支路寄生参数，因此也需要针对具体应用进行合理设计。

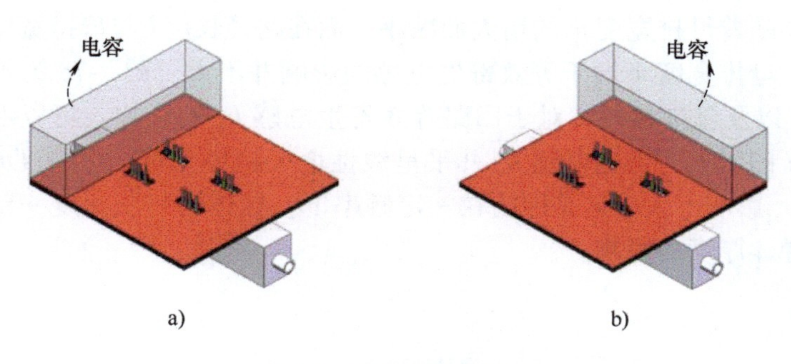


**图 7-6　直流侧电容位置**
a）位置Ⅰ　b）位置Ⅱ

## 7.2　分立器件布局方式对叠层母排等效寄生参数的影响

对于叠层母排的设计，从相关文献中可找到共性的设计方法。如根据参考文献［159］，可通过减少母排电流方向的长度，增加宽度，以及减少导电层间距来降低母排整体寄生电感。依据该结论，可将图 7-5 中的交流母排与负母排交换位置，从而减小正负母排的间距。而对于不同的器件布局方式，则可通过第 6 章提出的等效寄生电感建模方法，对比不同布局方式下的各并联支路等效寄生参数，进而确定较优的结构布局。

### 7.2.1　叠层母排等效寄生参数的关键影响因素

在实际应用中，电流路径存在于功率器件、电容与母排的连接端子之间，其对应的等效寄生电感会引入电路中，进而影响功率单元的电气特性。因此需要关注叠层母排中端子与端子间（端到端）的寄生电感，而并非母排的整体电感量。图 7-7 展示出单端口网络下，物理尺寸对叠层母排端到端寄生电感的影响。在图 7-7a 中，叠层母排被化简展示为两块平行导体结构。在上下层导体中，存在着电流端口，其中，$T_{pi}$、$T_{po}$为上层母排电流输入和输出端口。$T_{pi}$、$T_{po}$为下层母排电流输入和输出端口。$l$ 为输入端口和输出端口间的距离，$w$ 为母排宽度，$t$ 为母排厚度，$d$ 为上下母排间距。电流从上层母排输入端口注入，从输出端口流出，接着从下层母排输入端口流入，输出端口流出，以此构成电流回路。其对应的电路模型也在图中示出，并给出了回路等效电感计算公式。由于母排叠层放置，存在较大的耦合互感，进而可以减小等效寄生电感，这也是叠层母排具备低感特性的原因。图 7-7b 示出不同的叠层母排宽度 $w$ 以及端口间的间距 $l$（对应于电流路径长度）对于回路等效寄生电感 $L_{eq}$的影响。可以看到，寄生电感会随着路径 $l$ 的增大而增大。在路径长度 $l$ 远大于母排宽度 $w$ 的情况下，等效寄生电感会随着母排宽度 $w$ 的增大而减小。而在路径长度 $l$ 与母排宽度 $w$ 相差不大情况下，母排宽度 $w$ 对于等效寄生电感的影响并不大。图 7-7c 为不同的叠层母排厚度 $t$ 以及母排间距 $d$ 对于回路等效寄生电感 $L_{eq}$ 的影响。可以看到，随着母排间距 $d$ 的增大，寄生电感 $L_{eq}$ 几乎呈线性增大趋势。而母排厚度 $t$ 对于等效寄生电感 $L_{eq}$ 影响不大，这是因为在一定频率下，导体的趋肤深度一定，交流电感不再受导体厚度的影响。

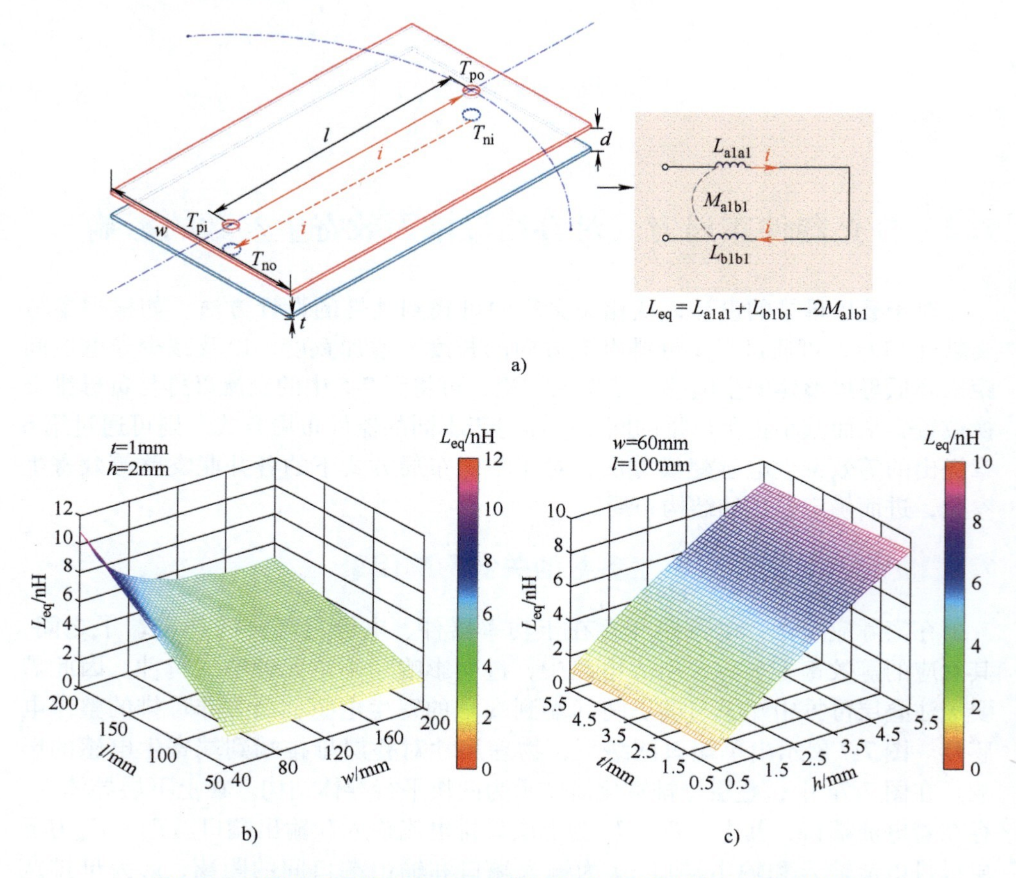


**图 7-7 母排端子间的长度以及本体物理尺寸对等效寄生电感的影响**

a）仿真模型 b）路径长度 $l$ 与母排宽度 $w$ c）母排厚度 $t$ 与间距 $d$

在实际应用中，由于器件布局的多样性，使得叠层母排上下层对应的端口路径 $T_{pi}T_{po}$ 和 $T_{ni}T_{no}$ 并不一定平行而存在一定角度，如图 7-8a 所示。其中 $l$ 为上层母排输入与输出端子间距，$\theta$ 为电流路径 $T_{pi}T_{po}$ 与中心轴的夹角，$w$ 为因夹角带来的上层母排输出端口 $T_{po}$ 与下层母排输入端口 $T_{ni}$ 的距离。保持端口 $T_{ni}$ 位置不变，将端口 $T_{po}$ 以 $l$ 为半径进行移动。在这过程中可保持路径 $l$ 不变，而改变正

负母排端子间距 $w$。图 7-8b～d 为不同间距 $l$，以及角度 $\theta$ 对于路径自感、互感以及等效寄生电感的影响。当 $l$ 不变，而改变端子间夹角 $\theta$ 时，可以看到自感值几乎保持不变，而互感会随着夹角的增大而减小。当 $\theta$ 不变，自感和互感会随着路径 $l$ 的增大而增大。综上，自感与路径 $l$ 的长短相关，而互感与路径的长短以及夹角均相关。因此，路径 $l$ 的长短并不是决定回路电感的唯一因素，其与路径间的夹角也相关。

在分立器件并联型叠层母排的设计中，元器件在叠层母排中的布局，决定了母排中端子的位置，进而决定了电流路径的长短和路径间的夹角，最终影响叠层母排的等效电感。因此，合理的端子布局对实现分立器件并联型叠层母排低感以及并联支路寄生参数的对称性设计十分重要。

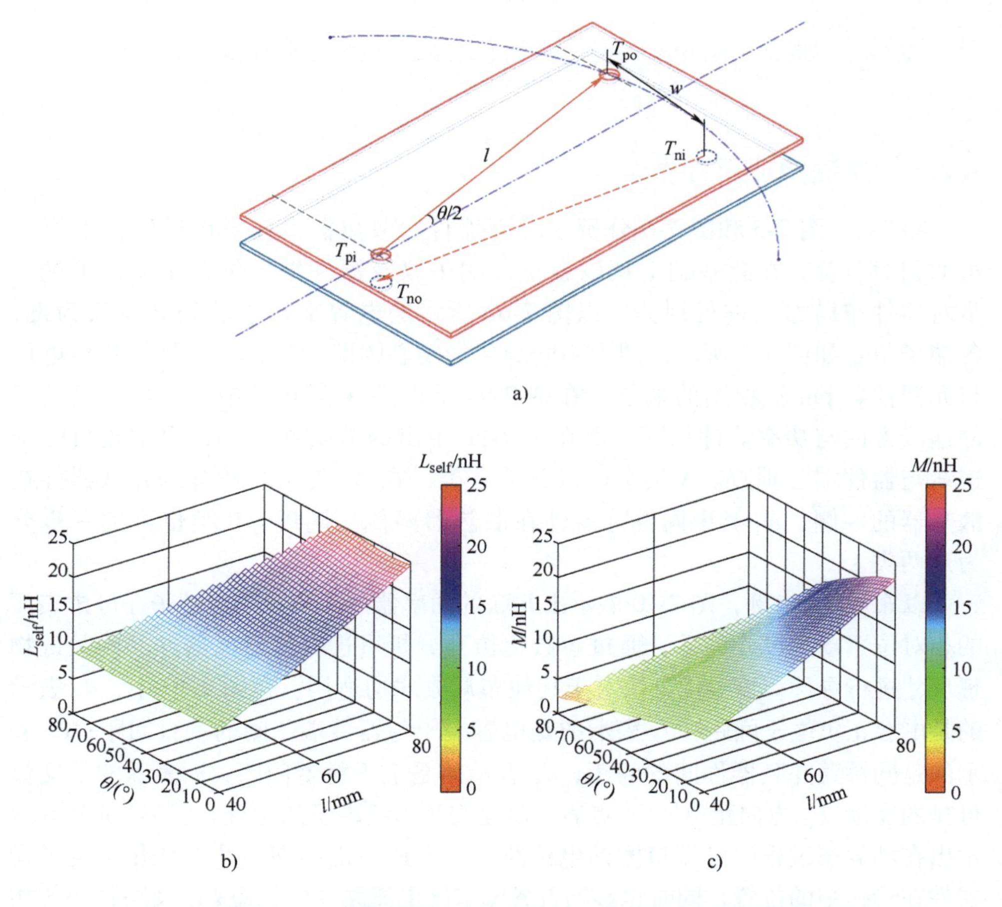


**图 7-8　不同夹角 $\theta$ 和路径长度 $l$ 对于自感、互感以及等效寄生电感的影响**

a）仿真模型　b）自感　c）互感

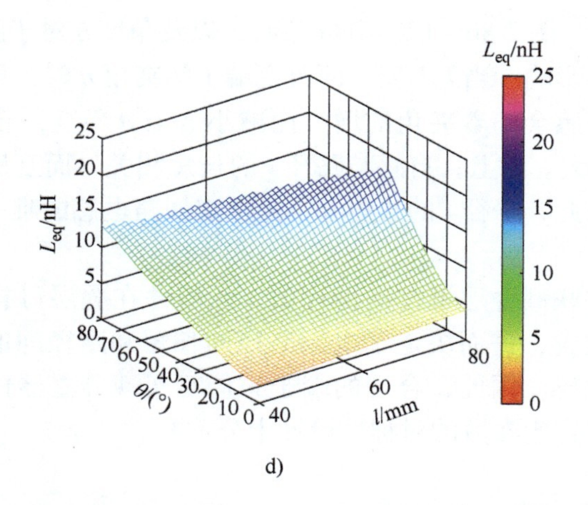


d)

图 7-8　不同夹角 $\theta$ 和路径长度 $l$ 对于自感、互感以及等效寄生电感的影响（续）

d）等效寄生电感

### 7.2.2　关键物理尺寸寻优

图 7-4、图 7-5 和图 7-6 分析了功率器件、散热器、叠层母排以及电容模组的相对位置。在此基础上从电容正负端子以及器件端子位置角度，可进一步对器件布局方式进行划分。以图 7-6b 所示的电容平行于散热器摆放为例，各端子位置如图 7-9 所示，图中不同颜色的实心圆即对应着叠层母排各导电层与元器件各 pin 脚相连的端子。在图 7-9a 示出的 A 类布局中，电容正负端子的连线方向与功率器件相同，而在图 7-9b 示出的 B 类布局中，电容正负端子连线与器件端子垂直。A 类又可以分为两类，在 $A_1$ 类中同桥臂的并联器件在散热器的一侧，$A_2$ 类中同桥臂器件在散热器两侧。同理，B 类也可进一步分为这两类。

以布局 $A_1$ 为例，图 7-10 展示出并联的功率器件端子和电容端子在母排表面的相对位置以及尺寸关系，通过参数化仿真分析可进一步对元器件间的关键物理尺寸进行寻优。该寻优方法对于其他布局方式均适用。在图 7-10 中，$d_1$ 表示的是电容正负端子间距；$d_2$ 表示的是电容端子与器件端子间的垂直间距；$d_3$ 表示的是同桥臂并联器件间的间距；$d_4$ 表示的是上下桥臂间距；$w$ 表示的是交流母排的宽度（$y$ 方向距离）；p 点表示的是交流出线端子的位置。图 7-11a 和 b 展示出在动静态过程中各端口间的电流路径。上述关键物理尺寸的变化决定了元器件在母排中的位置，同时也影响着各端口间电流路径的长短 $l$ 以及路径间的相对位置 $\theta$。因此，不同的物理尺寸影响着并联端口间的电感网络，进而影响各并联支路的等效寄生电感。

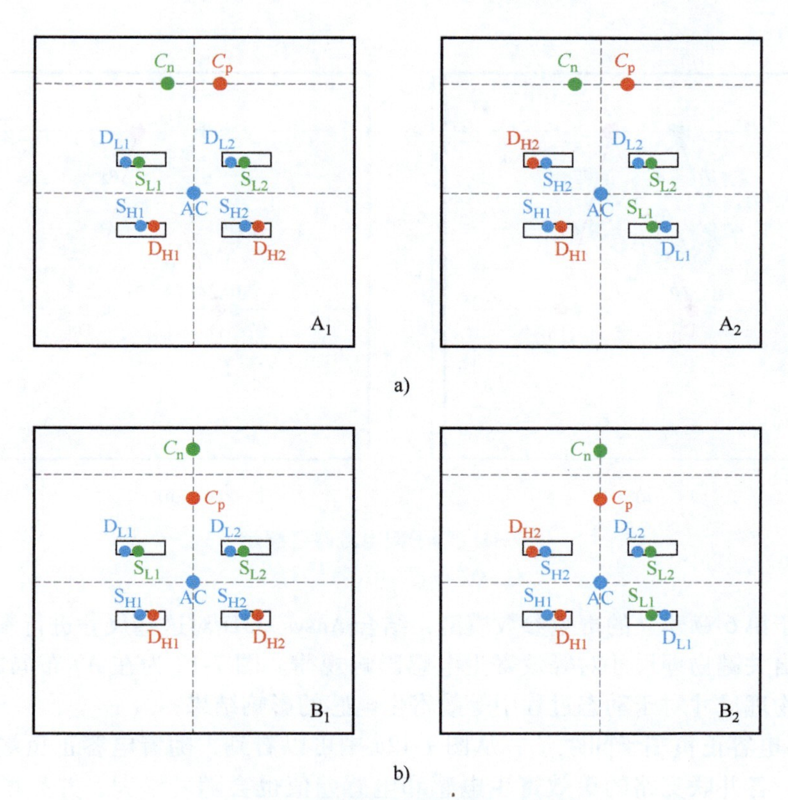


图 7-9　元器件在母排上的主要布局方式

a）A 类布局　b）B 类布局

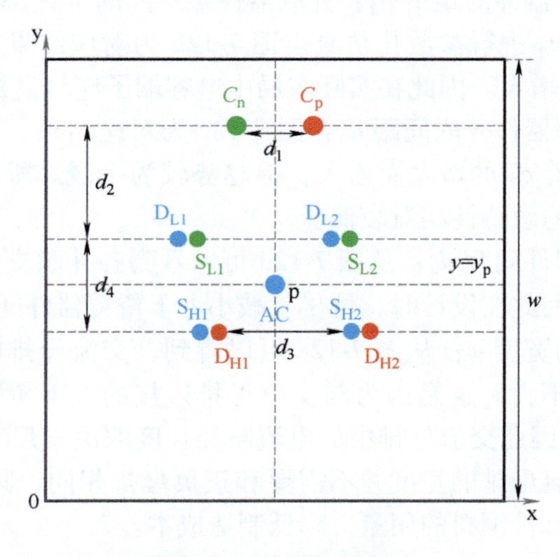


图 7-10　关键物理尺寸

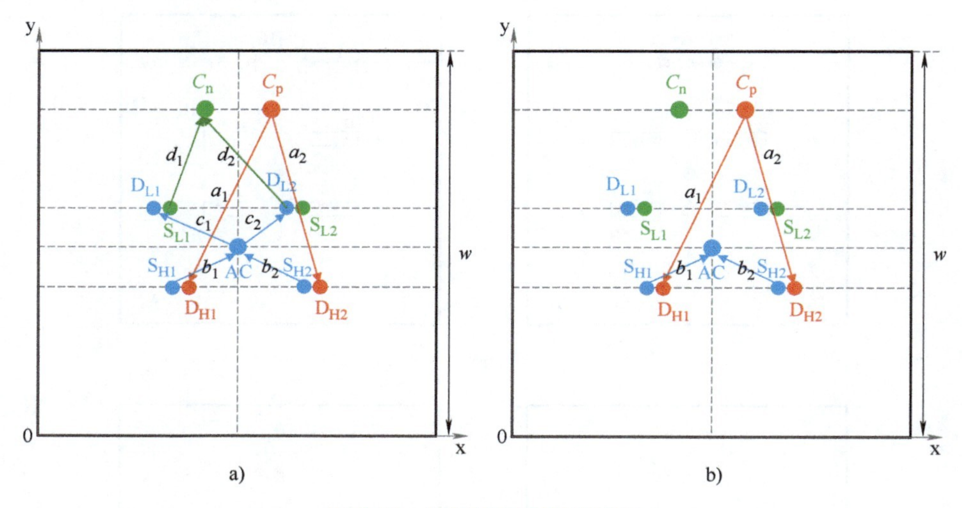


图 7-11 端子间电流路径展示

a）动态过程 b）静态过程

基于第 6 章建立的寄生参数模型，结合 Ansys Q3D 对这些尺寸进行参数化分析，得出关键物理尺寸对等效寄生电感影响规律。图 7-12 为在 $A_1$ 布局方式下，各关键物理尺寸对于动态过程中等效寄生电感的影响结果：

1）电容正负端子间距 $d_1$：从图 7-12a 中可以看到，随着电容正负端子间距的变大，各并联支路的等效寄生电感和电感差值也会随着增大，并且增长幅度较大。因此电容正负端子间距在满足安规的前提下需尽量小。

2）电容与功率器件的距离 $d_2$：并联器件端子间的位置保持不变，对电容端子与器件端子间距 $d_2$ 进行参数化仿真。图 7-12b 为对应结果，可以看出寄生电感随着 $d_2$ 的增大而增大。因此在实际布局中电容端子应尽量靠近器件端子。

3）同桥臂功率器件并联间距 $d_3$：图 7-12c 为对应结果，可以看到虽然各并联支路寄生电感随着 $d_3$ 的增大而增大，但趋势较为平缓。所以支路寄生电感大小对并联器件间距的敏感性相对较低。

4）上下桥臂器件间距 $d_4$：从图 7-12d 可以看到各并联支路电感随着桥臂间距的增大而增大。因此在设计时，可尽量减小上下桥臂器件间的距离。

5）交流母排的宽度 $w$：从图 7-12e 可以看到，交流母排的宽度对各并联支路的寄生电感影响不大。这是因为与交流母排连接的上下桥臂端子间的距离主要由尺寸 $d_4$ 决定，因此交流母排中的电流路径长度取决于尺寸 $d_4$ 而非 $w$。最终在设计时，整个交流母排的宽度并不需要和正负母排相同，只需比尺寸 $d_4$ 略大即可，从而可减少母排铜料的用量，降低制造成本。

6）交流出线端子位置 $y_p$：交流母排伸出出线端子与负载相连。在图 7-10 中，使 p 点沿着 $y=y_p$ 方向进行扫描，结果如图 7-12f 所示。可以看到，交流母排出线端子的位置对并联支路的电感影响不大。

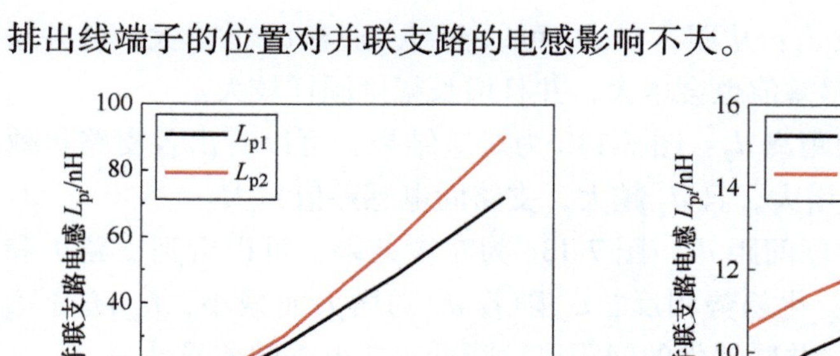

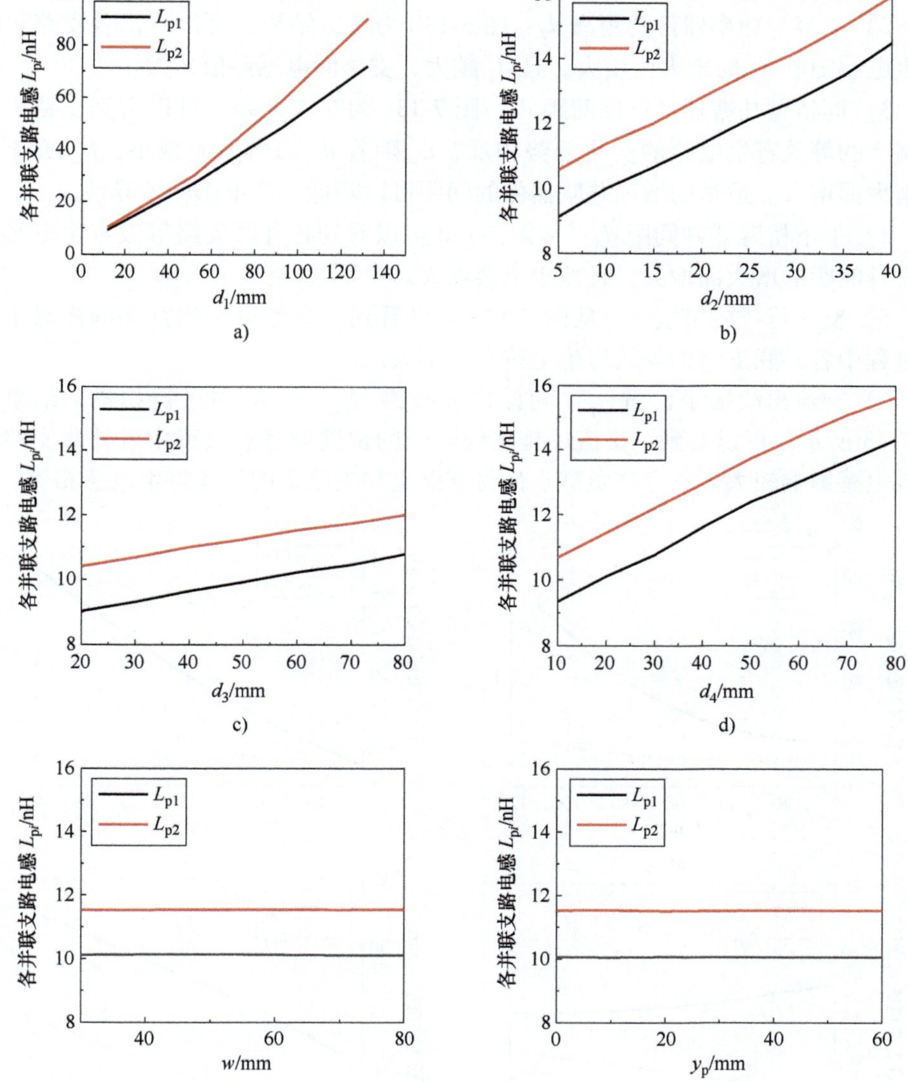


**图 7-12　关键物理尺寸对动态过程中等效寄生电感的影响**

a）电容端子间距 $d_1$　b）电容与器件间距 $d_2$　c）并联器件间距 $d_3$

d）桥臂器件间距 $d_4$　e）交流母排宽度 $w$　f）交流出线端子位置 $y_p$

图 7-13 为在 $A_1$ 布局方式下，各物理尺寸对于静态过程中各并联支路等效寄生电感的影响结果：

1）电容正负端子间距 $d_1$：从图 7-13a 中可以看到，随着 $d_1$ 的增大，各并联支路的等效寄生电感和电感差值也会增大，并且增长幅度同样较大。

2）电容与功率器件的距离 $d_2$：图 7-13b 为对应结果，可以看出各支路等效寄生电感随着 $d_2$ 的增大而增大，且 $d_2$ 越大，支路间电感差值越大。

3）同桥臂功率器件并联间距 $d_3$：图 7-13c 为对应结果，可以看到支路 1 和支路 2 的等效寄生电感的变化趋势相反，$L_{p1}$ 随着 $d_3$ 的增大而减小，$L_{p2}$ 随着 $d_3$ 的增大而增大。适量的增加并联器件的间距可以降低支路电感的差异性。

4）上下桥臂器件间距 $d_4$：从图 7-13d 可以看到各并联支路等效寄生电感随着桥臂间距的增大而增大，且差距也会增大。

5）交流母排的宽度 $w$：从图 7-13e 可以看到，交流母排的宽度同样对于静态过程中各并联支路的等效寄生电感影响不大。

6）交流出线端子位置 $y_p$：同样将 p 点沿着 $y = y_p$ 方向进行扫描，结果如图 7-13f所示。可以看到，交流母排出线端子的位置对静态过程中各并联支路的等效电感影响较大，且存在负载点使得支路 1 和支路 2 的等效寄生电感相等。

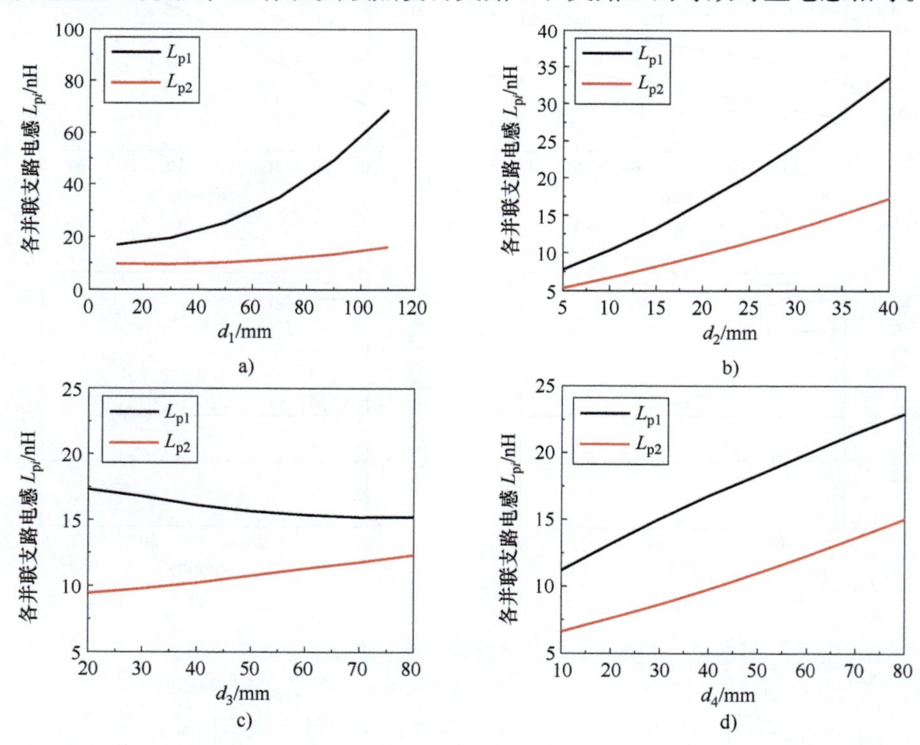


图 7-13　关键物理尺寸对静态过程中等效寄生电感的影响

a）电容端子间距 $d_1$　b）电容与器件间距 $d_2$　c）并联器件间距 $d_3$　d）桥臂器件间距 $d_4$

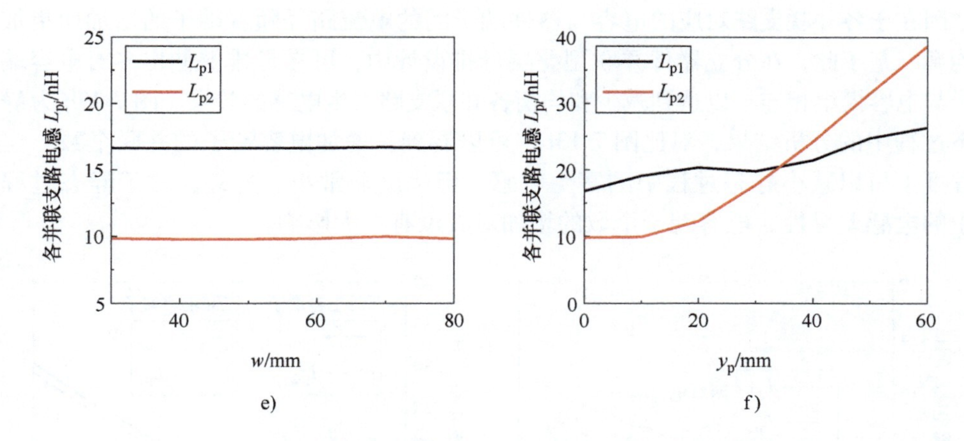


**图 7-13　关键物理尺寸对静态过程中等效寄生电感的影响（续）**

e）交流母排宽度 $w$　f）交流出线端子位置 $y_p$

## 7.2.3　电容端子数量对等效寄生电感的影响

本小节探究电容端子数量对叠层母排寄生电感的影响。图 7-14 示出分立器件并联形式下多对电容端子并联示意图，其中图 7-14a 为两对电容端子并联，图 7-14b 为三对电容端子并联。参照图 7-12b，以电容端子与器件端子间距 $d_2$ 变量，进行参数化分析。图 7-15a 为动态过程中的分析结果，可以看到相比于单电容端子，增加并联电容端子数可一定程度减少并联支路的动态寄生电感。此外，还可以看到在多对电容端子并联情况下，各支路间电感差异性减小并趋于一致，主要

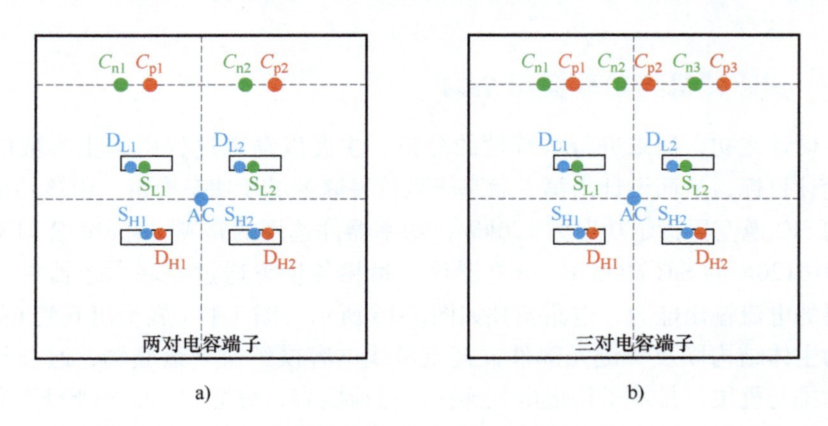


**图 7-14　多对电容端子并联示意图**

a）两对电容并联　b）三对电容并联

原因在于各并联支路对应的电容与器件端子间的电流路径随着端子的增加而更加均衡。基于此，在分立器件并联型叠层母排设计中，可在母排上伸出多对电容端子与电容模组相连，以达到减少和均衡各并联支路寄生电感的效果。图 7-15b 为静态过程中的分析结果，对比图 7-13b，可以看到，增加电容端子的并联个数一定程度上可以减小静态过程中的寄生电感，但幅度非常小。另外，对于静态过程中的电感差异性，电容端子个数的增加对其没有太大影响。

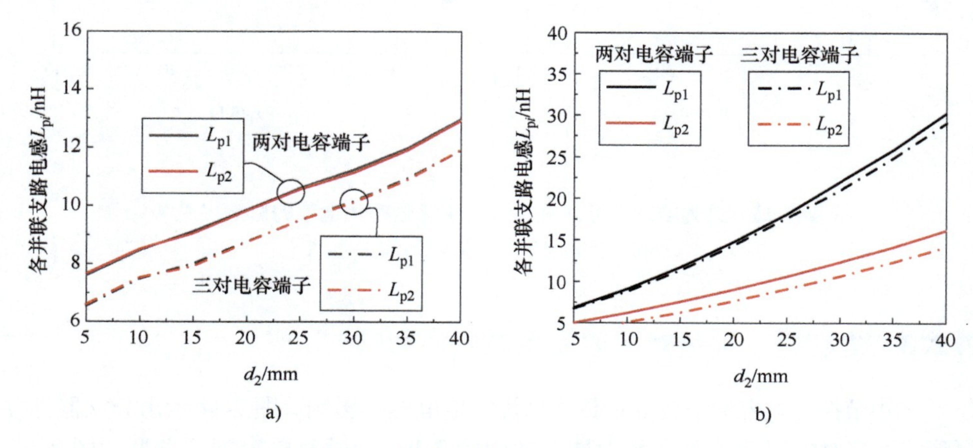


图 7-15　电容端子数量对等效寄生电感的影响

a）动态过程　b）静态过程

## 7.3　分立器件并联型母排设计案例

### 7.3.1　初版样机与功率模组结构

在设计之初，尚未进行系统性的分析，主要以动态过程中寄生参数的均衡性为设计目标，从而设计出第一版基于六管并联的 SiC 功率模组。由该功率模组构成的 SiC 逆变器额定功率为 120kW，功率器件选用的是 Wolfspeed 公司型号为 C3M0016120K 的 SiC MOSFET 分立器件，每相各桥臂通过并联六个器件以达到所需要的电流输出能力，电路拓扑如图 7-16 所示。图 7-17a 展示出 6 管并联 SiC 样机的主体结构以及关键元部件，直流母线电容模组位于最底端，通过与其垂直的母排与叠层母排端子构成电气连接。母线电容、分立式 SiC MOSFET 通过叠层母排集成，从而可实现紧凑的逆变器主电路模块化设计结构。图 7-17b 为设计出的单相功率模组以及各层母排结构，上下桥臂并联器件依次紧密排列并和叠层母排伸出的端子进行连接。在该叠层母排中，电容端子与功率器件端子距离尽可能小，并且数量保持一致。因此，对于单个分立器件，有六对并联电容端子与之对应，可减少支路寄生电感。由于交流母排的宽度对电感差异性并无太大影响，因此其宽度比上下桥臂端子间距略大即可，出线端选择在母排的最边侧，方便与负载侧相连。该设计可实现分立器件的模块化应用，在此结构特征下可通过增减并联器件个数以灵活扩展系统功率。

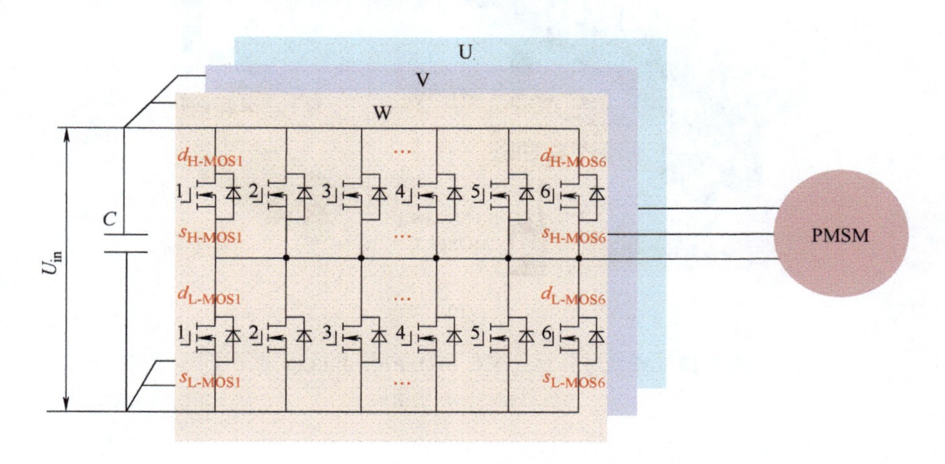


图 7-16　6 管并联电路拓扑

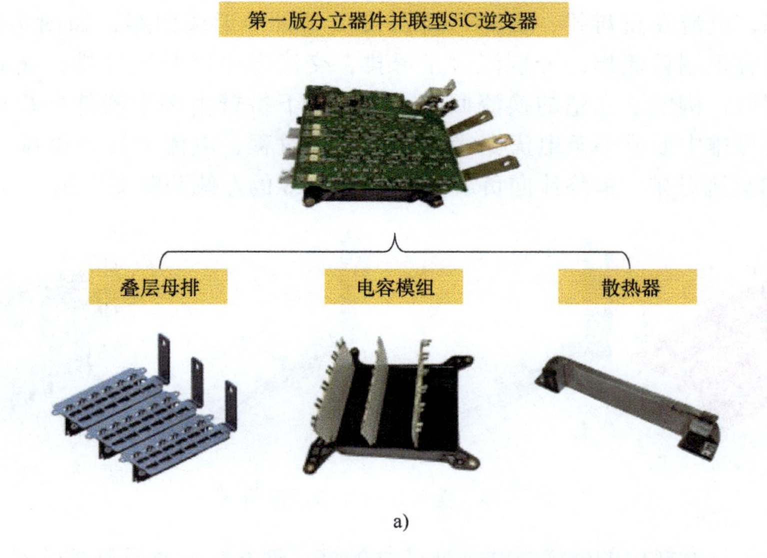


图 7-17　样机与分立式 SiC MOSFET 并联模组

a）分立器件并联型 SiC 逆变器样机

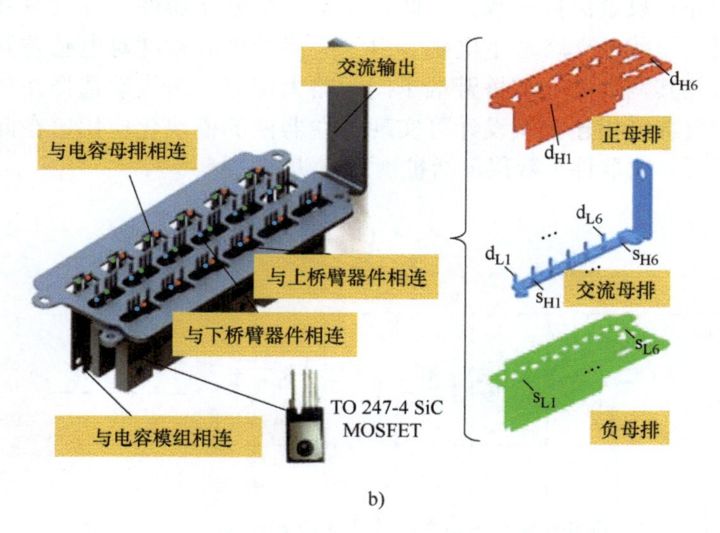


b)

图 7-17　样机与分立式 SiC MOSFET 并联模组（续）

b）单相功率模组结构

## 7.3.2　等效寄生参数提取

以 W 相为例，对各并联支路寄生参数进行建模分析。由之前分析可知，在换流瞬态，电流在正母排，交流母排以及负母排中形成回路，如图 7-18 所示。电流从电容正端口流出，分别流过正母排，交流母排以及负母排，最终流入电容的负端口，构成了完整的换流回路。由于上下桥臂由多个器件并联构成，因此在三层母排中形成多条电流路径。对于静态过程，电流通过正母排（或负母排）流向交流母排，最终流向负载侧，如图 7-18 的左侧两幅图所示。

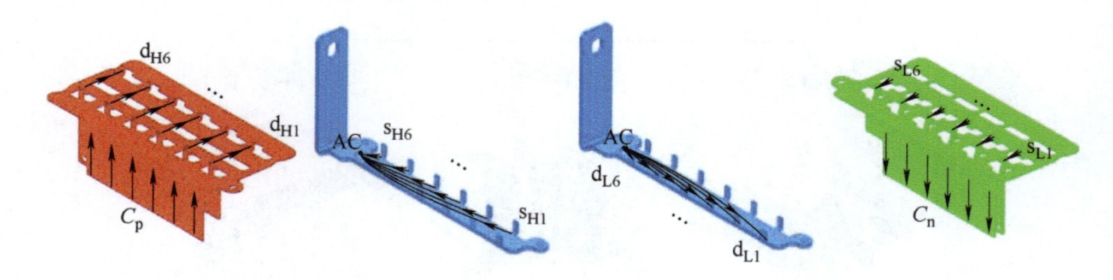


图 7-18　叠层母排电流路径分析

依据第 6 章提出的建模方法，所建立的该 6 管并联型叠层母排的寄生参数模型如图 7-19 和图 7-20 所示。图 7-19a 为叠层母排在动态过程中的寄生参数模型，模型中主要的参数为电感，该模型包含了各路径对应的自感以及路径间的耦合互感。为了清晰展现该电路模型，图中只简单标识出了部分支路间的互感。电感标号以及在叠层母排中所对应的路径与图 6-5 一致，不再赘述。该模型中包含了 24 个自感以及 276 个互感元素，是一个极其复杂的多维电感网络。该模型需进一步化简成如图 7-19b 所示的等效寄生电感模型，从而用以验证叠层母排的对称性设计。

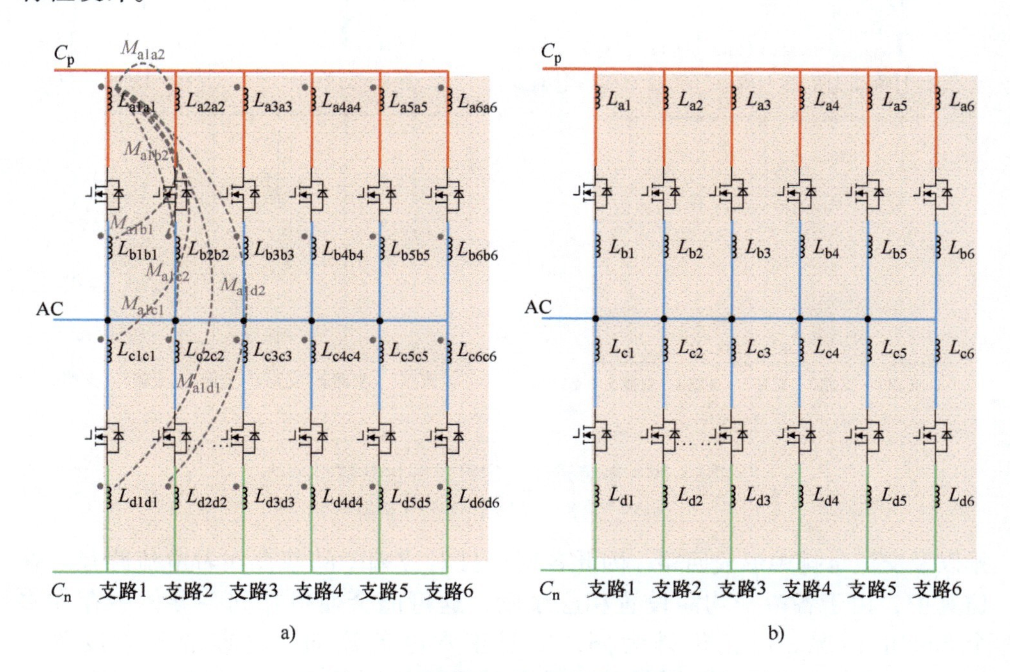


**图 7-19　动态过程中的等效寄生电感模型**

a）电感网络模型　b）等效寄生电感模型

静态过程中，由于电流只通过某半桥器件流向负载侧，因此只对正母排（或负母排）以及交流母排进行寄生参数建模。以上桥臂为例，图 7-20a 示出所建立的叠层母排在静态过程中的寄生参数模型，包含了自感，互感以及自阻和互阻元素。每个并联路径代表着一段自感和自阻，任意路径间存在着互感以及互阻。静态寄生模型中的电感标号方式与动态过程一致，而寄生电阻标号方式与电感一致，因此不再赘述。同样地，该寄生网络模型无法用以直观判断叠层母排设计的优劣性，因此需要转换为图 7-20b 所示的等效寄生参数形式。

在 Ansys Q3D 中导入图 7-17b 所示的母排结构，设置相关材料属性，根据电流路径对各并联端子设置相应的激励源（Source）和汇（Sink），从而仿真得到叠层母排各并联支路的自感和互感参数，并以矩阵形式呈现。图 7-21a 标出了仿真提取动态过程寄生参数时各端子对应的激励，由于换向电流在正母排、负母

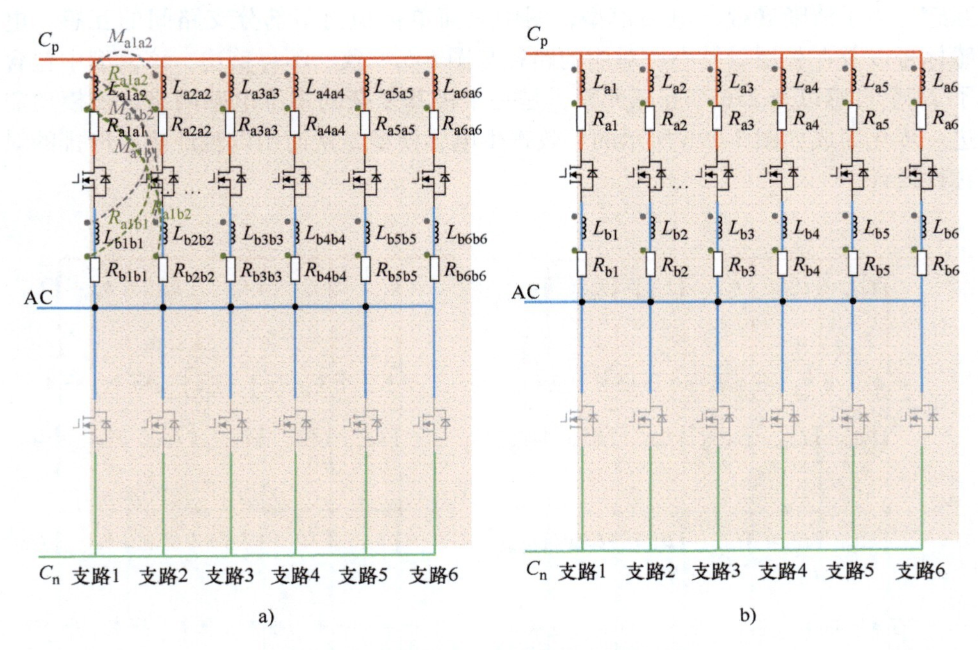


图 7-20 静态过程中的等效寄生参数模型

a）电感网络模型 b）等效寄生参数模型

排以及交流母排中形成回路，因此各层母排对应端子间都存在着电流路径。在仿真中，由于各端子均需设置相应激励，这可能会使得在同一导体中存在多个 Sink 的情况。以正母排为例，按照正常电流流向，电容端子应设置成 Source，而与上桥臂器件漏极相连的各并联端子则要设置成 Sink，如图 7-22a 中的标记所示。然而在 Q3D 中，对同一导体只能设置一个 Sink，但允许设置多个 Source。如果按照图 7-22a 中的正常电流流向的激励赋值方式，将无法对该多端口母排进行仿真。针对这种情况，需要对叠层母排进行反向赋激励，即将 Sink 点设置在电容正端子处，Source 点设置在 6 个并联的漏极端子处，如图 7-22b 所示。这里需要注意的是，图 7-22a 中给出的电流矢量分布图是将所有漏极端子同时选中赋 Sink 时的仿真结果，能够反映出较为真实的电流流向。对比图 7-22a 和 b 的电流矢量分布图，可以看到反向赋激励的方式只是改变了电流的方向，不会影响电流的实际分布。最终对于提取出的电感矩阵，只需将该通入反向电流的母排支路与其他支路的耦合互感作取反处理即可。通过上述步骤可得到的初版 6 管并联型叠层母排在动态过程中的多维电感矩阵，接着通过提出的建模方法可进一步得到各并联支路各路径对应导体段的等效寄生电感，计算结果见表 7-1。可以看到各并联支路的总电感都基本接近 12nH，且差异性非常小。

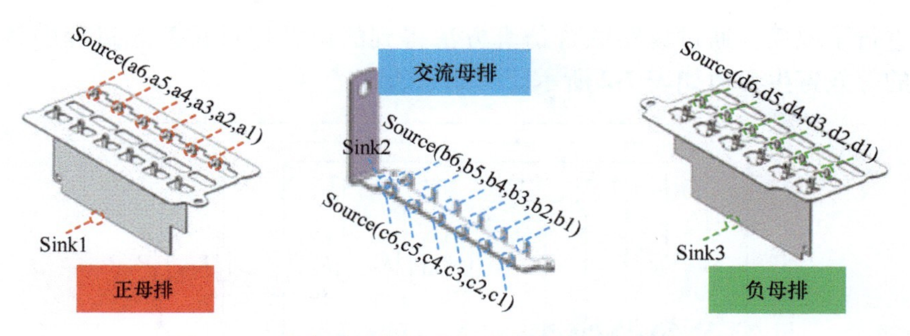


图 7-21　动态过程中叠层母排寄生参数的仿真提取

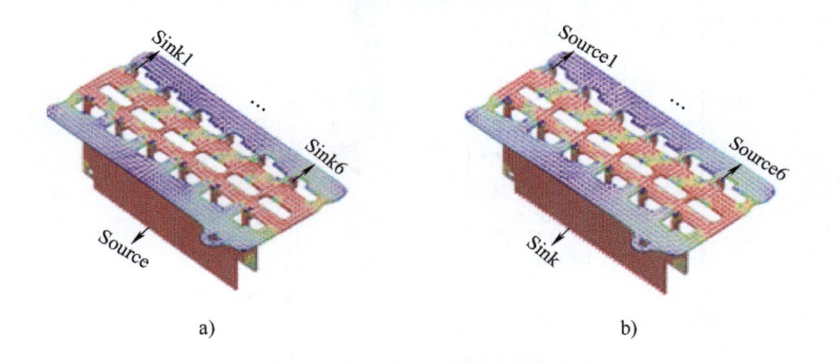


图 7-22　Q3D 中仿真模型的激励赋值

a）正向激励　b）反向激励

表 7-1　6 管并联叠层母排动态过程中等效寄生电感

| 电感 /nH | 支路 | | | | | |
|---|---|---|---|---|---|---|
| | 1 | 2 | 3 | 4 | 5 | 6 |
| $L_a$ | 4.47 | 4.87 | 5.02 | 5.09 | 5.20 | 5.42 |
| $L_b$ | 0.66 | 0.65 | 0.65 | 0.65 | 0.65 | 0.67 |
| $L_c$ | 1.70 | 1.35 | 1.24 | 1.17 | 1.07 | 0.81 |
| $L_d$ | 4.90 | 4.77 | 4.78 | 4.97 | 4.77 | 4.97 |
| $L_{total}$ | 11.73 | 11.64 | 11.69 | 11.88 | 11.69 | 11.87 |

静态过程中，电流通过正母排和交流母排流向负载侧，电流路径存在于正母排和交流母排中，因此激励点的赋值范围仅限于图 7-21 所示的左侧两幅示意图。同样的对需要对正母排进行反向赋激励，通过仿真即可得到原始的寄生电感和寄生电阻矩阵。接着通过第 6 章提出的基于 Simplorer 和 Q3D 的路场联合仿真求解方法，可求解出叠层母排在静态过程中的等效寄生电感和电阻。图 7-23 示出静态过程中寄生参数求解电路，虽然在 Q3D 中对正母排进行了反向赋激励，但在仿真求解电路中，电压源的正极接在了 Sink1 端口，即电流从 Sink1 端流向各并联器件的漏极端子，相当于对仿真出的正母排和交流母排各路径间的耦合

互感进行了取反。通过场路联合仿真方法得到的该叠层母排静态过程中各并联支路的等效寄生参数如表 7-2 所示。

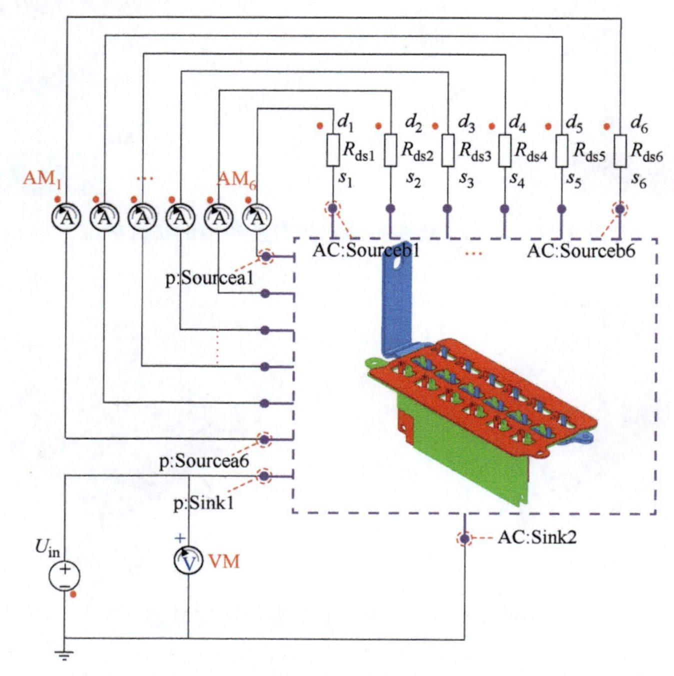


图 7-23　6 管并联型叠层母排的静态寄生参数提取

表 7-2　6 管并联叠层母排静态过程中等效寄生参数

| 寄生参数 | 支路 | | | | | |
|---|---|---|---|---|---|---|
| | 1 | 2 | 3 | 4 | 5 | 6 |
| $L_H$/nH | 103.2 | 99.0 | 93.3 | 86.5 | 79.3 | 72.2 |
| $R_H$/mΩ | 3.5 | 3.4 | 3.1 | 2.7 | 2.2 | 1.7 |
| $L_L$/nH | 106.8 | 96.6 | 93.7 | 89.0 | 83.1 | 75.3 |
| $R_L$/mΩ | 3.2 | 3.1 | 2.8 | 2.4 | 1.8 | 1.2 |

从表 7-2 中可直观看到，求解出的各并联支路等效寄生参数存在不均衡的现象。无论是上桥臂还是下桥臂，总体呈现为支路 1 寄生参数最大，支路 6 寄生参数最小。对于叠层母排寄生参数的建模是基于端子间的电流路径进行导体划分，从图 7-18 中展示出的交流母排各端子电流路径可以看到，对应的支路 1 路径最长，支路 6 路径最短，最终体现在了各并联支路寄生参数的分布趋势上。而在图 7-18 中，交流母排各端子间路径与汇流点 AC 的位置相关，因此并联支路寄生参数与交流母排汇流点的位置选取有关联。在仿真提取过程中，正负母排各激励点位置对应的是元器件与母排的连接端子，而对于交流母排汇流点 AC 的选

取，尚未有明确的定位方法。参考文献［160］将交流母排与负载的连接点作为汇流点来提取母排寄生电感，但没有给出详细解释。实际上，从并联电路层面，汇流点处的电流应为各支路电流之和，且汇流点之后任意电位点处的电流是恒定不变的。因此对应于实际物理结构，汇流点位置应为交流母排中电流达到最大值且开始稳定的截点处。

基于以上思路，该交流母排中汇流点的定位方法如图 7-24 所示，在上桥臂对应每个器件端口赋值 1A 的 Source，Sink 赋在负载连接点上。然后在交流母排中沿着路径 $l$ 的方向从 $o$ 点开始垂直切若干个截面 $s$，仿真后通过 Q3D 后处理运算器，结合式（7-1）可求得通过该截面的电流大小。

$$I=\int \mathrm{Scalar}(\bar{J})\,\mathrm{d}s \tag{7-1}$$

式中，$\mathrm{Scalar}(\bar{J})$ 为垂直穿过所截截面电流密度 $J$ 的幅值，其与对应截面 $s$ 的面积分即为穿过该截面的电流 $I$，计算结果如图 7-25 所示。结合图 7-24，从起始点 $o$ 到 AC 点之前，截面对应的总电流随着各并联端子电流的注入而不断地增大，在 AC 点处达到最大值，而在 AC 点之后电流不变。因此，该 AC 点处即为交流母排的汇流点。另外，图 7-25 中也给了母排电流密度 $J$ 沿着路径 $l$ 的分布，在 AC 点之前，电流不断叠加，但截面积恒定，因此电流密度 $J$ 的分布呈阶梯式上升。在 AC 点之后以及 $m$ 点之前，虽然电流总量 $I$ 不变，但母排截面积发生变化，因此电流密度 $J$ 波动。在 $m$ 点与 $g$ 点之间，电流恒定且截面积恒定，因此电流密度 $J$ 也恒定。综上可知，用来提取静态寄生参数的汇流点并不一定是负载连接点。在实际工程应用中可根据所提的方法确定汇流点位置，从而更为准确的提取叠层母排寄生参数。

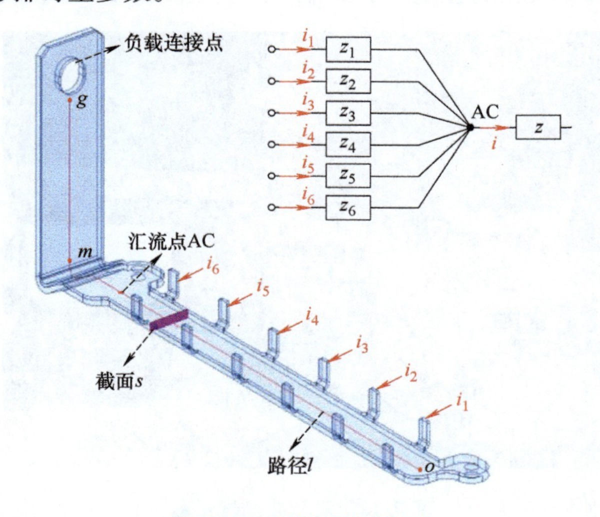


图 7-24　交流母排汇流点

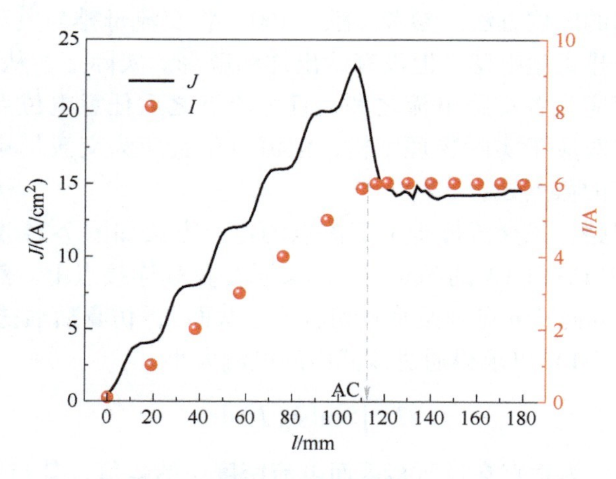


图 7-25　汇流点定位原则

### 7.3.3　实验验证

首先搭建如图 7-26 所示的双脉冲测试平台，对动态过程中各并联支路寄生电感进行测试。当功率器件处于关断瞬态，漏源极电压从零上升至直流母线电压后会由于功率回路寄生电感的作用，带来较大的电压过冲。通过关断过电压和该阶段的电流变化率即可算出对应回路的寄生电感，如式（7-2）所示：

$$L_{\mathrm{loop}}=\frac{\Delta U_{\mathrm{over}}}{\Delta i/\Delta t} \tag{7-2}$$

式中，$L_{\mathrm{loop}}$ 为功率回路总寄生电感；$\Delta U_{\mathrm{over}}$ 为关断过压；$\Delta i/\Delta t$ 为电流变化率。

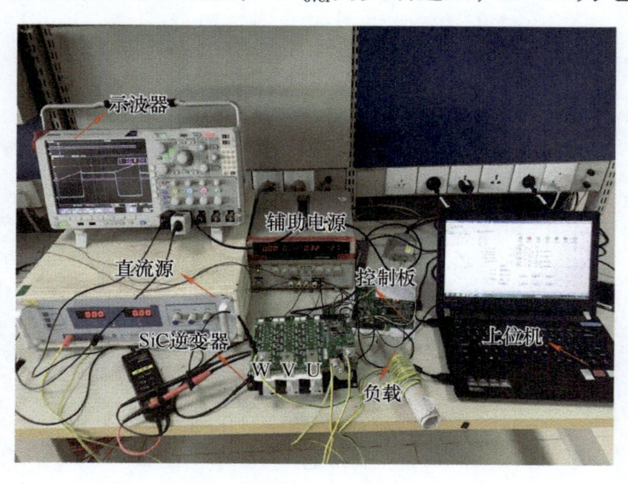


图 7-26　双脉冲测试平台

根据参考文献［161，162］的测试方法，支路的寄生电感可通过对比对应的漏源极电压和端电压得到。图 7-27 示出测试电路，这里以上桥臂管 1 的测试过程为例。先将电压探头夹住器件的漏极和源极两端，测试漏源极电压 $U_{ds1}$，再将电压探头夹在正母排端子和交流母排输出点上，测试端电压 $U_{d1}$。同时将电流探头绕在漏极引脚上，测试漏源极电流 $i_{ds1}$。这里用同一个差分电压探头先后测试 $U_{ds1}$ 和 $U_{d1}$，并进行对比，如图 7-28 所示。在关断瞬态，当测试漏源极电压 $U_{ds1}$ 时，回路电感 $L_{loopA}$ 则会产生对应的过电压 $\Delta U_{ds1}$，该回路电感包含了母排上

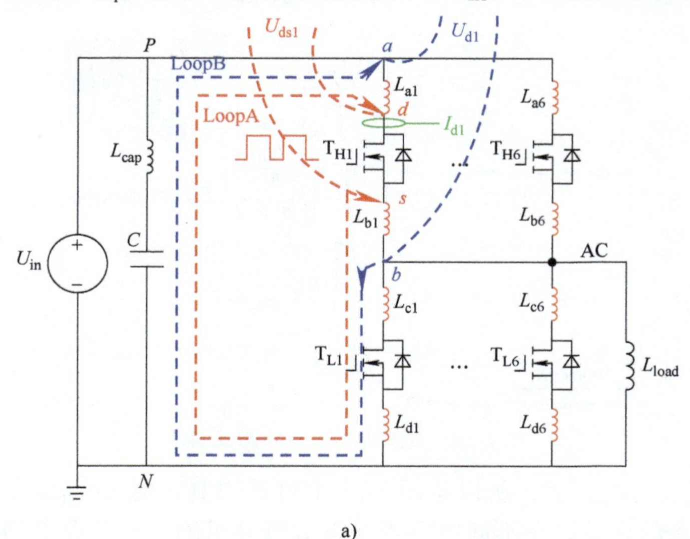


a)

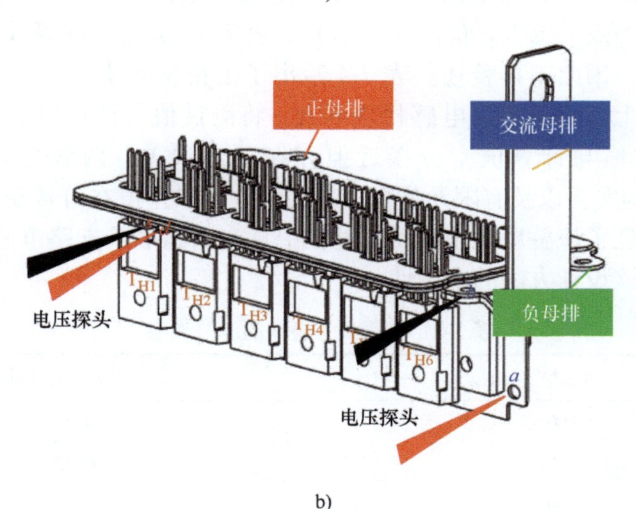


b)

图 7-27　动态过程中等效寄生电感的测试

a）测试电路　b）测试位置

桥臂支路 1 的等效电感（$L_{a1}+L_{b1}$）、电容模组电感（$L_C$），下桥臂等效电感（$L_E$）以及其他形式引入的电感（$L_{other}$）。当测试正母排和交流母排端电压 $U_{d1}$ 时，对应回路电感 $L_{loopB}$ 则会产生对应的过电压 $\Delta U_{d1}$，该回电感包含了电容模组电感（$L_C$），下桥臂等效电感（$L_E$）以及其他形式引入的电感（$L_{other}$）。因此上桥臂支路 1 的等效电感可通过式（7-3）计算出：

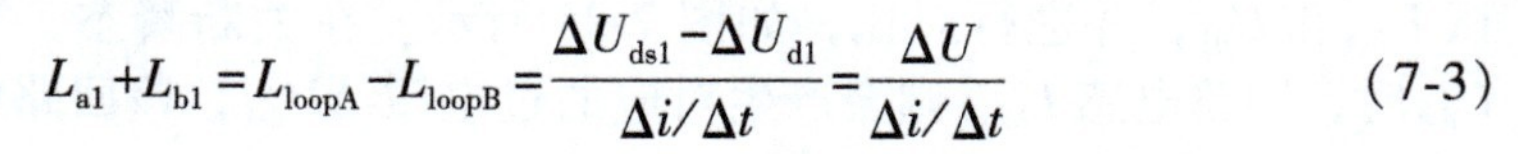

$$L_{a1}+L_{b1}=L_{loopA}-L_{loopB}=\frac{\Delta U_{ds1}-\Delta U_{d1}}{\Delta i/\Delta t}=\frac{\Delta U}{\Delta i/\Delta t} \tag{7-3}$$

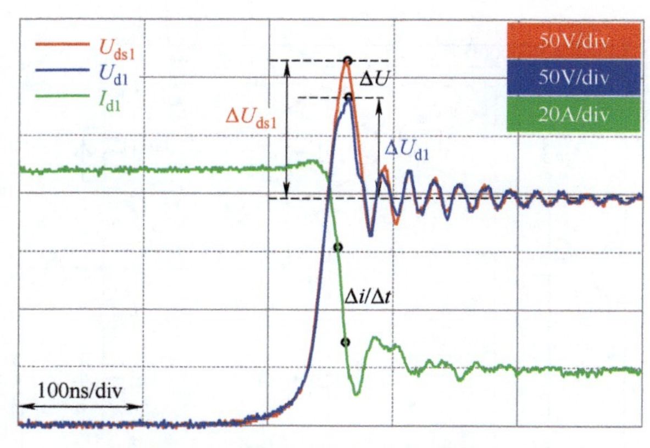


图 7-28　支路 1 的双脉冲测试波形

由于 $L_{loopA}$ 比 $L_{loopB}$ 大，所以从图 7-28 中可看到测得的 $\Delta U_{ds1}$ 大于 $\Delta U_1$。为了减小测量带来的误差，在不同电压等级下进行多组测试，并取平均值，测得的上桥臂支路 1 等效电感 $L_{H1}(L_{H1}=L_{a1}+L_{b1})$ 见表 7-3。其他支路等效电感都可通过同样方法测得，因此不再赘述。表 7-4 给出了上桥臂各支路的等效电感的测试值，可以看到上桥臂各支路电感相差不大。将测试值与计算值进行对比，可以看到虽然测试值与计算值十分接近但存在一定误差。两者之间的差距小于 1.5nH，考虑到实验以及有限元仿真带来的误差，该差值在可接受范围内。双脉冲测试结果验证了该叠层母排在动态过程中具有低感以及支路电感对称的特性，同时也验证了该设计方法的准确性。

表 7-3　支路 1 上桥臂的测试电感

| $U_{dc}$/V | $L_{H1}=L_{a1}+L_{b1}$/nH |
| --- | --- |
| 200 | 6.22 |
| 250 | 6.52 |
| 300 | 6.61 |
| 平均值 | 6.45 |

表7-4　各支路上桥臂等效电感测试值和计算值的对比

| $L_H$ /nH | 支路 | | | | | |
|---|---|---|---|---|---|---|
| | 1 | 2 | 3 | 4 | 5 | 6 |
| 测试值 | 6.45 | 6.04 | 6.85 | 6.66 | 6.45 | 6.78 |
| 计算值 | 5.13 | 5.52 | 5.67 | 5.74 | 5.87 | 6.14 |
| 差值 | 1.32 | 0.52 | 1.18 | 0.92 | 0.58 | 0.64 |

在静态过程中，上桥臂器件处于开通状态，而下桥臂器件处于关断状态。电流通过母排，上桥臂器件流向负载侧，等效电路如图7-29所示。理论上，此过程中等效寄生电感也可通过式（7-1）计算，寄生电阻则可通过测取母排两端电压除以测得的电流获得。但是，在实际过程中由于该阶段的时间是微秒级，相对于动态过程其电流变化率非常低，因此寄生电感两端感应电压会很小。母排寄生电阻在毫欧级，因此电阻两端电压也很小。此时，微小的电压测试误差将会带来较大的计算误差。比如，当负载电流为50A时，0.1V的电压测试误差将会带来2mΩ的寄生电阻测试误差。然而根据表7-2，可看到仿真得到的叠层母排最小支路的寄生电阻仅为1.2mΩ，2mΩ的误差显然难以接受。因此，直接测取母排中寄生电感和电阻参数并不适用。对于静态过程中的寄生参数以及建模方法的准确性可采取间接的方式进行验证，即将仿真得到的各支路电流，与测试得到的电流进行对比，如果十分接近，即可一定程度证明建模方法的准确性。在这之前，为了避免器件通态电阻的分散性对于静态电流的影响，利用图7-30所示的功率器件分析仪（Keysight B1506A）对器件进行筛选，挑选出参数较为接近的分立器件。

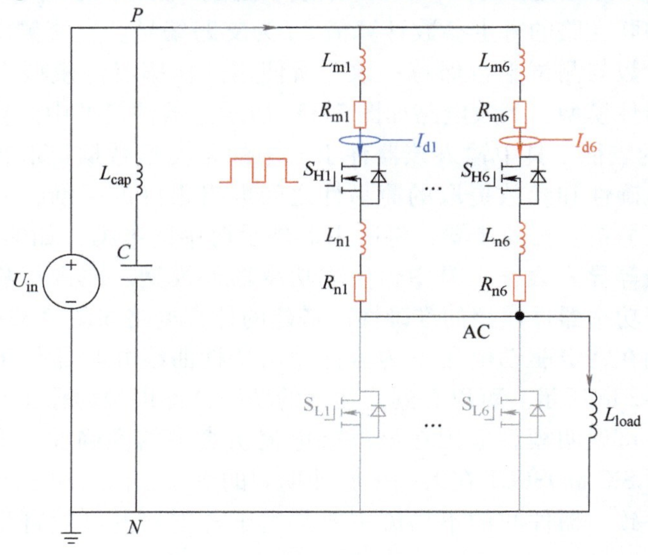


图7-29　静态电流测试电路图

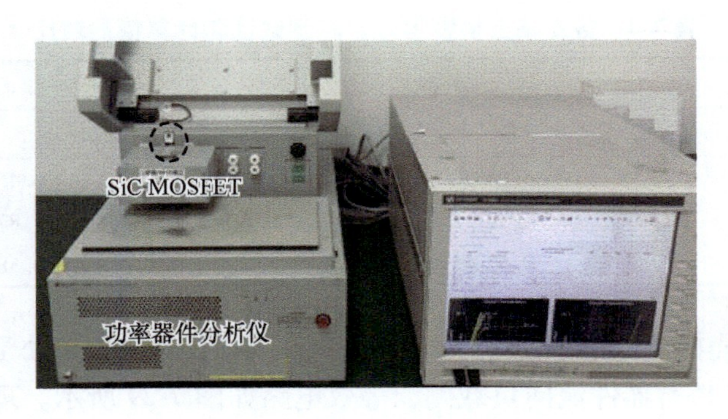


图 7-30　器件通态电阻筛选

图 7-31a 示出基于双脉冲测试平台测得的器件 3 和器件 4 的电流。由于示波器通道以及柔性电流探头数量的限制，一次只测得两个并联单管的电流。第一个脉冲期间的电流适合用来分析叠层母排的静态寄生参数，这是因为相比于第二个脉冲，第一个脉冲在开通时刻没有续流过程，从而削弱动态过程带来的耦合影响。将六个并联 SiC MOSFET 在第一个脉冲期间的电流数据进行对比，如图 7-31b 所示，可以看到并联器件间存在着静态不均流的现象。由于所用器件均通过功率器件分析仪进行了筛选，确保了器件通态电阻的一致性。因此，并联单管间存在静态不均流是叠层母排各并联支路静态寄生参数的不均衡性引起的。从图 7-31b 中可以看到各管电流的分布趋势与提取得到各并联支路等效寄生参数的分布趋势具有一致性。

在 Simplorer 中搭建如图 7-32 所示的仿真电路，电路中的 $L_{Hj}$ 和 $R_{Hj}$ 即为表 7-2 中上桥臂各并联支路的寄生参数计算值，$j$ 为支路编号。直流侧电压、负载电感以及驱动参数与测试平台保持一致。所使用的功率器件模型为 Simplorer 中的平均功率器件模型，等效电路如图 7-33a 所示。器件模型中的参数可以通过在 Simplorer 的表征工具中输入该器件手册中的各类型数据提取得到。该模型已被证明在准确性和参数提取的简易性之间取得很好的平衡，并涵盖了静态和动态的特征分析。按照步骤，将所用器件手册中的数据，如输出特性曲线、转移特性曲线等导入表征工具中，生成功率器件模型。在进行静态电流仿真之前，需验证功率器件模型的准确性。搭建的仿真电路如图 7-33b 所示，通过该电路可得到在特定驱动电压下的器件输出特性曲线并与器件手册数据进行对比，如图 7-33c 所示。可以看到，建立的功率器件模型的输出特性与器件手册中的一致，可说明模型应用在该静态电流仿真中的准确性。最终，通过仿真得到各并联 SiC MOSFET 在第一个脉冲期间的电流如图 7-34 所示。由于功率器件模型均一致，器件间的不均流主要是由于各支路的等效寄生电感和电阻不一致带来的。

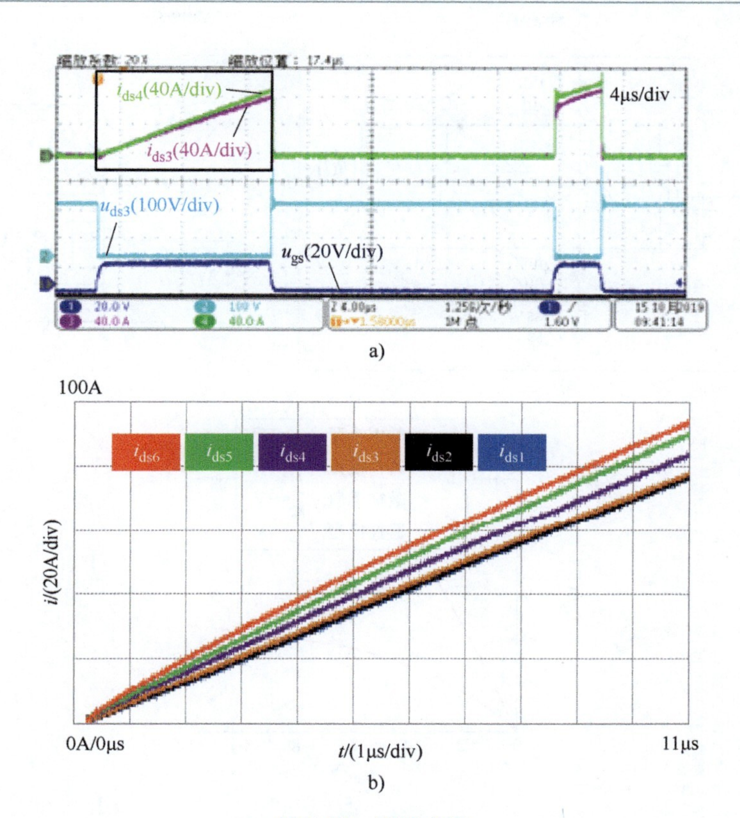


**图 7-31　测试电流**

a）器件 3 和器件 4 的双脉冲电流波形　b）6 并联单管在第一个脉冲期间的电流波形

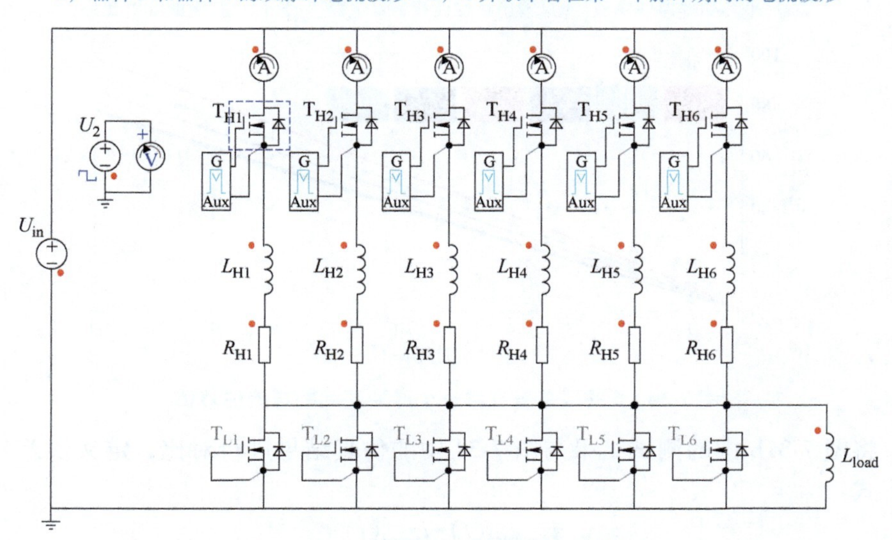


**图 7-32　基于 *RL* 模型的静态电流仿真电路**

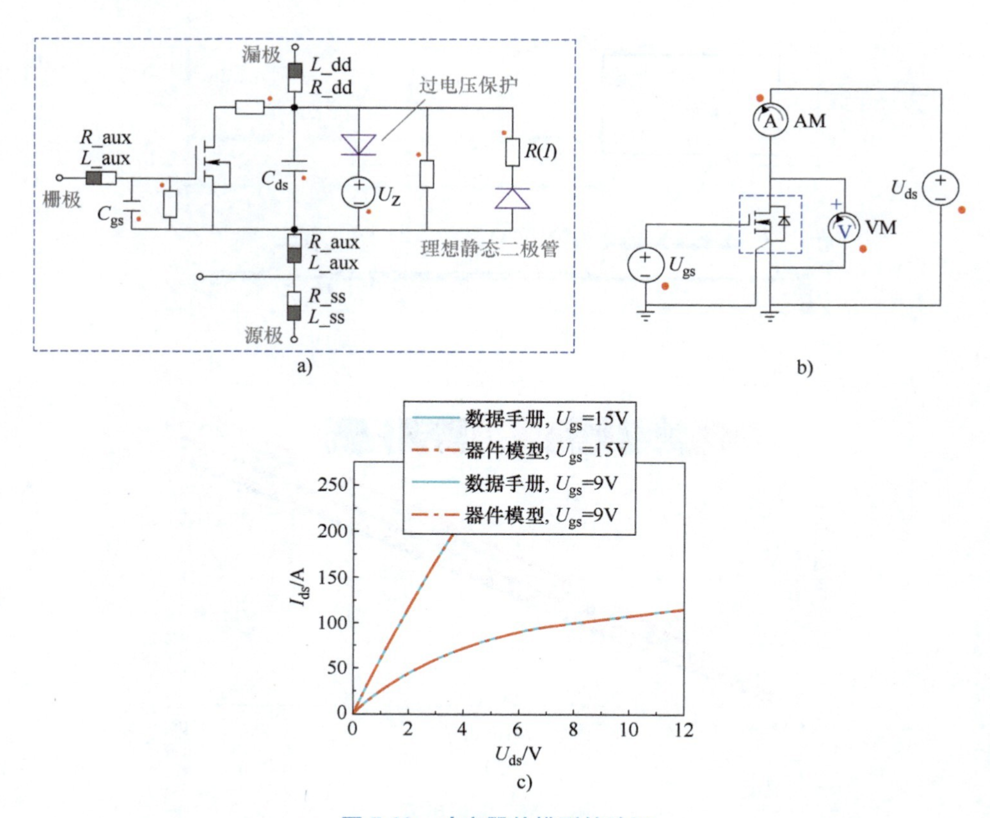


图 7-33 功率器件模型的验证

a）平均功率器件模型 b）输出特性曲线仿真电路 c）输出特性曲线对比

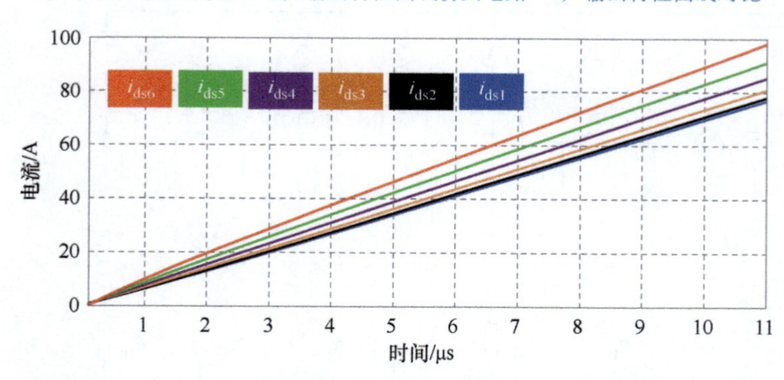


图 7-34 6 并联单管在第一个脉冲期间的电流仿真值

将图 7-31b 中的测试结果与图 7-34 中的仿真结果进行对比，定义误差公式如下式：

$$误差=\frac{i_{\text{simulated}}(t)-i_{\text{tested}}(t)}{i_{\text{tested}}(t)}\times 100\% \tag{7-4}$$

时间 $t$ 每隔 1μs 取值，误差计算结果如图 7-35a 所示。可以看到，只有少数几个点的误差接近 8%，大部分点的误差小于 4%甚至 2%。整体上，仿真结果与实际测试结果十分接近，可进一步证明建模方法的准确性。此外，现有大多数研究仅仅考虑了母排寄生电感。为了验证所提 $RL$ 模型的准确性，基于图 7-32 的电路分别仿真出只考虑寄生电感 $L$ 和寄生电阻 $R$ 时的各并联器件的静态电流，并进行误差分析，结果如图 7-35b 和 c 所示。对比图 7-35a，可以看到单电感 $L$ 模型和单电阻 $R$ 模型最大误差以及整体平均误差要比 $RL$ 模型要大很多，可说明基于单寄生参数模型评估静态电流不如 $RL$ 模型精确。因此在分立器件并联应用中，对于静态均流的分析，需要同时考虑外电路的寄生电感和寄生电阻。

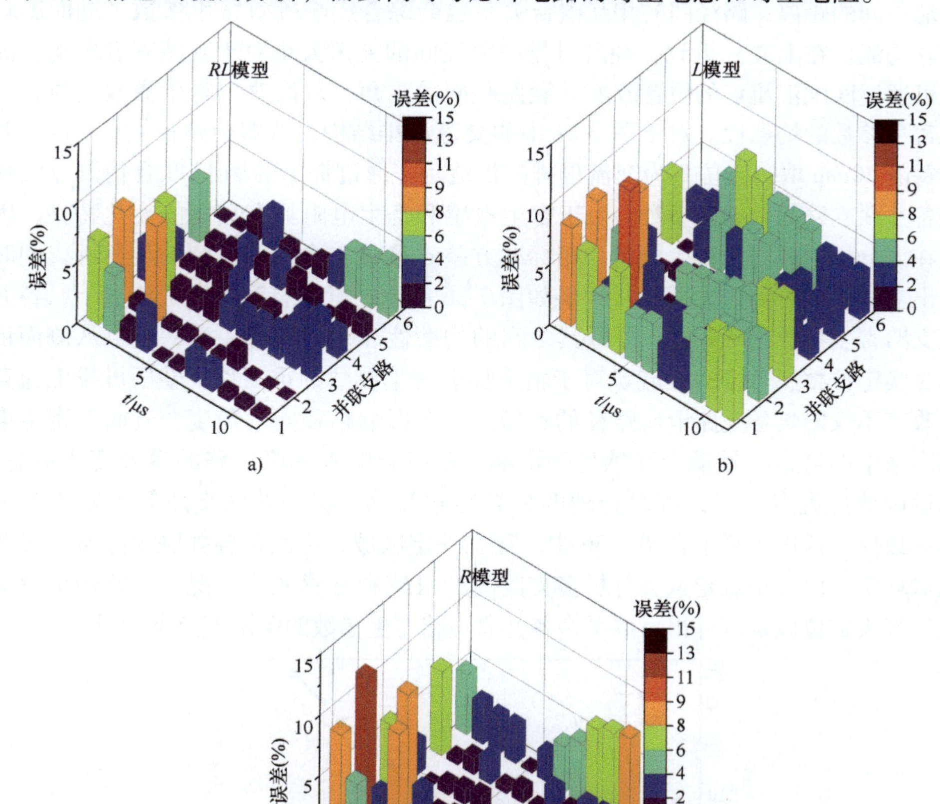


图 7-35　不同寄生参数模型的误差分析

a）$RL$ 模型　b）$L$ 模型　c）$R$ 模型

## 7.4 分立器件并联母排优化设计

### 7.4.1 汇流点选取对静态寄生参数的影响

所设计的初版分立器件并联模组存在着并联支路寄生参数不均衡的现象，因此需对其进行优化设计。在图 7-18 展示出的母排电流路径中可以看到，各并联端子与汇流点 AC 之间的路径长短有差异，其规律与提取的各支路静态寄生参数的变化趋势看起来一致。但实际上，叠层母排寄生参数的大小并不是简单取决于母排各端子间的距离，路径间的相互耦合关系也会综合影响等效寄生参数，进而影响并联均流。在上文分析到，叠层母排中路径间的夹角大小对于互感有着影响。因此可通过匹配汇流点的位置改变并联路径间的夹角，从而改变寄生参数网络，实现寄生参数的均衡性。对于图 7-24 中的交流母排结构，从图中路径 $l$ 的起点 $o$ 开始每隔 20mm 取一点仿真为交流母排的汇流点，通过提出的场-路联合仿真方法提取各并联支路等效寄生参数。由于寄生电感和寄生电阻具有相同的变化特性，因此在该分析中只展示寄生电感。用标准方差 $\sigma$ 衡量 6 个支路电感的均衡性，同时给出支路间电感的最大差值，结果如图 7-36 所示。可以看到不同汇流点下，各并联支路寄生参数均不相同，导致其之间的均衡性和差值均不一样，这也从侧面证明真实定位叠层母排的汇流点对于精准提取寄生参数的重要性。叠层母排汇流点的改变不仅影响各支路电流路径的长短，也会影响路径间的角度，进而对寄生电感网络中的自感以及耦合互感带来影响，最终影响各并联支路的等效寄生电感。通过调整汇流点位置，可以合理匹配自感和互感，实现并联支路等效寄生参数的一致性。这也解释了在图 7-36 中，存在一定区域，可使得各并联支路寄生参数相对均衡。由于很难定量去分析多支路间的自感和互感变化情况，因此借助参数化仿真去定位以及设计出可以平衡各并联支路寄生参数的关键汇流点位置。

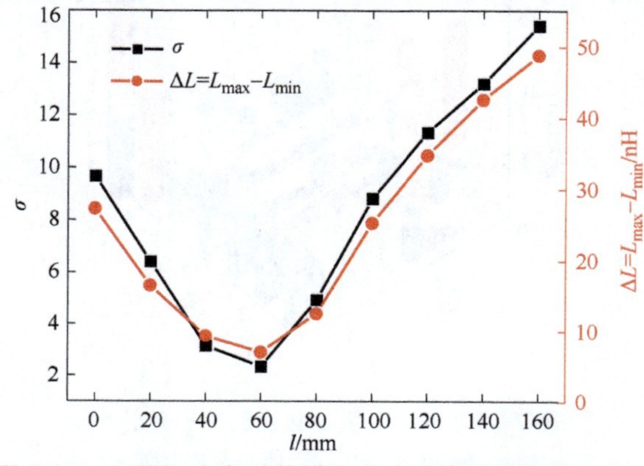


图 7-36 不同汇流点对并联支路寄生电感均衡性的影响

### 7.4.2　叠层母排优化

原 6 管并联型叠层母排除了各并联支路静态等效寄生参数存在较大差异性外，在实际工程应用中还存在如下问题：电容模组被设计在母排底部，对器件散热性能存在一定影响。另外单相母排独立装配，虽然可实现一定的模块化应用，但装配效率低。因此，综合以上问题，对该叠层母排进行优化设计，优化后的叠层母排结构如图 7-37a 所示，基于其搭建的分立器件并联型逆变器如图 7-37b 所示。

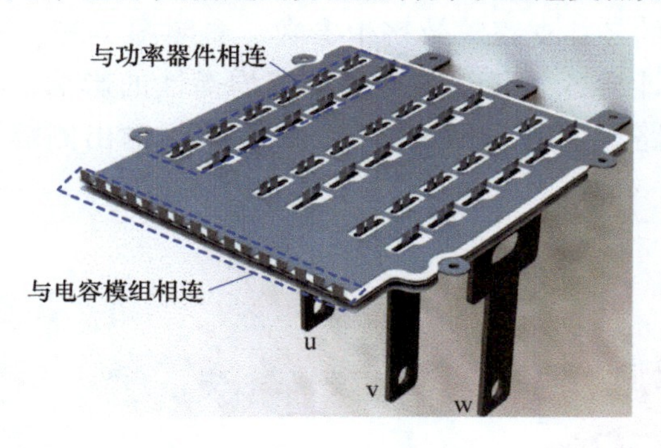


a)

b)

图 7-37　优化后的叠层母排结构及分立器件并联型 SiC 样机

a）三相叠层母排　b）逆变器平台

该叠层母排的具体优化设计过程如下，将电容模组从底部移至前端，与叠层母排前侧伸出的端子相连。针对各相母排单独安装带来的装配效率较低的问题，将三相母排设计为整体，便于统一装配。接着对寄生参数进行优化，图 7-38 展示出优化后的叠层母排在静态过程中的电流路径，可以看到各支路在正母排和交流母排中的电流路径并不均匀。基于上文分析可知，汇流点的位置会影响各并联路径的长短以及路径间夹角，进而影响路径的自感和互感，而并联支路的等效寄生电感是由自感和互感共同影响的。因此通过调整汇流点位置，从而合理匹配路径自感和路径间的互感，一定程度上可实现并联支路寄生电感的均衡性。基于该结论，可通过在交流母排中设计出合适汇流点的位置实现非对称路径的寄生参数对称布局。图 7-39 为优化后的交流母排结构，由于底部是散热器，接线端可从侧面引出。根据上文提出的汇流点定位方法，在图 7-39 示出的截面 $s$ 处算得电流达到了并联电流的总和，因此汇流点可定位在该位置。然后使得输出侧端子沿着路径 $l$ 从 $o$ 点向 $n$ 点移动，对其进行参数化仿真分析，提取出不同汇流点位置下的各并支路等效寄生参数。参照图 7-36、图 7-40 示出不同汇流点位置对优化设计后各并联支路寄生电感均衡性的影响，可以看到存在一定区域使的各并联支路寄生电感相对比较均衡，最终输出侧端子在该区域内伸出即可。

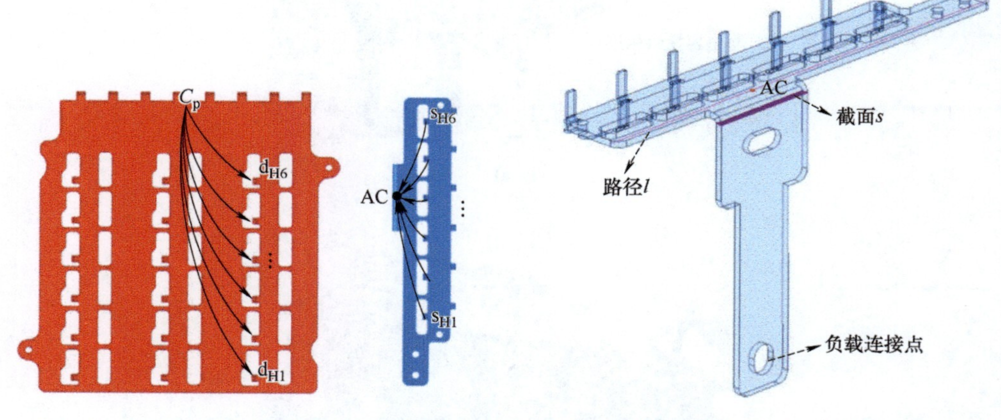


图 7-38　优化后叠层母排电流路径分析　　图 7-39　优化后交流母排汇流点

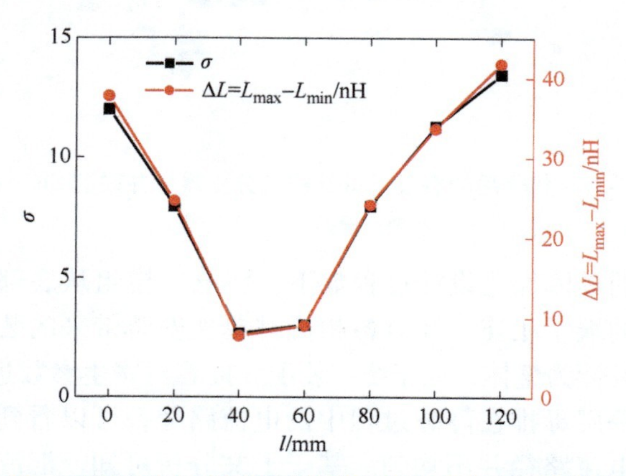


图 7-40　不同汇流点对优化后并联支路寄生电感均衡性的影响

动静态过程中，提取到的叠层母排各并联支路寄生参数分别见表 7-5 和表 7-6。可以看到动态过程中的寄生参数仍相差不大，而优化后的静态过程中各支路寄生参数比原先要均衡很多。

表 7-5　优化后动态过程中的寄生参数

| 电感 /nH | 支路 | | | | | |
|---|---|---|---|---|---|---|
| | 1 | 2 | 3 | 4 | 5 | 6 |
| $L_a$ | 4.3 | 4.2 | 4.9 | 5.3 | 5.8 | 5.2 |
| $L_b$ | 0.2 | 0.4 | 0.5 | 0.6 | 0.6 | 0.7 |
| $L_c$ | 4.0 | 4.1 | 4.1 | 4.0 | 3.8 | 3.9 |
| $L_d$ | 0.5 | 0.5 | 0.5 | 0.4 | 0.4 | 0.3 |
| $L_{total}$ | 9.0 | 9.2 | 10 | 10.3 | 10.6 | 10.1 |

表 7-6　优化后静态过程中的寄生参数

| 寄生参数 | 支路 | | | | | |
|---|---|---|---|---|---|---|
| | 1 | 2 | 3 | 4 | 5 | 6 |
| $L_H$/nH | 134.6 | 135.2 | 135.2 | 136.2 | 138.3 | 139.4 |
| $R_H$/mΩ | 1.6 | 1.7 | 1.8 | 1.9 | 2.1 | 2.2 |
| $L_L$/nH | 135.9 | 136.1 | 135.5 | 135.6 | 136.6 | 137.3 |
| $R_L$/mΩ | 1.6 | 1.7 | 1.7 | 1.8 | 1.9 | 2.0 |

### 7.4.3　实验验证

为了验证叠层母排优化设计的有效性，搭建了并联功率模组的双脉冲测试平台，测试得到第一个脉冲期间各并联 SiC MOSFET 电流，与未优化前的测试结果进行对比，从而验证静态均流的改善程度。

图 7-41a 为测试平台，同样的，利用功率器件静态测试仪对 SiC MOSFET 单管进行测试，筛选出通态电阻一致的器件，从而避免器件参数的分散性对静态均流的影响。双脉冲的测试条件与未优化前的测试平台保持一致，测得的第 3 管和 4 管电流波形如图 7-41b 所示。将 6 个 SiC MOSFET 在第一个脉冲期间的电流进行对比，如图 7-41c 所示。与图 7-31b 中优化前的测试结果进行对比，可以看到优化设计后的 6 管并联模组在第一个脉冲期间的各管电流明显均衡，静态均流得到显著的改善。该测试结果证明了所提优化设计方案的有效性。

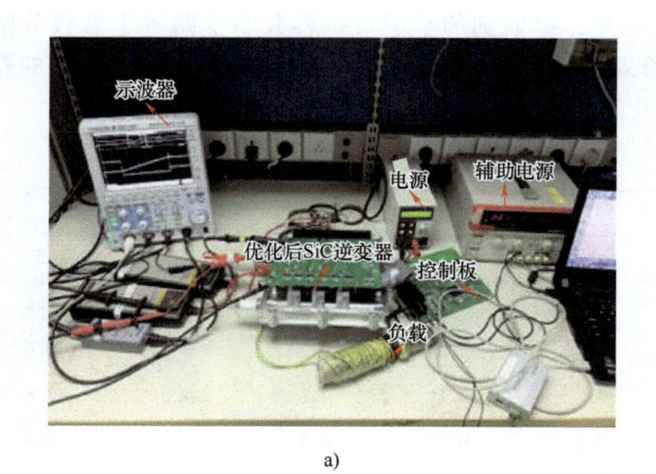


a)

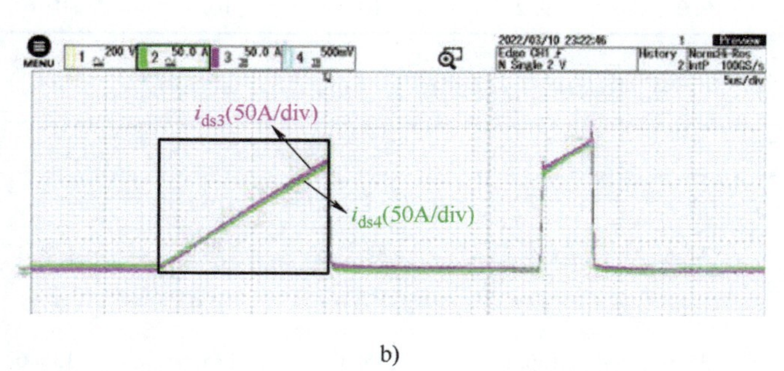


b)

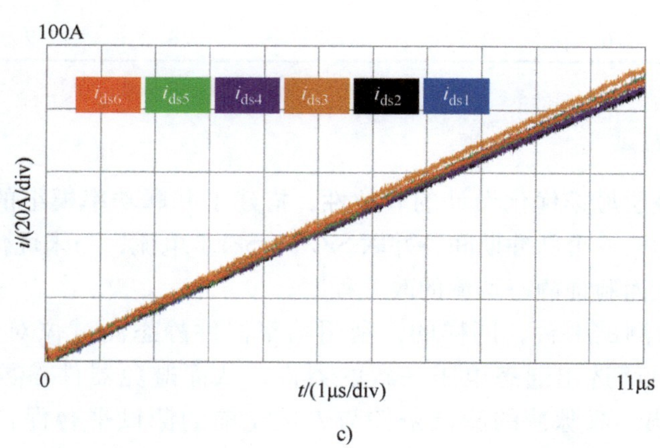


c)

图 7-41 优化后的 SiC 逆变器双脉冲测试

a）测试平台 b）示波器测试波形 c）上桥臂 6 管在第一个脉冲期间的电流

对于分立式 SiC MOSFET 并联模组，除了叠层母排各并联支路寄生参数的对称性设计外，各并联单管的均温性同样重要。这是因为阈值电压 $U_{th}$ 和通态电阻

$R_{ds}$与温度相关，不均衡的结温分布会带来上述参数的不一致，进而影响静态和动态电流。在分立器件并联型叠层母排设计的关键物理尺寸中，同桥臂并联器件间距 $d_3$ 和上下桥臂器件间距 $d_4$ 的大小同时也决定了散热器尺寸。在图 7-37a 展示的叠层母排结构中，在预留各槽口所需要的绝缘膜封边尺寸前提下，可尽量使得并联器件间紧密排列，同时上下桥臂间的间距也尽可能小，即通过减少 $d_3$ 和 $d_4$ 减小散热器的尺寸，实现高功率密度设计。然而较小的散热器尺寸可能会影响散热性能，因此需要对功率模组结构下的各并联器件进行温度预测，避免出现温升过高以及并联器件温度差异较大的问题。该样机的液冷散热器结构如图 7-42 所示，在软件 ICEPAK 中，可对该结构进行热仿真分析。将散热器的 CAD 模型经过转换导入 ICEPAK 中，选取冷板材料为 Al 合金材料，冷却液流体选择含有乙二醇的水溶液。入口流速为 2m/s，环境温度和进水口温度为 65℃，单芯片功耗 100W。通过 ICEPAK 仿真得到的散热器整体温度分布云图如图 7-43 所示。可以看到，散热器边缘位置管 1 的温度最低，这是因为其处在进水口侧，该位置水温相对最低。散热器另一边的管 6 温度比管 1 温度高，是因为出水口带出热量其温度比进水口温度略高。而在散热器中间位置的管 2、3、4 的温度相对

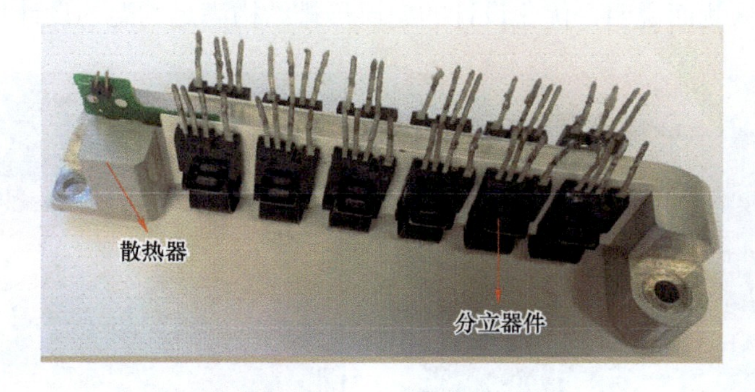


图 7-42　水冷散热器结构

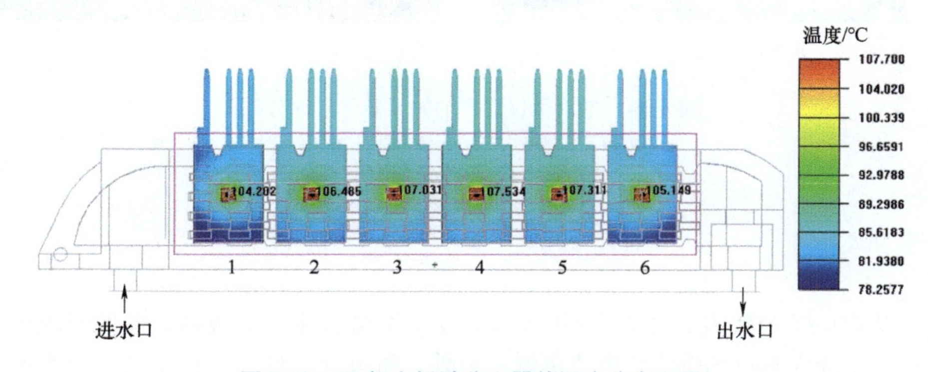


图 7-43　W 相上桥臂分立器件温度分布云图

最高，这是因为中间位置各管之间存在着较强的热耦合效应，其等效热阻比两边管子的要高。但总体上，并联器件的最大结温差都小于5℃，在其他工况仿真条件下，均有该结论。事实上，SiC MOSFET参数如通态电阻$R_{ds}$对于温度敏感性相对较弱，不如Si IGBT，5℃以内的温差不会带来较大的分散性。因此该分立器件并联结构能达到器件均温的设计要求。

热仿真分析的结论表明在各器件功耗一致的情况，该分立器件并联模组的布局方式能够实现一定的均温特性。接下来利用功率循环台对该分立器件并联模组进行温度测试，测试平台如图7-44a所示。由于W相上桥臂在边缘侧，便于利用热成像仪进行温度监控，因此将W相上桥臂作为测试对象。功率循环台在该测试中充当直流源，正极端与分立器件并联模组的叠层母排正端子相连，负极端与叠层母排交流端子相连，构成电流回路。将15V驱动信号接入上桥臂并联器件的门极和源极两端，使其长期保持导通状态。通过功率循环台将一定量电流注入各并联器件中，使其产生热耗，通过水冷散热装置达到热平衡，并通过热成像仪（FLIR T650sc）测取器件壳温。测试结果看到，靠近进水口位置的器件温度最小，出水口温度略高于进水口，中间管温度较高，并联器件间温度差不超过5℃。可从侧面说明，优化设计的叠层母排结构满足均温的设计目标。

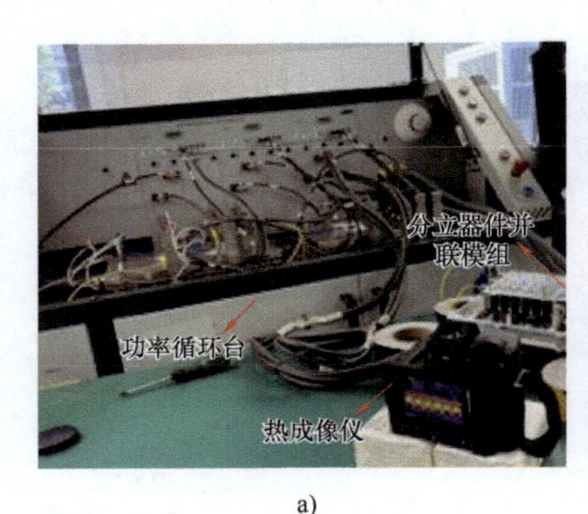


a)

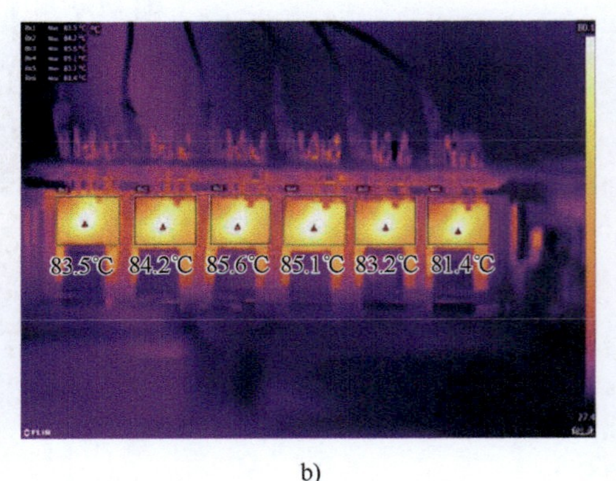


b)

图7-44　热成像仪测得的并联器件温度分布

a）温度测试平台　b）上桥臂器件温度分布

## 7.5　总结

以TO247为代表的分立式SiC MOSFET的封装技术更加成熟，器件资源相对丰富，综合成本较SiC功率模块更低。另外，将分立器件并联利于系统功率灵活扩展和平台化开发。上述因素使得分立式SiC MOSFET更容易在中低端的新能源汽车中商业化应用。本章以分立式 SiC MOSFET 为案例，介绍了基于分器件并联型功率模组的结构设计。首先通过分立器件与叠层母排的连接形式以及器件的布局方式展示了并联型功率模组的结构特征，并利用上一章所提建模方法揭示了不同布局和物理尺寸对动静态过程中等效寄生参数的影响规律，总结出相关设计原则。然后，基于所提设计原则开发出了初版 6 管并联型功率模组结构，并进一步通过实验验证了所提寄生参数建模方法的准确性。最后，针对该功率模组存在的静态电流不均衡现象，探究了汇流点位置对于静态等效寄生参数的影响规律，并进行了结构优化设计。本章所提设计思路为分立器件的模块化应用提供了一定的技术支撑，并在实际工程样机中得到应用，且已实现了量产。

# 附录 A 高压倍增器模块中的寄生电容

## A.1 带有寄生电容的倍增器的稳态运行

本书在第 2 章 2.2 节中介绍了倍增器的稳态运行。本节将讨论带有寄生电容的倍增器的稳态运行。

图 A-1 为带有寄生电容的倍增器的 LCC 电路图。在第 2 章 2.2 节中，介绍了没有寄生电容的电路，其中 LCC 的全桥输入被化简为一个方波电压源。并且，变压器绕组的寄生电容被加入到电路中，这是因为它们通常作为并联谐振电容 $C_p$ 的一部分被利用。实际上，在倍增器中连接了许多二极管和电容器以承受高电压，如图 A-1 所示。原则上，在倍增器中的任意两个电节点之间都存在寄生电容 $C_{pa}$。图 A-1 中展示了其中的一些作为示例。

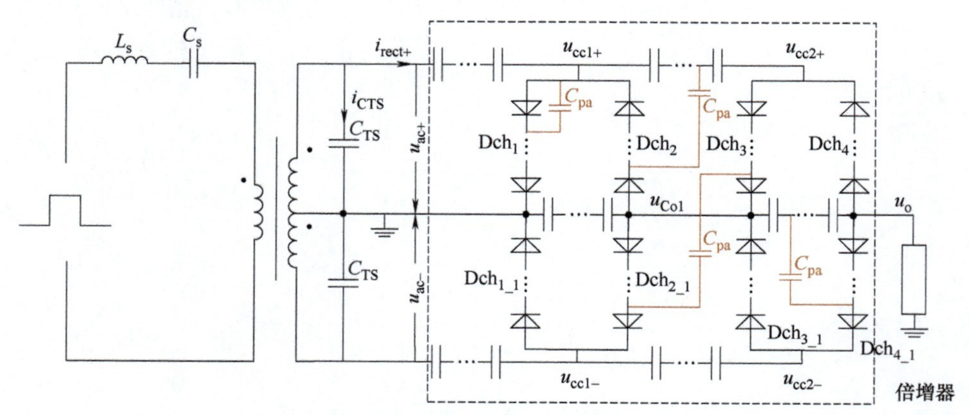


图 A-1 包含寄生电容的两级对称倍增器的 LCC 电路

在稳态分析中做了以下假设：倍增器中的寄生电容足够小，以确保 LCC 可以进入稳态，这意味着电路仍具有导电区间和非导电区间。此外，如果假设推挽电容器和输出电容器足够大，则它们仍可以充电并保持恒定电压。如果带有寄生电容的 LCC 电路不符合这个假设，则表明该电路无法正常工作，需要重新设计。

**1. 导电区间**

一旦电路进入导电区间，一半的二极管链将会导通。图 A-2 展示了当二极管链 $D_{ch1}$、$D_{ch3}$、$D_{ch2\_1}$ 和 $D_{ch4\_1}$ 导通时的情况。由于倍增器中的电容具有恒定电压，因此它们被电压源所代替。对于时变电流，可以将电压源看做短路。因此，倍增器中的任何寄生电容都会被 DC 电压源短路。更准确地说，这些寄生电容要么被大电容器短路，要么被导通的二极管短路。因此，在导电区间，倍增器中的寄生电容对电路运行没有影响。倍增器仍然可以化简为 DC 电压源，这与倍增器原理相同。

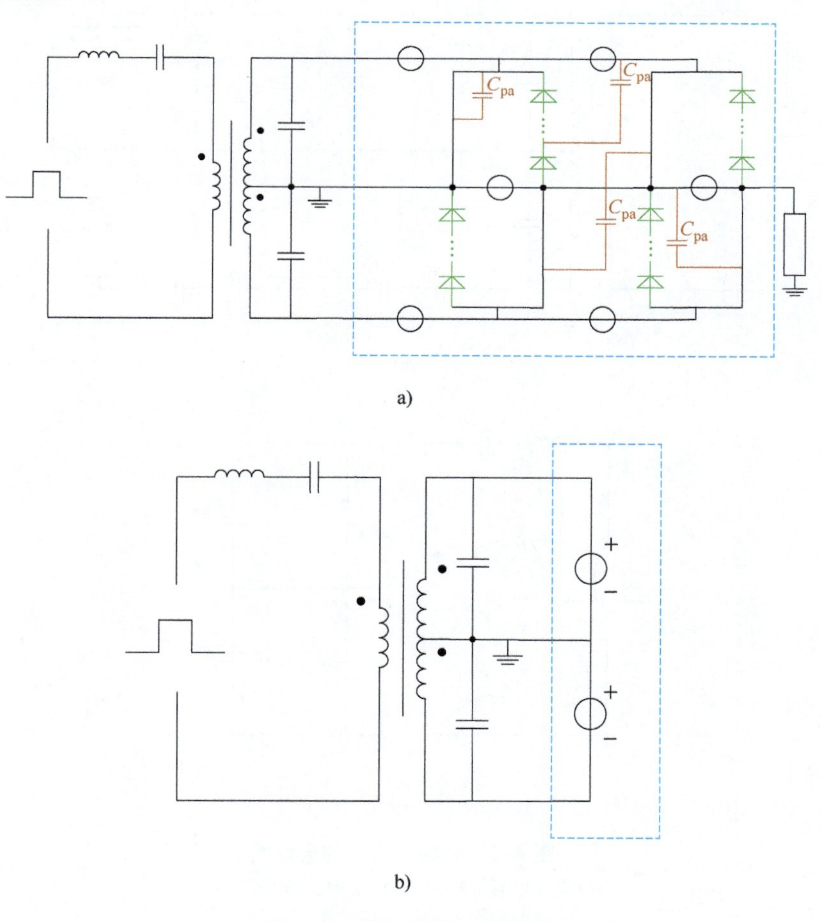


图 A-2　导电区间的电路图

a）寄生电容的作用　b）倍增器的等效电路

**2. 非导电区间**

当电路进入非导电区间时，所有二极管都截止，倍增器只剩下电容，同时负载被大的输出电容器短路。推挽电容器、输出电容器和众多寄生电容虽然以复杂的方式连接在一起，但是，这个复杂的电容网络可以化简为一个电容 $C_{em}$，如图 A-3b 所示。电容 $C_{em}$ 被称为倍增器的等效电容。$C_{em}$ 与变压器的二次侧绕组并联，因此是并联谐振电容 $C_p$ 的一部分。在非导电区间，电流流入倍增器并对电容 $C_{em}$ 进行充电。基于对 LCC 原理的分析，电容 $C_{em}$ 和 $C_{TS}$ 与电感 $L_s$ 和电容 $C_s$ 一起决定了电路的谐振频率。它们进一步确定了 LCC 的其他各种电路特性。

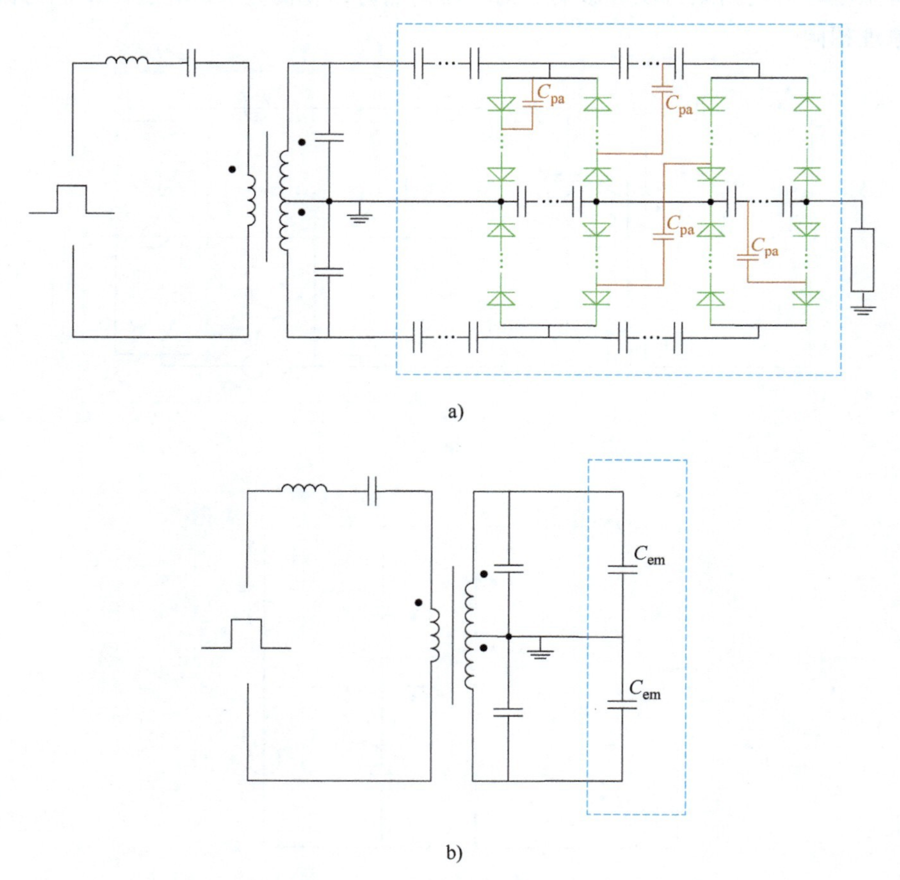


**图 A-3　非导电区间的电路图**

a）寄生电容的作用　b）倍增器的等效电路

图 A-4 展示了在如第 3 章 3.2 节所示的寄生电容完整模型下获得的稳态波形。波形与图 2-26 所示的理想 LCC 中所示的波形非常相似。不同之处在于，在非导电区间，有电流流入倍增器，图 A-4 中虚线圆圈所示。如果考虑倍增器寄生电容的 LCC 中的所有元器件与理想 LCC 相同，则由于存在寄生电容，前者的并联谐振频率低于后者。较低的谐振频率可能导致电路运行与设计不同，应该避免。

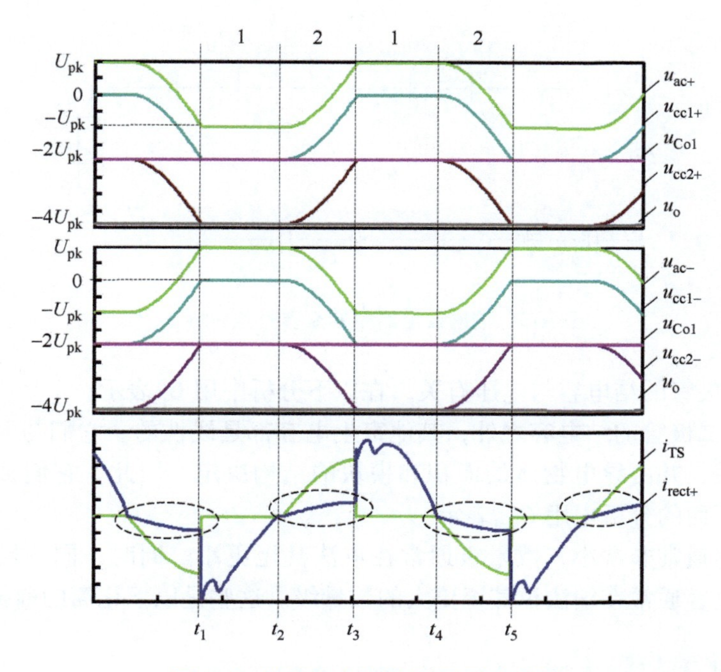


图 A-4 带寄生电容的 LCC 稳态波形

## A.2 倍增器电容网络化简

本节介绍了在非导电区间内化简倍增器的压控电容网络化简方法，以获取网络的等效电容。化简的目的是为了获得网络的等效电容，其定义在附录 A.3 中介绍。

图 A-5 展示了倍增器中众多寄生电容的一部分。在非导电区间，二极管截止。因此，该网络仅包含寄生电容 $C_{pa}$、推挽电容器 $C_{pp}$ 和输出电容器 $C_o$。假设电容 $C_o$ 足够大以至于其阻抗比 AC 分析中的负载低得多。因此，负载被电容 $C_o$ 短接，并且对网络的等效阻抗没有影响。输入端的两个同相 AC 电压源代表变压器的输出。

网络中的寄生电容可以分为两种类型。一种是压控电容，另一种是线性电容：

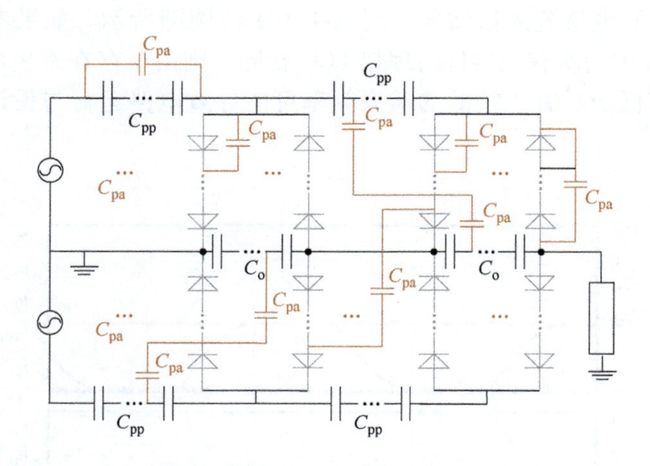


图 A-5 倍增器电路中的众多寄生电容 $C_{pa}$

1）二极管的结电容与电压有关，在以下分析中用 $C_j$ 表示；

2）除二极管的结电容之外，其他寄生电容都是线性的。它们与元器件外部的电场有关，并由导电物体的面积和模块的结构决定。因此，它们被称为结构电容，在下面的分析中用 $C_{stru}$ 表示。

结电容通常非常小，数量级通常在皮法甚至更小。同时，同一网络中的推挽和输出电容通常在纳法拉甚至更大的数量级。这些是以下化简的前提。

## A. 2. 1 化简步骤 1

图 A-6 展示了电容网络化简的第一步。在此步骤后，二极管与推挽电容器和输出电容器之间的结构电容可以被大幅化简。

从图 A-6a 中可以看出，二极管链上的一个电节点通过多个结构电容连接到大电容器，即推挽电容器和输出电容器。在倍增器中，大电容器具有恒定电压。在线性电容网络的交流分析中，在不改变网络阻抗的情况下，可以用短路代替恒压源。然而，在同时包含压控电容和线性电容的网络中，这种替换通常不成立，因为它可能会改变压控电容上的初始电压。因此，如图 A-6 所示，推挽电容器和输出电容器不能通过短路移除。它们应该被保留在网络中，以维持 $C_j$ 上的初始电压。虽然无法通过短路替换大电容器，但是结构电容的端点，如 $C_{stru2}$，可以沿着大电容 $C_{pp}$ 的链移动。因此，由于移动后的并联关系，连接节点和推挽或输出电容之间的结构电容可以合并为一个电容，如图 A-6b 所示。这种移动不会改变 $C_j$ 上的电压。由于输出电容接地，所以电容 $C_{stru1}$ 的底部端子可以全部移动到地。

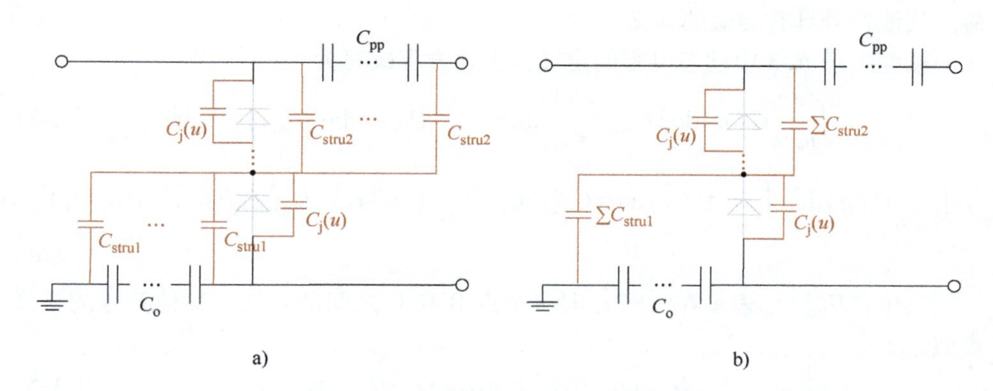


**图 A-6 化简二极管、推挽电容器和输出电容器之间结构电容的过程**

a）化简前 b）化简后

上述化简过程证明如下：

图 A-7a 展示了倍增器中的典型电路。推挽电容 $C_{pp}$ 和输出电容 $C_o$ 可以被恒压源所代替，如 A-7b 所示。

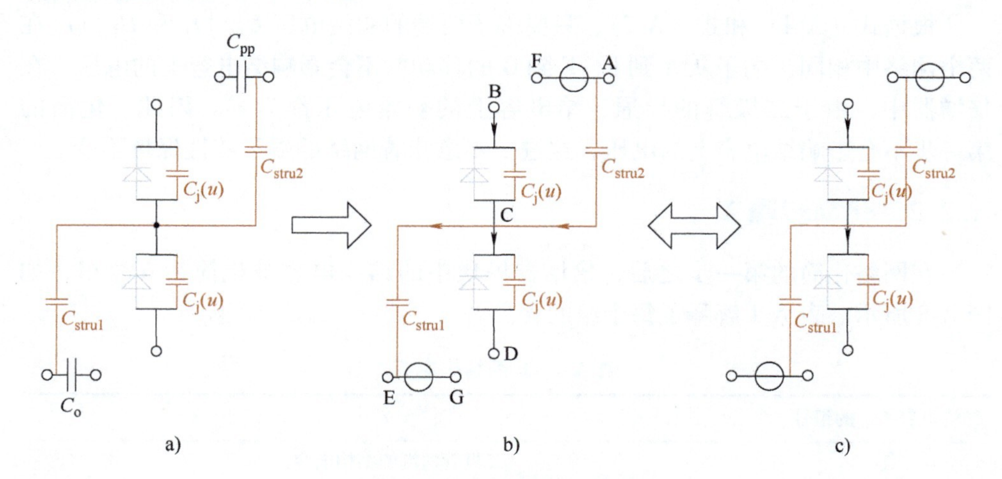


**图 A-7 化简步骤 1 示意图**

a）倍增器中寄生电容网络典型拓扑 b）$C_{pp}$ 和 $C_o$ 用恒压源代替 c）恒压源连接点可以移动

在网络 A-7b 中，根据基尔霍夫电流定律：

$$i_{BC}+i_{AC}=i_{CD}+i_{CE} \tag{A-1}$$

因此

$$\int_{Q_{BC}|t_1}^{Q_{BC}|t_2}\mathrm{d}Q+\int_{Q_{AC}|t_1}^{Q_{AC}|t_2}\mathrm{d}Q=\int_{Q_{CD}|t_1}^{Q_{CD}|t_2}\mathrm{d}Q+\int_{Q_{CE}|t_1}^{Q_{CE}|t_2}\mathrm{d}Q \tag{A-2}$$

其中，$Q_{BC}\mid t_1$ 表示在任何时间点 $t_1$ 时存储在节点 B 和 C 之间的电容 $C_j$ 中的电荷。其他符号具有类似的含义。

根据附录 A. 3 中动态电容的定义，上述方程改写为

$$\int_{U_{\mathrm{BC}}|t_1}^{U_{\mathrm{BC}}|t_2} C_{\mathrm{j}}(u)\,\mathrm{d}u + C_{\mathrm{stru2}}\int_{U_{\mathrm{AC}}|t_1}^{U_{\mathrm{AC}}|t_2}\mathrm{d}u = \int_{U_{\mathrm{CD}}|t_1}^{U_{\mathrm{CD}}|t_2} C_{\mathrm{j}}(u)\,\mathrm{d}u + C_{\mathrm{stru1}}\int_{U_{\mathrm{CE}}|t_1}^{U_{\mathrm{CE}}|t_2}\mathrm{d}u \tag{A-3}$$

$$\int_{U_{\mathrm{BC}}|t_1}^{U_{\mathrm{BC}}|t_2} C_{\mathrm{j}}(u)\,\mathrm{d}u - \int_{U_{\mathrm{CD}}|t_1}^{U_{\mathrm{CD}}|t_2} C_{\mathrm{j}}(u)\,\mathrm{d}u = C_{\mathrm{stru1}}(U_{\mathrm{CE}}\mid t_2 - U_{\mathrm{CE}}\mid t_1) - C_{\mathrm{stru2}}(U_{\mathrm{AC}}\mid t_2 - U_{\mathrm{AC}}\mid t_1) \tag{A-4}$$

其中，$U_{\mathrm{BC}}\mid t_1$ 表示在时间 $t_1$ 时刻节点 B 和 C 之间的电压。其他符号的含义类似。

$$U_{\mathrm{AC}}\mid t_2 - U_{\mathrm{AC}}\mid t_1 = U_{\mathrm{FC}}\mid t_2 - U_{\mathrm{FC}}\mid t_1 \tag{A-5}$$

$$U_{\mathrm{CE}}\mid t_2 - U_{\mathrm{CE}}\mid t_1 = U_{\mathrm{CG}}\mid t_2 - U_{\mathrm{CG}}\mid t_1 \tag{A-6}$$

因此，式（A-4）右侧的项变为

$$\int_{U_{\mathrm{BC}}|t_1}^{U_{\mathrm{BC}}|t_2} C_{\mathrm{j}}(u)\,\mathrm{d}u - \int_{U_{\mathrm{CD}}|t_1}^{U_{\mathrm{CD}}|t_2} C_{\mathrm{j}}(u)\,\mathrm{d}u = C_{\mathrm{stru1}}(U_{\mathrm{CG}}\mid t_2 - U_{\mathrm{CG}}\mid t_1) - C_{\mathrm{stru2}}(U_{\mathrm{FC}}\mid t_2 - U_{\mathrm{FC}}\mid t_1) \tag{A-7}$$

根据式（A-4）和式（A-7），只要端子两端的初始电压 $U_{\mathrm{BC}}\mid t_1$ 和 $U_{\mathrm{CD}}\mid t_1$ 在两个网络中相同，端子从 A 到 F、E 到 G 的移动就不会影响结电容上的电压。在倍增器中，由于二极管的导通，结电容上的初始电压都为零。因此，化简的第一步不会影响结电容上的电压，这进一步意味着网络的端子特性保持不变。

### A. 2. 2　化简步骤 2

在网络化简的第一步之后，倍增器模块中的结构电容被化简为 6 个组，如图 A-8 所示。表 A-1 解释了每个组的含义。

**表 A-1　6 组结构电容**

| 结构电容 $C_{\mathrm{stru}}$ 的组号 | 含义 |
|---|---|
| ① | 二极管两端的结构电容 |
| ② | 二极管和推挽电容器之间的结构电容，它由等效电容 $\sum C_{\mathrm{stru2}}$ 表示，如图 A-6 所示 |
| ③ | 二极管与地之间的结构电容，它由等效电容 $\sum C_{\mathrm{stru1}}$ 表示，如图 A-6 所示 |
| ④ | 推挽电容器与地之间的结构电容 |
| ⑤ | 推挽电容器两端的结构电容 |
| ⑥ | 输出电容器两端的结构电容 |

图 A-8 展示的电容网络可以进一步化简。图 A-9 展示了一个化简的示例。

图 A-9 展示了一个典型的子网络，包含一个结构寄生电容和两个推挽电容器。子网络有三个端口，连接到一个未知的外部电路。只要满足图中所示的两

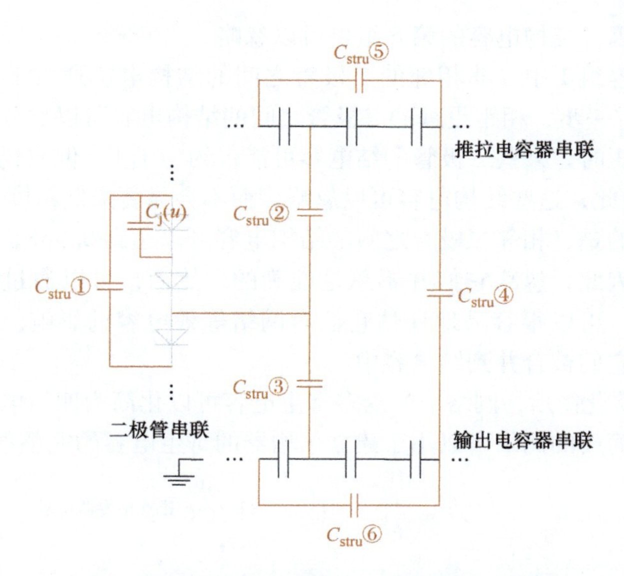


图 A-8　化简步骤 1 之后结构电容的所有可能位置

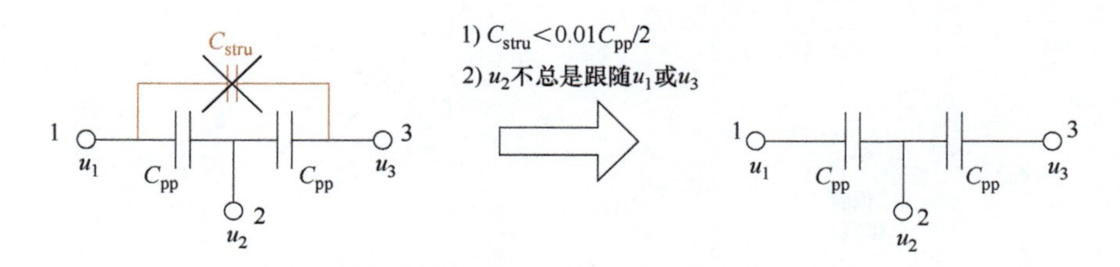


图 A-9　推挽电容器之间的结构寄生电容化简

个条件，左侧子网络就可以化简为右侧子网络。

1）第一个条件表示电容 $C_{stru}$ 比串联的电容 $C_{pp}$ 小很多。系数 0.01 取决于化简后的期望精度误差。这里的误差大约为 1%。在倍增器中，电容 $C_{pp}$ 比结构电容大 1000 倍以上，因此这个条件成立。

2）第二个条件表示，如果有一个时变电流，它不会被迫流过结构电容 $C_{stru}$。如果 $u_2$ 总是跟随 $u_1$，电流就不会流经节点 1 和 2 之间的 $C_{pp}$，而是被迫流经 $C_{stru}$。在图 A-5 所示的电容网络中，2 和 1 或 3 之间的唯一元件是寄生电容。它们不能强制节点 2 的电压始终跟随节点 1 或 3。因此，在倍增器中这个条件总是成立的。

这两个条件确保时变电流不会流经高阻抗通路，即包含小电容 $C_{stru}$ 的通路。因此，在交流分析中可以忽略电容 $C_{stru}$。上述化简中的规则也适用于具有更多串联推挽电容器的情况。因此，在网络中可以忽略结构电容的第 5 组。

同样的原因，结构电容的第6组也可以忽略。

在结构电容组1中，非相邻的二极管之间的结构电容通常非常小，通常低于0.1pF。更进一步，相距更远的二极管之间的结构电容可以比0.1pF更小。虽然当施加高电压时，某些二极管的结电容可能仅约为1pF，但它仍比结构电容至少大10倍。因此，这些结构电容可以忽略，而不会显著降低精度。

值得一提的是，相邻二极管之间的结构电容可以达到0.5pF，与某些情况下结电容相当。因此，忽略它们并不总是准确的。然而，可以通过将它们的电容加到结电容中，可以很容易地评估它们对网络等效电容的影响。因此，在下一节的分析中，它们被合并到结电容中。

经过第二次化简后，网络中的众多寄生电容可以化简为四组电容，如图A-10所示。这个化简后的网络可以用于建立倍增器的寄生电容的完整模型。

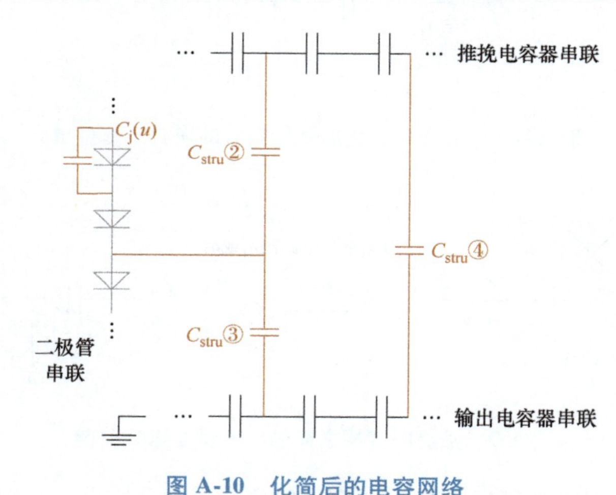


图A-10　化简后的电容网络

## A.3　电容的定义

在本节中，介绍了与压控电容的两个定义，这非常重要。电容器是一种无源的双端电子元件，用于储存电场能量。电容值是电容器储存电荷的能力。电容值的定义有两种方式。

**1. 静态电容**

$$C=\frac{Q}{U} \tag{A-8}$$

式中，$C$表示电容量；$Q$表示储存在电容器中的电荷量；$U$表示电容器电极之间的电压。

**2. 动态电容**

$$C=\frac{\mathrm{d}Q}{\mathrm{d}U} \tag{A-9}$$

对于线性电容器而言，两种定义的电容相同。电容取决于电容器的物理结构和介质的介电常数。然而，对于非线性电容器，如压控电容器，通过动态电容的定义所得到的电容与通过静态电容的定义所得到的电容是不同的。在本书中，动态电容被用来描述压控电容器的电容，也称为小信号电容。

## A.4 3D FE 电磁场仿真

本节将介绍为获得倍增器模块中众多结构电容的 3D FE 电磁场仿真。首先介绍了倍增器模块的 3D FE 电磁模型，然后展示了仿真结果。

### A.4.1 倍增器模块的 3D FE 电磁模型

在第 3 章中进行分析的倍增器模块包含二极管、推挽电容和输出电容器、接地容器、绝缘油、PCB、焊接垫和连接线。图 A-11 展示了该模块的示意图。在图 3-23 所示的实验平台中，模块中还有用于电容器电压平衡的电阻和连接不同 PCB 的导体等组件。因为它们的表面尺寸非常小，对结构电容的影响很小，所以它们在示意图和 3D 模型中被忽略。

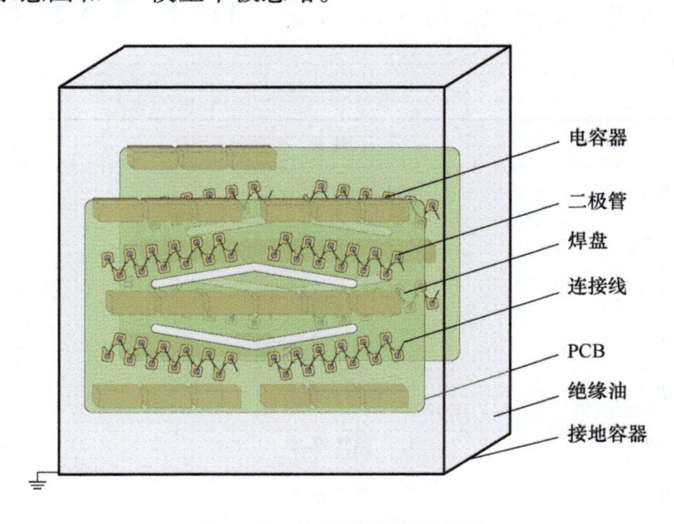


图 A-11 倍增器模块示意图

图 A-11 中，每个 PCB 是多级倍增器的一级。电路板采用相对介电常数为 4.4 的 FR4 材料。在 PCB 的一侧安装有 96 个焊接在焊盘上的未封装的 SiC 二极管，它们通过金属键合线连接。在另一侧，焊接了 18 个 HV 推挽电容器和输出电容器。绝缘油的相对介电常数为 2.2。

为了化简仿真的复杂性，需要对 3D 模型进行化简。由于仿真的目标是获取结构电容，化简的原则是保持元器件的表面金属面积和空间位置与实际情况相同。二极管和 HV 电容器内部结构是倍增器模块中最复杂的，因此分别详细介绍其模型化简。

### A.4.1.1 二极管模型化简

图 A-12 展示了来自某研究机构的 JBS SiC 二极管的内部结构。当二极管截止时，半导体区域可以被视为电介质。

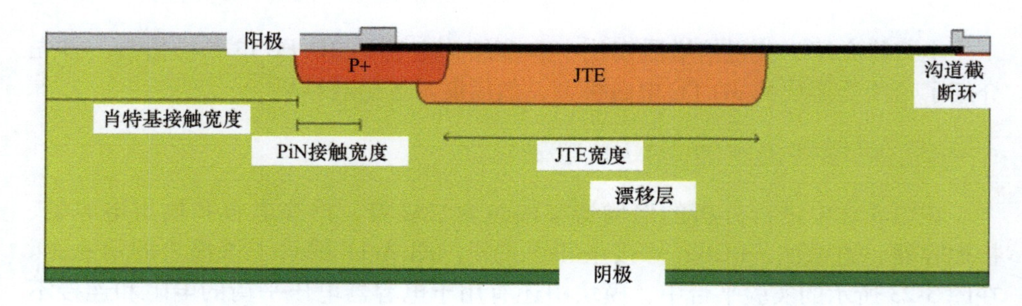


图 A-12 结势垒肖特基（JBS）SiC 二极管的内部结构

截止的二极管化简模型如图 A-13a 所示，其尺寸见表 A-2，焊盘的模型如图 A-13b 所示。

表 A-2 化简二极管模型和焊盘模型的尺寸

| | 概念 | 尺寸/μm |
|---|---|---|
| $W_1$ | 肖特基接触宽度 | 700 |
| $W_2-W_1$ | 掺杂宽度 | 270 |
| $W_3$ | 芯片尺寸 | 2000 |
| $T_1$ | 阳极金属厚度 | 4.5 |
| $T_2$ | 耗尽层厚度 | 45 |
| $T_3+T_1$ | 晶片厚度 | 396 |
| $W_4$ | 焊盘宽度 | 5000 |
| $T_4$ | 焊盘厚度 | 50 |

由于二极管内部结构复杂且尺寸比（最大尺寸/最小尺寸）过大，在 3D FE

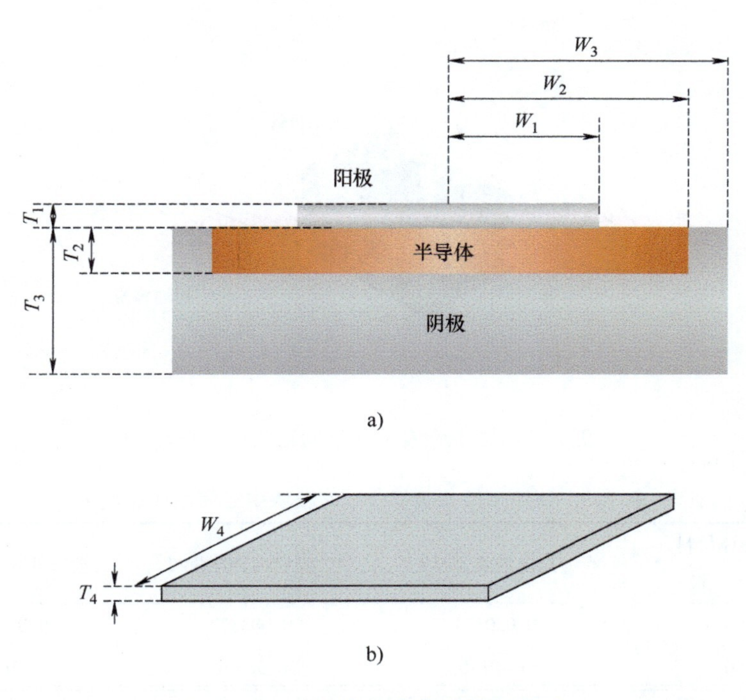


图 A-13　二极管和焊盘的化简模型

a）二极管　b）焊盘

仿真时会导致网格数过多，因此其内部结构需要大幅化简。图 A-13 展示了两种可能的简化仿真模型，其中尺寸见表 A-2。图 A-13a 模型大幅简化了二极管内部结构，而图 A-13b 则直接仅用焊盘来代替。为了确保二极管内部结构化简不会影响外部结构电容的获取，可以通过检查二极管外部空间电场能量变化来确认二极管内部结构化简是否对结构电容产生了影响。

图 A-14 展示了一个包含二极管模型、PCB 和接地容器的 3D FE 电磁模型。该模型旨在证明空间电场能量仅受二极管模型内部属性轻微影响。表 A-3 展示了两个模型的仿真结果。其中一个模型每条链路有 3 个二极管，另一个模型每条链路有 16 个二极管。两种模型中分别施加了相同的电压激励。半导体材料的相对介电常数分别设置为 9. 8 和 980，两种情况下，二极管的电场内部电场能量增加了 100 倍。然而，通过两个模型仿真结果可以看到，二极管外部空间电场能量变化很小。结果表明，结构电容与二极管模型内部结构关联度很低，它们更多地取决于倍增模型中元器件的表面尺寸。由于焊盘的表面积比二极管大得多，如果仅考虑二极管外表面仍然导致模块整体 3D 模型过于复杂，那么在 3D 仿真中甚至可以完全忽略二极管模型，仅采用焊盘模型。

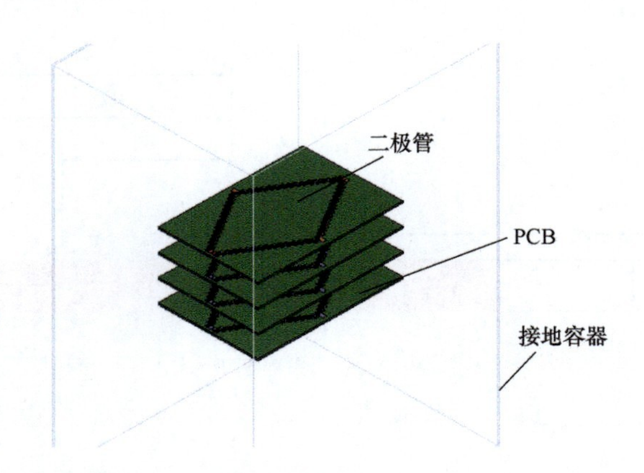


图 A-14 二极管化简模型验证的仿真模型

表 A-3 使用不同二极管模型时模块中空间电场能量

| $\varepsilon_r$ 半导体材料（每串 3 个二极管） | 总电场能量/J | 二极管内部能量/J | 二极管外部空间能量/J |
| --- | --- | --- | --- |
| 9.8 | 0.020134 | 0.003879 | 0.016255 |
| 980 | 0.40146 | 0.38501 | 0.01645 |
| $\varepsilon_r$ 半导体材料（每串 16 个二极管） | 总电场能量/J | 二极管内部能量/J | 二极管外部空间能量/J |
| 9.8 | 0.052313 | 0.000771 | 0.051542 |
| 980 | 0.12545 | 0.073717 | 0.051733 |

### A.4.1.2 电容模型的化简

图 A-15 展示了 HV 电容器内部结构。由于内部电极的交错排列，电容器可以看成由六个内部电容串联形成，其电势沿着横向逐步增大，内部电场分布如图 A-15 所示。

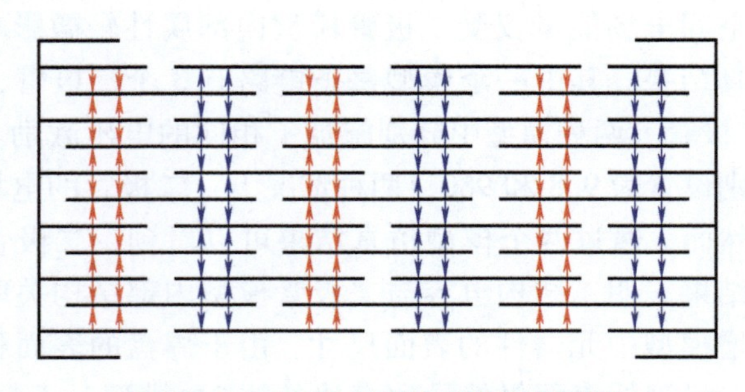

图 A-15 HV 电容器内部结构展示图

图 A-16 展示了电容器的两种仿真模型，它们被放置在倍增器模块的 3D 模型中，如图 A-17 所示。同样地，通过对比两种情况下的外部空间电场能量可以研究电容器模型内部结构是否对结构电容产生影响。与二极管类似，仿真中将介电材料的相对介电常数从 1 增加到 1000，以观察电容器内部电场能量在大范围波动下对外部能量产生的影响。

表 A-4 展示了采用使用不同电容仿真模型对外部空间电场能量的影响。可以看到，不同电容仿真模型内部结构和材料属性对电容器内部电场能影响显著，但对外部空间电场能量影响不大，也就是说对结构电容影响较小。因此，为了化简仿真，图 A-16b 中展示的模型是本书仿真寄生电容的首选。

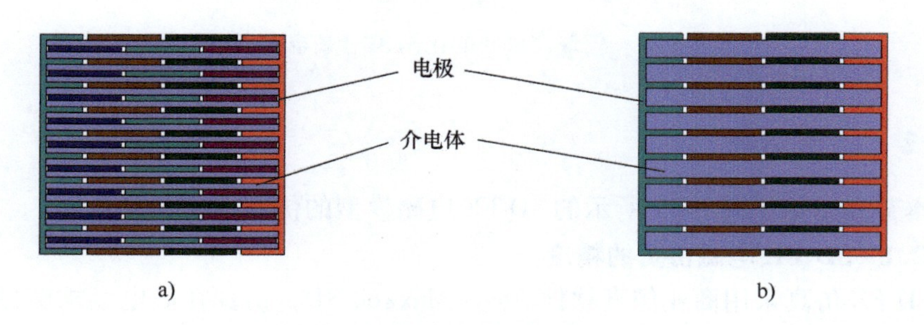


图 A-16　电容器的化简模型

a）交错排列模式　b）化简模式

表 A-4　使用不同电容仿真模型的模块空间电场能量

| | Cap 模型（图 A-16a），$\varepsilon_r=1$ | Cap 模型（图 A-16a），$\varepsilon_r=1000$ | Cap 模型（图 A-16b），$\varepsilon_r=1$ | Cap 模型（图 A-16b），$\varepsilon_r=1000$ |
|---|---|---|---|---|
| 电容器中的能量/J | $4.7\times10^{-8}$ | $3.9\times10^{-5}$ | $1.7\times10^{-7}$ | $1.7\times10^{-4}$ |
| 空间能量/J | $5.0\times10^{-6}$ | $5.3\times10^{-6}$ | $5.1\times10^{-6}$ | $5.66\times10^{-6}$ |

#### A.4.1.3　倍增器模块的 3D FE 电磁模型

除了二极管和 HV 电容器之外，倍增器模块中其他元件的化简如下所列：

1）在 3D 模型中，省略键合线；

2）在 3D 模型中，省略了电压平衡电阻器；

3）在 3D 模型中，省略金属连接柱条和其他小型铜线；

4）在 3D 模型中省略 PCB 板中的所有通孔；

5）在 3D 模型中的焊盘只有单面。

通过以上的化简，创建了倍增模块的 3D FE 电磁模型，如图 A-17 所示。其中，二极管采用图 A-13b 中的模型，电容采用图 A-16b 中的模型。

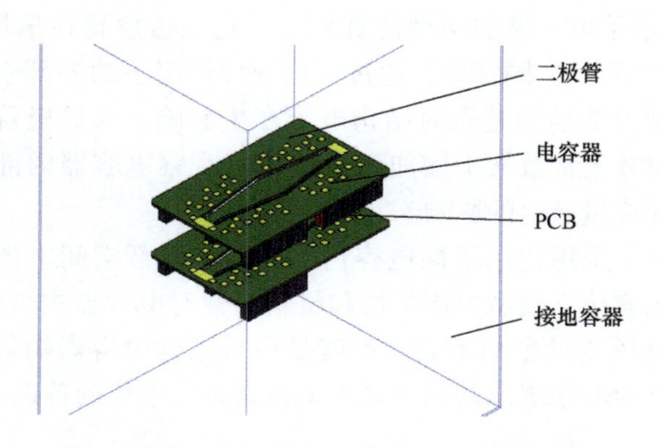


图 A-17　倍增器模块的化简 3D FE 电磁模型

## A. 4. 2　仿真结果

本节介绍基于图 A-17 所示的 3D FE 电磁模型的仿真结果。

### A. 4. 2. 1　3D FE 电磁仿真的精度

3D FE 仿真采用商业仿真软件 Ansys Maxwell 3D，仿真在静电场求解器中运行的。在此求解器中，电场强度是通过对 3D 模型施加电压激励求解获得，进一步，通过场强可以计算出电荷。图 A-18a 展示了 3D 模型中的网格划分情况，图 A-18b 展示了仿真精度与网格划分之间的关系。随着网格数量的增加，精度不断提高。可以看到，采用化简模型，仿真空间仍然有超过 50 万个网格，如果不化简，则网格数量容易超过一百万，导致仿真时间过长。

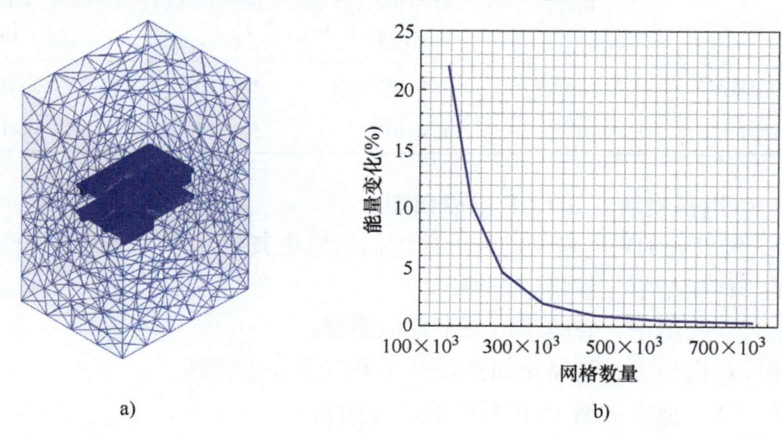


图 A-18　仿真中的网格和精度

a）网格　b）能量变化与网格数量的关系

### A.4.2.2　结构电容的分布情况

图 A-19 展示了电路拓扑和 3D 模型中二极管和推挽电容器的编号。模块中结构电容的化简在附录 A.2 中作了解释，整体分布如图 3-5 所示，完整模型如图 3-6所示。每种结构电容的数值如图 A-20 所示。

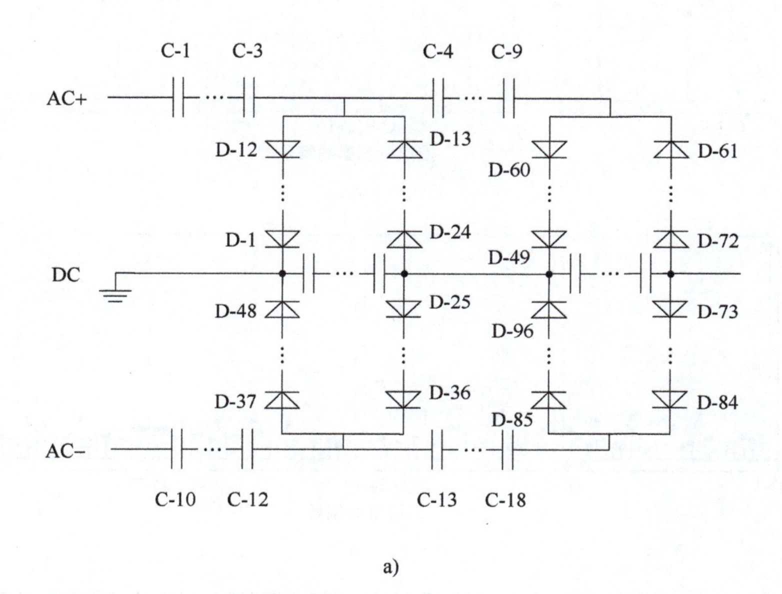


a)

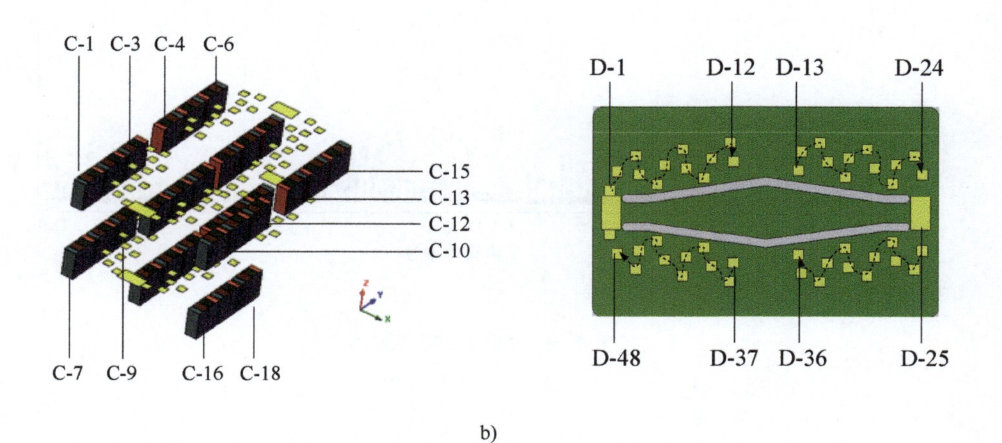


b)

**图 A-19　二极管和推挽电容器编号**

a）在电路拓扑中　b）在 3D 模型中

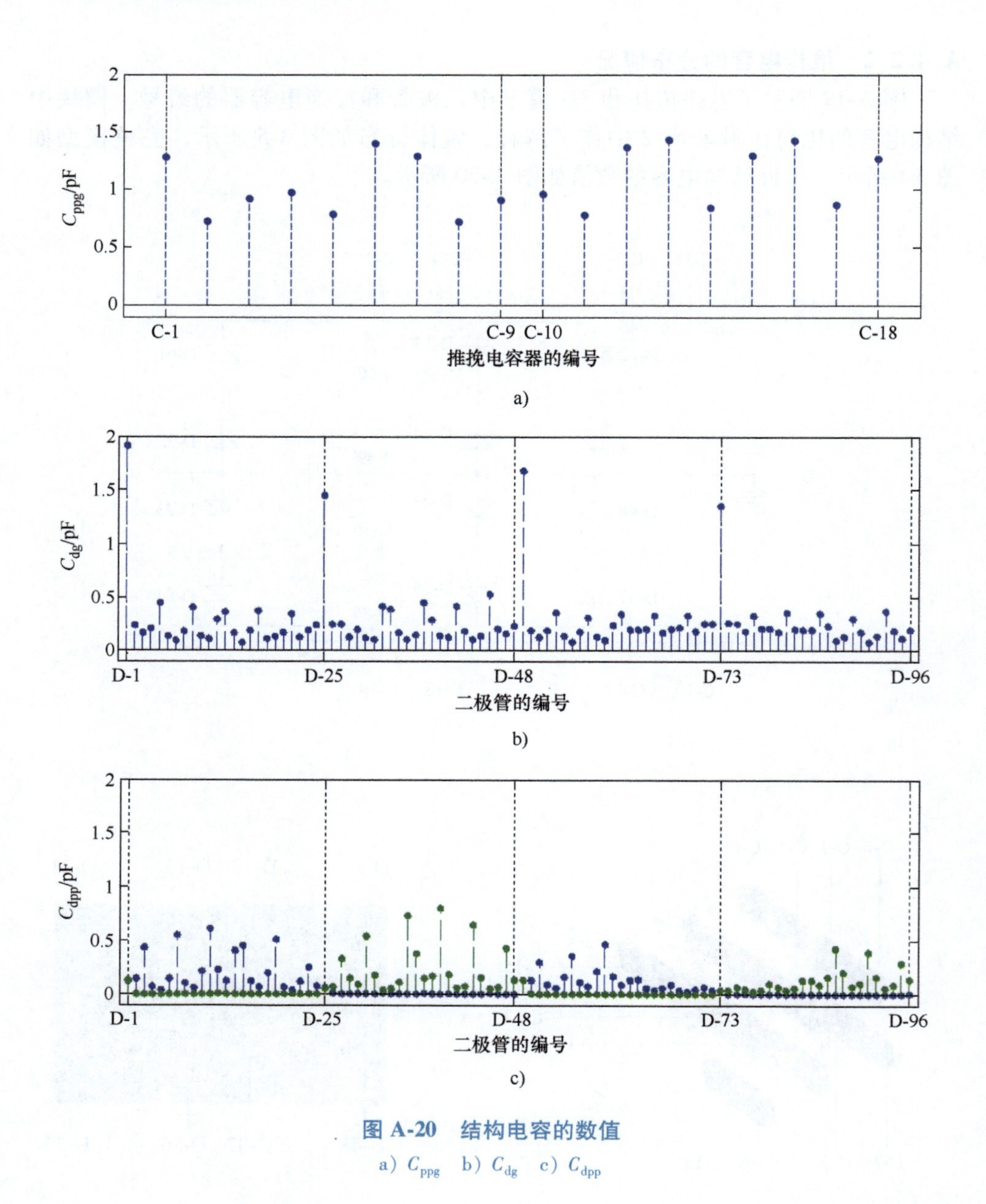


图 A-20 结构电容的数值

a）$C_{ppg}$ b）$C_{dg}$ c）$C_{dpp}$

## A.5 链电容的推导

倍增器中一个二极管链包含了众多微小结构寄生电容和压控电容，网络拓扑复杂，如果仅通过电路变换推导链路等效寄生电容 $C_{Dch2}$ 比较困难。本书从能量的角度出发，提出了一种简单的方法来解决此问题。下面展示推导过程，其基于图 3-11。

基于动态电容的定义，链路等效电容 $C_{Dch2}$ 为

$$C_{Dch2}(u_{Dch2})=\frac{dq_{Dch2}}{du_{Dch2}} \tag{A-10}$$

式中，$q_{Dch2}$是流入链路 $D_{ch2}$的电荷。

任意两个时刻之间流入电路的能量为

$$\Delta E_{Dch2}=\int_{t_{Uch1}}^{t_{Uch2}} u_{Dch2}\cdot i_{Dch2}dt \tag{A-11}$$

因此，有

$$\begin{aligned}\Delta E_{Dch2}&=\int_{U_{ch1}}^{U_{ch2}} u_{Dch2}\cdot dq_{u_{Dch2}}\\&=\int_{U_{ch1}}^{U_{ch2}} C_{Dch2}(u)\cdot u_{Dch2}\cdot du_{Dch2}\\&\approx(U_{ch2}-U_{ch1})\cdot\left(\frac{U_{ch1}+U_{ch2}}{2}\right)\cdot C_{Dch2}\left(\frac{U_{ch1}+U_{ch2}}{2}\right)\end{aligned} \tag{A-12}$$

因此，有

$$C_{Dch2}\left(\frac{U_{ch1}+U_{ch2}}{2}\right)\approx\frac{2\Delta E_{Dch2}}{(U_{ch2}-U_{ch1})\cdot(U_{ch1}+U_{ch2})} \tag{A-13}$$

其中，$U_{ch1}$和 $U_{ch2}$是在 $0\sim 2U_{pk}$之间的任意两个电压。根据式（A-12）和式（A-13），这两个电压越接近，$C_{Dch2}$的计算结果越准确。链路在 $t_{Uch1}$和 $t_{Uch2}$之间的能量变化 $\Delta E_{Dch2}$可以通过计算链路中每个寄生电容上的能量变化来得到。为此，需要预先知道沿着链路的每个电路节点上的电压分布。根据基尔霍夫电流定律，可以得到：

$$i_{k+1,k}+i_{n_dk}=i_{k0}+i_{k,k-1} \tag{A-14}$$

通过对电流进行积分并应用式（A-10），可以得到以下关系式：

$$\int_{U_{n_dk}|t_{Uch1}}^{U_{n_dk}|t_{Uch2}} C_{dpp}du+\int_{U_{k+1,k}|t_{Uch1}}^{U_{k+1,k}|t_{Uch2}} C_j(u)du=\int_{U_{k,k-1}|t_{Uch1}}^{U_{k,k-1}|t_{Uch2}} C_j(u)du+\int_{U_k|t_{Uch1}}^{U_k|t_{Uch2}} C_{dg}du \tag{A-15}$$

式中，$U_{n_dk}\mid t_{Uch2}=U_{n_d}\mid t_{Uch2}-U_k\mid t_{Uch2}$，$U_k\mid t_{Uch2}$表示在 $t_{Uch2}$时刻，二极管链整体电压为 $U_{ch2}$时节点 $k$ 处的电压，其他符号含义与 $U_{n_dk}\mid t_{Uch2}$类似。

电容 $C_{dpp}$和 $C_{dg}$是线性的，因此它们对电压的积分很容易得到。对于压控结电容，应该知道其包含电压的解析函数才能计算积分。根据式（A-15），只要在时间 $t_{Uch1}$沿链的初始电压分布已知，就可以得到在时间 $t_{Uch2}$时的最终电压分布。当二极管链处于充电过程中，沿该链的节点上的初始电压都为零。在二极管链处于放电过程中，节点上的初始电压与充电过程最终电压分布相同。在给定链

电压 $U_{n_d}|t_{U\mathrm{ch2}}$的情况下，可以从节点 0 的零电压开始，递归地计算出时间 $t_{U\mathrm{ch2}}$时二极管链中各节点 $k$ 上的电压。

得到电压分布后，可以轻松计算两个瞬间的能量变化，方法如下：

$$\Delta E_{\mathrm{Dch2}}=\sum_{i}\Delta E_{\mathrm{Cpa}i}=\sum_{i}\int_{U_{\mathrm{Cpa}i}|t_{U\mathrm{ch1}}}^{U_{\mathrm{Cpa}i}|t_{U\mathrm{ch2}}}C_{\mathrm{pa}i}(u)\,\mathrm{d}u \tag{A-16}$$

式中，$C_{\mathrm{pa}i}$表示链路网络中第 $i$ 个寄生电容，包括结构电容和结电容；$i$ 的取值范围是 1 到网络中寄生电容的总数；$\Delta E_{\mathrm{Cpa}i}$表示第 $i$ 个寄生电容在两个瞬间的能量变化；$U_{\mathrm{Cpa}i}|t_{U\mathrm{ch1}}$表示在 $t_{U\mathrm{ch1}}$瞬间第 $i$ 个寄生电容上的电压。

最终得出的电容 $C_{\mathrm{Dch2}}$为

$$C_{\mathrm{Dch2}}\left(\frac{U_{\mathrm{ch1}}+U_{\mathrm{ch2}}}{2}\right)\approx\frac{2\sum_{i}\int_{U_{\mathrm{Cpa}i}|t_{U\mathrm{ch1}}}^{U_{\mathrm{Cpa}i}|t_{U\mathrm{ch2}}}C_{\mathrm{pa}i}(u)\,\mathrm{d}u}{(U_{\mathrm{ch2}}-U_{\mathrm{ch1}})\cdot(U_{\mathrm{ch1}}+U_{\mathrm{ch2}})} \tag{A-17}$$

# 参考文献


[1] DAAN VAN WYK J, LEE F C, BOROYEVICH, D. Power electronics technology: present trends and future developments [J]. Proceedings of the IEEE, 2001, 89 (6): 799-802.

[2] SUGANUMA K. Wide Bandgap Power Semiconductor Packaging, Materials, Components, and Reliability [M]. U. K., Woodhead Publishing, 2018.

[3] LOTFI A W, WILKOWSKI M A, et al. Issues and advances in high-frequency magnetics for switching power supplies [J]. Proceedings of the IEEE, 2001, 89 (6): 833-845.

[4] MOOKKEN J, AGRAWAL B, LIU J. Efficient and compact 50kW Gen2 SiC device based PV string inverte [C]. Proc. PCIM Europe, 2014: 780-786.

[5] G2020 Series SiC 500-750kVA [EB/OL]. (2016-01-01)[2024-05-01]. http://www.toshiba.com/tic/power-electronics/uninterruptible-power-systems/g2020-series-sic-500-to-750-kva.

[6] Products: Transportation Systems. [EB/OL]. (2016-01-01)[2024-05-01]. http://www.Mitsubishi-Electric.com/products/transportation/.

[7] US DOE EV Everywhere Grand Challenge Blueprint [EB/OL]. (2013-01-31)[2024-05-01]. http://energy.gov/sites/prod/files/2014/02/f8/eveverywhere_blueprint.

[8] SHIOZAKI K, TOSHIYUKI K, J LEE, et al. Verification of high frequency SiC on-board vehicle battery charger for PHV [C]. SAE Tech. Paper, 2016.

[9] 曾正，李晓玲，林超彪，等. 功率模块封装的电-热-力多目标优化设计 [J]. 中国电机工程学报，2019，39 (17)：5161-5171，5297.

[10] DALAL D N, et al. Impact of Power Module Parasitic Capacitances on Medium-Voltage SiC MOSFETs Switching Transients [J]. IEEE Journal of Emerging and Selected Topics in Power Electronics, 2020, 8 (1): 298-310.

[11] DOMURAT-LINDE A, HOENE E. Analysis and reduction of radiated EMI of power modules [C]. Proceedings of the 7th International Conference on Integrated Power Electronics Systems, 2012: 1-6.

[12] TANIMOTO S, MATSUI K. High junction temperature and low parasitic inductance power module technology for compact power conversion systems [J]. IEEE Transactions on Electron Devices, 2014, 62 (2): 258-269.

[13] YAO C, et al. Comparison study of common-mode noise and thermal performance for lateral wire-bonded and vertically integrated high power diode modules [J]. IEEE Transactions on Power Electronics, 2018, 33 (12): 10572-10582.

[14] CHEN Z, BOROYEVICH D, BURGOS R. Experimental parametric study of the parasitic in-

ductance influence on MOSFET switching characteristics [C]. 2010 International Power Electronics Conference (ECCE ASIA), Sapporo, Japan, Proceedings of the IEEE, 2010: 164-169.
[15] 黄志召. 碳化硅功率模块的低寄生电感混合封装结构研究 [D]. 武汉：华中科技大学，2021.
[16] WANG L, ZHANG T, YANG F, et al. Cu clip-bonding method with optimized source inductance for current balancing in multichip SiC MOSFET power module [J]. IEEE Transactions on Power Electronics, 2022, 37 (7): 7952-7964.
[17] CHEN Z, et al. Development of a 1200V, 120 A SiC MOSFET module for high-temperature and high-frequency applications [C]. The 1st IEEE Workshop on Wide Bandgap Power Devices and Applications, Columbus, OH, USA, 2013: 52-59.
[18] CHEN Z, YAO Y, BOROYEVICH D, et al. A 1200V, 60A SiC MOSFET multi-chip phase-leg module for high-temperature, high-frequency applications [C]. 2013 Twenty-Eighth Annual IEEE Applied Power Electronics Conference and Exposition (APEC), Long Beach, CA, USA, 2013: 608-615.
[19] KICIN S, PETTERSSON S, BIANDA E, et al. Full SiC half-bridge module for high frequency and high temperature operation [C]. 65th Electronic Components and Technology Conference (ECTC), IEEE, 2015.
[20] CHEN C, HUANG Z, CHEN L, et al. Flexible PCB-based 3-D integrated SiC half-bridge power module with three-sided cooling using ultralow inductive hybrid packaging structure [J]. IEEE Transactions on Power Electronics, 2019, 34 (6): 5579-5593.
[21] BECKEDAHL P, BUETOW S, MAUL A, et al. 400A, 1200V SiC power module with 1nH commutation inductance [C]. International Conference on Integrated Power Electronics Systems, VDE, 2016.
[22] LIANG Z, NING P, WANG F, et al. A phase-leg power module packaged with optimized planar interconnections and integrated double-sided cooling [J]. IEEE Journal of Emerging & Selected Topics in Power Electronics, 2014, 2 (3): 443-450.
[23] WANG Y, LI Y, MA Y, et al. Development of high thermal performance automotive power module with dual sided cooling capability [C]. International Exhibition and Conference for Power Electronics, Intelligent Motion, Renewable Energy and Energy Management, VDE, 2017.
[24] 李晓玲. 功率模块的封装优化设计与并联电流均衡研究 [D]. 重庆：重庆大学，2019.
[25] ZHU A, MAO J, CHEN Y, et al. Uneven current mitigation in single IGBT chip with multiple metallization regions using staggered bonding wires layout [C]. 2021 IEEE 1st International Power Electronics and Application Symposium (PEAS), Shanghai, China, 2021: 1-4.
[26] BĘCZKOWSKI S, JØRGENSEN A B, LI H, et al. Switching current imbalance mitigation in power modules with parallel connected SiC MOSFETs [C]. 2017 19th European Conference on Power Electronics and Applications (EPE'17 ECCE Europe), Warsaw, Poland, 2017: 1-8.
[27] WANG M, LUO F, XU L. A double-end sourced wire-bonded multichip SiC MOSFET power

module with improved dynamic current sharing [J]. IEEE Journal of Emerging and Selected Topics in Power Electronics, 2017, 5 (4): 1828-1836.

[28] LI H, MUNK-NIELSEN S, BĘCZKOWSKI S, et al. A novel DBC layout for current imbalance mitigation in SiC MOSFET multichip power modules [J]. IEEE Transactions on Power Electronics, 2016, 31 (12): 8042-8045.

[29] ERICKSON R W, MAKSIMOVIC D. Basic magnetics theory [M]. Boston: Kluwer, 2001.

[30] CHEN M, ARAGHCHINI M, AFRIDI K K, et al. A systematic approach to modeling impedances and current distribution in planar magnetics [J]. IEEE Trans. on Power Electronics, 2016, 31 (1): 560-580.

[31] SULLIVAN C R. Optimal choice for number of strands in a litz-wire transformer winding [J]. IEEE Trans. on Power Electronics, 1999, 14 (2): 283-291.

[32] ZIMMANCK D R, SULLIVAN C R. Efficient calculation of winding loss resistance matrices for magnetic components [C]. IEEE Workshop on Control and Modeling for Power Electronics, 2010.

[33] NAN X, SULLIVAN C R. Simplified high-accuracy calculation of eddy-current loss in round-wire windings [C]. IEEE Power Electronics Specialists Conference, 2004.

[34] SULLIVAN C R. Computationally efficient winding loss calculation with multiple windings, arbitrary waveforms, and two- or three-dimensional field geometry [J]. IEEE Trans. on Power Electronics, 2001, 16 (1): 142-150.

[35] DALE M E, SULLIVAN C R. General comparison of power loss in single-layer and multi-layer windings [C]. IEEE Power Electronics Specialists Conference, 2005.

[36] DALE M E, SULLIVAN C R. Comparison of single-layer and multi-layer windings with physical constraints or strong harmonics [C]. IEEE International Symposium on Industrial Electronics, 2006.

[37] DALE M E, SULLIVAN C R. Comparison of loss in single-layer and multi-layer windings with a DC component [C]. IEEE Industry Applications Society Annual Meeting, 2006.

[38] SULLIVAN C R, ZHANG R Y. Simplified design method for litz wire [C]. IEEE Applied Power Electronics Conference (APEC), 2014: 2667-2674.

[39] SULLIVAN C R. Layered foil as an alternative to litz wire: Multiple methods for equal current sharing among layers [C]. IEEE Workshop on Control and Modeling for Power Electronics (COMPEL), 2014.

[40] HU J, SULLIVAN C R. AC resistance of planar power inductors and the quasidistributed gap technique [J]. IEEE Trans. on Power Electronics, 2001, 16 (4): 558-567.

[41] VAN DEN BOSSCHE A, VALCHEV V. Inductors and Transformers for Power Electronics [M]. Taylor and Francis, 2005.

[42] POLLOCK J D, SULLIVAN C R. Modelling foil winding configurations with low AC and DC resistance [C]. IEEE Power Electronics Specialists Conference, 2005.

[43] STEINMETZ C P. On the law of hysteresis [J]. AIEE Transactions, 1892, 9: 3-64. Reprinted

as "A Steinmetz contribution to the AC power revolution," Introduction by J. E. Brittain. Proceedings of the IEEE, 1984, 72 (2): 196-221.

[44] REINERT J, BROCKMEYER A, DE DONCKER R W. Calculation of losses in ferro- and ferrimagnetic materials based on the modified Steinmetz equation [C]. Proceedings of the 34th Annual Meeting of the IEEE Industry Applications Society, 1999, 3: 2087-2092.

[45] REINERT J, BROCKMEYER A, DE DONCKER R W. Calculation of losses in ferro- and ferrimagnetic materials based on the modified Steinmetz equation [J]. IEEE Transactions on Industrial Applications, 2001, 37 (4): 1055-1061.

[46] LI J, ABDALLAH T, SULLIVAN C. Improved calculation of core loss with nonsinusoidal waveforms [C]. Proceedings of the IEEE Industry Applications Society Annual Meeting, 2001: 2203-2210.

[47] LI J, ABDALLAH T, SULLIVAN C. Accurate prediction of ferrite core loss with nonsinusoidal waveforms using only Steinmetz parameters [C]. Proceedings of the IEEE Workshop on Computers in Power Electronics, 2002: 36-41.

[48] MUHLETHALER J. Modeling and Multi-Objective Optimization of Inductive Components [D]. Zurich, Switzerland: Univ. ETH Zurich, 2012.

[49] MUHLETHALER J, BIELAY J, KOLAR J W, et al. Improved core loss calculation for magnetic components employed in power electronic systems [J]. IEEE Transactions on Power Electronics, 2012, 27 (2): 964-973.

[50] SULLIVAN C R, HARRIS J H, HERBERT E. Core loss predictions for general PWM waveforms from a simplified set of measured data [C]. Proceedings of the 25th Annual IEEE Applied Power Electronics Conference and Expo, 2010: 1048-1055.

[51] SULLIVAN C R, HERBERT E. Testing core loss for rectangular waveforms. [EB/OL]. (2010-03-30)[2024-05-01]. http: //engineering. dartmouth.

[52] SULLIVAN C R, HERBERT E. Testing core loss for rectangular waveforms: Phase Ⅱ final report. [EB/OL]. (2018-01-30)[2024-05-01]. http: //engineering. dartmouth.

[53] HERBERT E. User-friendly data for magnetic core loss calculations, (2008-08). [EB/OL]. (2008-08-01)[2024-05-01]. http: //fmtt. com/Coreloss2009.

[54] PHILIPS. Data handbook on soft ferrites [Z]. 1991.

[55] MINO M, YACHI T, TAGO A, et al. A new planar microtransformer for use in micro-switching converters [J]. IEEE Transactions on Magnetics, 1992, (4): 1969-1972.

[56] BLACHE F, KERADEC J P, COGITORE B. Stray capacitance of two winding transformer: Equivalent circuit, measurements, calculation and lowering [C]. Proceedings of the IEEE Industry Applications Society Annual Meeting, 1994, 2: 1211-1217.

[57] SAKET M A, SHAFIEI N, ORDONEZ M. LLC converters with planar transformers: Issues and mitigation [J]. IEEE Transactions on Power Electronics, 2017, 32 (6): 4524-4542.

[58] MASSARINI A, KAZIMIERCZUK M K. Self-capacitance of inductors [J]. IEEE Transactions on Power Electronics, 1997, 12 (4): 671-676.

[59] SNELLING E. Soft Ferrites: Properties and Applications [M]. London: Iliffe Books Ltd., 1988.

[60] SHEN W. Design of high-density transformers for high-frequency high-power converters [D]. Blacksburg VA USA: Virginia Tech, 2006.

[61] DUERBAUM T, SAUERLAENDER G. Energy based capacitance model for magnetic devices [C]. Proceedings of the IEEE Applied Power Electronics Conference and Expo., March 2001: 109-115.

[62] NGUYEN-DUY K, OUYANG Z, KNOTT A, et al. Minimization of the transformer inter-winding parasitic capacitance for modular stacking power supply applications [C]. Proceedings of the 16th European Conference on Power Electronics and Applications, August 2014: 1-10.

[63] SAKET M A, ORDONEZ M, SHAFIEI N. Planar transformers with near-zero common-mode noise for flyback and forward converters [J]. IEEE Transactions on Power Electronics, 2018, 33 (2): 1554-1571.

[64] LEUENBERGER D, BIELA J. Accurate and computationally efficient modeling of flyback transformer parasitics and their influence on converter losses [C]. Proceedings of the 17th European Conference on Power Electronics and Applications, September 2015: 1-10.

[65] BIELA J, KOLAR J W. Using transformer parasitics for resonant converters—A review of the calculation of the stray capacitance of transformers [J]. IEEE Transactions on Industrial Applications, 2008, 44 (1): 223-233.

[66] SHEN Z, WANG H, SHEN Y, et al. An improved stray capacitance model for inductors [J]. IEEE Transactions on Power Electronics, 2022, 37 (12): 15140-15151.

[67] ZHAO H, YAN Z, LUAN S, et al. A comparative study on parasitic capacitance in inductors with series or parallel windings [J]. IEEE Transactions on Power Electronics, 2022, 37 (12): 15140-15151.

[68] KULKARNI S V, KHAPARDE S A. Transformer Engineering: Design, Technology, and Diagnostics [M]. New York: Taylor & Francis, 2013.

[69] KARSAI K, KERÉNYI D, KISS L. Large Power Transformers [M]. Amsterdam: Elsevier, 1987.

[70] DEL VECCHIO R M, POULIN B, FEGHALI P T, SHAH D M, AHUJA R. Transformer Design Principles: With Applications to Core-Form Power Transformers [M]. 2nd ed. Boca Raton: CRC Press, 2010.

[71] MOGOROVIC M, DUJIC D. Medium frequency transformer leakage inductance modeling and experimental verification [C]. Proceedings of the IEEE Energy Conversion Congress and Expo (ECCE), Cincinnati, OH, USA, 2017: 419-424.

[72] LV F, GUO Y, LI P. Calculation and correction method for leakage inductance of high-power medium-frequency transformer [J]. High Voltage, 2016, 42 (6): 1702-1707.

[73] SCHLESINGER R, BIELA J. Comparison of analytical models of transformer leakage inductance: Accuracy versus computational effort [J]. IEEE Transactions on Power Electronics, 2021,

36 (1): 146-156.

[74] 尹克宁. 变压器设计原理 [M]. 北京: 中国电力出版社, 2003.

[75] SCHLESINGER R, BIELA J. Leakage inductance modelling of transformers: Accurate and fast models to scale the leakage inductance per unit length [C]. Proceedings of the 22nd European Conference on Power Electronics and Applications (EPE ECCE Europe), 2020: 1-11.

[76] GUO X, LI C, ZHENG Z, LI Y. A general analytical model and optimization for leakage inductances of medium-frequency transformers [J]. IEEE Journal of Emerging and Selected Topics in Power Electronics, 2022, 10 (4): 3511-3524.

[77] DOWELL P L. Effects of eddy currents in transformer windings [J]. Proceedings of the Institution of Electrical Engineers, 1966, 113 (8): 1387-1394

[78] FERREIRA J A. Improved analytical modeling of conductive losses in magnetic components [J]. IEEE Transactions on Power Electronics, 1994, 9 (1): 127-131.

[79] OUYANG Z, ZHANG J, HURLEY W G. Calculation of leakage inductance for high-frequency transformers [J]. IEEE Transactions on Power Electronics, 2015, 30 (10): 5769-5775.

[80] BAHMANI M A, THIRINGER T. Accurate evaluation of leakage inductance in high-frequency transformers using an improved frequency dependent expression [J]. IEEE Transactions on Power Electronics, 2015, 30 (10): 5738-5745.

[81] FOUINEAU A, RAULET M-A, LEFEBVRE B, et al. Semi-analytical methods for calculation of leakage inductance and frequency-dependent resistance of windings in transformers [J]. IEEE Transactions on Magnetics, 2018, 54 (10): 1-10.

[82] ANDERSEN O. Transformer leakage flux program based on the finite element method [J]. IEEE Transactions on Power Apparatus and Systems, 1973, PAS-92 (2): 682-689.

[83] NAZMUNNAHAR M, SIMIZU S, OHODNICKI P R, et al. Finite-element analysis modeling of high-frequency single-phase transformers enabled by metal amorphous nanocomposites and calculation of leakage inductance for different winding topologies [J]. IEEE Transactions on Magnetics, 2019, 55 (7): 1-11.

[84] ROY T, SMITH L. ESR and ESL of ceramic capacitor applied to decoupling applications [C]. IEEE Electrical Performance of Electronic Packages, 1998.

[85] AMARAL A, CARDOSO A. An experimental technique for estimating the ESR and reactance intrinsic values of aluminum electrolytic capacitors [C]. Proceedings of the IEEE Instrumentation and Measurement Technology Conference, April 2006: 1820-1825.

[86] SMITH L, ANDERSON R, FOREHAND D, et al. Power distribution system design methodology and capacitor selection for modern CMOS technology [J]. IEEE Transactions on Advanced Packaging, 1999, 22: 284-291.

[87] MADOU A, MARTENS L. Electrical behavior of decoupling capacitors embedded in multilayered PCBs [J]. IEEE Transactions on Electromagnetic Compatibility, 1994, 43: 549-556.

[88] ZHOU Y, WENZEL R, HERBERG B. Modeling the intrinsic inductance of embedded capacitors [C]. 2002 IEEE 11th Topical Meeting on Electrical Performance of Electronic Packaging,

Monterey, CA, USA, 2002: 167-170.

[89] KIM M G, LEE B H, YUN T Y. Equivalent-circuit model for high-capacitance MLCC based on transmission-line theory [J]. IEEE Transactions on Components, Packaging and Manufacturing Technology, 2012, 2 (6): 1012-1020.

[90] SULLIVAN C R, KERN A M. Capacitors with fast current switching require distributed models [C]. 2001 IEEE 32nd Annual Power Electronics Specialists Conference, Vancouver, BC, Canada, 2001, 3: 1497-1503.

[91] PIERQUET B J, NEUGEBAUER T C, PERREAULT D J. A fabrication method for integrated filter elements with inductance cancellation [J]. IEEE Transactions on Power Electronics, 2009, 24 (3): 838-848.

[92] LETELLIER A, DUBOIS M R, TROVAO J P F, et al. Calculation of printed circuit board power-loop stray inductance in GaN or high di/dt applications [J]. IEEE Transactions on Power Electronics, 2018, 34: 612-623.

[93] CALLEGARO A D, et al. Bus bar design for high-power inverters [J]. IEEE Transactions on Power Electronics, 2018, 33 (3): 2354-2367.

[94] CAPONET M C, PROFUMO F, DE DONCKER R W, et al. Low stray inductance bus bar design and construction for good EMC performance in power electronic circuits [J]. IEEE Transactions on Power Electronics, 2002, 17 (2): 225-231.

[95] YUAN Z, et al. A high accuracy characterization method of busbar parasitic capacitance for three-level converters based on vector network analyzer [C]. 2021 IEEE Applied Power Electronics Conference and Exposition (APEC), Phoenix, AZ, USA, 2021: 1543-1548.

[96] ZARE F, LEDWICH G F. Reduced layer planar busbar for voltage source inverters [J]. IEEE Transactions on Power Electronics, 2002, 17 (4): 508-516.

[97] PASTERCZYK R J, MARTIN C, CUICHON J M, et al. Planar busbar optimization regarding current sharing and stray inductance minimization [C]. Proceedings of the European Conference on Power Electronics and Applications, 2005: 1-9.

[98] TSUBOI K, TSUJI M, YAMADA E. A simplified calculating method of busbar inductance and its application for stray resonance analysis in inverter DC link [J]. IEEJ/IAS Transactions, 1997, 117 (11): 1364-1374.

[99] ANDO M, WADA K, TAKAO K, et al. Design and analysis of a bus bar structure for a medium voltage inverter [C]. Proceedings of the 2011 14th European Conference on Power Electronics and Applications, Birmingham, 2011: 1-10.

[100] LETELLIER A, DUBOIS M, TROVAO J P F, et al. Calculation of PCB power loop stray inductance in GaN or high di/dt applications [J]. IEEE Transactions on Power Electronics, 2019, 34 (1): 612-623.

[101] WANG J, SHAOLIN Y, ZHANG X. Effect of key physical structures on the laminated bus bar inductance [C]. 2016 IEEE 8th International Power Electronics and Motion Control Conference (IPEMC-ECCE Asia), Hefei, China, 2016: 3689-3694.

[102] DEBOI B T, LEMMON A N, MCPHERSON B, et al. Improved methodology for parasitic analysis of high-performance silicon carbide power modules [J]. IEEE Transactions on Power Electronics, 2022, 37 (10): 12415-12425.

[103] CHEN J Z, YANG L, BOROYEVICH D, et al. Modeling and measurements of parasitic parameters for integrated power electronics modules [C]. Nineteenth Annual IEEE Applied Power Electronics Conference and Exposition (APEC '04), Anaheim, CA, USA, 2004: 522-525.

[104] YUAN L, YU H, WANG X, et al. Design, simulation and analysis of the low stray inductance bus bar for voltage source inverters [C]. 2011 International Conference on Electrical Machines and Systems, Beijing, 2011: 1-5.

[105] ZHANG W, ZHANG M T, LEE F C, et al. Conducted EMI analysis of a boost PFC circuit [C]. Proceedings of APEC 97 - Applied Power Electronics Conference, Atlanta, GA, USA, 1997, 1: 223-229.

[106] LIU T, NING R, WONG T T Y, et al. Equivalent circuit models and model validation of SiC MOSFET oscillation phenomenon [C]. 2016 IEEE Energy Conversion Congress and Exposition (ECCE), Milwaukee, WI, USA, 2016: 1-8.

[107] 冯高辉，袁立强，赵争鸣，等. 基于开关瞬态过程分析的母排杂散电感提取方法研究 [J]. 中国电机工程学报，2014，34 (36)：6442-6449.

[108] LI S, TOLBERT L M, WANG F, et al. Stray inductance reduction of commutation loop in the P-cell and N-cell-based IGBT phase leg module [J]. IEEE Transactions on Power Electronics, 2014, 29 (7): 3616-3624.

[109] LIU Y, ZHAO Z, WANG W, et al. Characterization and extraction of power loop stray inductance with SiC half-bridge power module [J]. IEEE Transactions on Electron Devices, 2020, 67 (10): 4040-4045.

[110] 耿程飞. 大功率 IGBT 变流装置电磁瞬态分析及智能驱动研究 [D]. 徐州：中国矿业大学，2018.

[111] YANG L, ODENDAAL W G H. Measurement-based method to characterize parasitic parameters of the integrated power electronics modules [J]. IEEE Transactions on Power Electronics, 2007, 22 (1): 54-62.

[112] LEMMON A N, SHAHABI A, MISKELL K. Multi-branch inductance extraction procedure for multichip power modules [C]. Proceedings of the 2016 IEEE 4th Workshop on Wide Bandgap Power Devices and Applications, IEEE, 2016: 95-100.

[113] CHEN C, PEI X, CHEN Y, et al. Investigation, evaluation, and optimization of stray inductance in laminated busbar [J]. IEEE Transactions on Power Electronics, 2014, 29 (7): 3679-3693.

[114] 於少林，张兴，王佳宁，等. 分立器件并联型叠层母排均流分析及优化设计 [J]. 电工技术学报，2023，38 (08)：2086-2099.

[115] JØRGENSEN A B, MUNK-NIELSEN S, UHRENFELDT C. Overview of digital design and

finite-element analysis in modern power electronic packaging [J]. IEEE Transactions on Power Electronics, 2020, 35 (10): 10892-10905.

[116] JØRGENSEN A B, BĘCZKOWSKI S, UHRENFELDT C, et al. A fast-switching integrated full-bridge power module based on GaN eHEMT devices [J]. IEEE Transactions on Power Electronics, 2019, 34 (3): 2494-2504.

[117] LIU Y, LIAO Q H, YAO J K. Modeling and optimization of bus-bar local stray inductors in converter [C]. Journal of Physics: Conference Series, IOP Publishing, 2020, 1601 (2): 022049.

[118] KYOTANI C, TAKAAKI I, FUNAKI T, et al. A study on equivalent circuit modeling of wiring inductance in SiC power module for predicting conducted EMI of power converter [C]. 2020 IEEE 11th International Symposium on Power Electronics for Distributed Generation Systems (PEDG), Dubrovnik, Croatia, 2020: 435-440.

[119] ZHANG B, WANG S. Parasitic inductance modeling and reduction for wire-bonded half-bridge SiC multichip power modules [J]. IEEE Transactions on Power Electronics, 2021, 36 (5): 5892-5903.

[120] ZHANG N, WANG S, ZHAO H. Develop parasitic inductance model for the planar busbar of an IGBT H bridge in a power inverter [J]. IEEE Transactions on Power Electronics, 2015, 30 (12): 6924-6933.

[121] BELAND R, LAC St M. High voltage X-ray generator 175: US patent US 7375993 B2 [P]. 2008.

[122] TAYLOR L S, TUCKER K L. The comparison of high voltage X-ray generators [J]. Bureau of Standards Journal of Research, 1932, 9 (3): 333. Research Paper 475.

[123] DALESSANDRO L, CAVALCANTE F S, KOLAR J W. Self-capacitance of high voltage transformers [J]. IEEE Transactions on Power Electronics, 2007, 22 (5): 2081-2092.

[124] JOHNSON S D, WITULSKI A F, ERICKSON R W. Comparison of resonant topology in high-voltage DC application [J]. IEEE Transactions on Aerospace and Electronic Systems, 1988, 24: 263-273.

[125] ZHAO L, PENG D, VAN WYK J D. Analysis and design of an LCLC resonant converter suitable for X-ray generator power supply [C]. Proceedings of the 2000 VPEC/CPES Seminar, 2000: 360-365.

[126] MARTIN-RAMOS J A, PERNIA A M, DIAZ J, et al. Power supply for a high-voltage application [J]. IEEE Transactions on Power Electronics, 2008, 23: 1608-1619.

[127] WU T F, HUNG J C. A PDM controlled series resonant multi-level converter applied for X-ray generators [C]. Power Electronics Specialists Conference, 1999, 2: 1177-1182.

[128] STEIGERWALD R L. A comparison of half-bridge resonant converter topologies [J]. IEEE Transactions on Power Electronics, 1988, 55 (2): 722-730.

[129] JOHNSON S D, ERICKSON R W. Steady-state analysis and design of the parallel resonant converter [J]. IEEE Transactions on Power Electronics, 1988, 3 (1): 93-104.

[130] BHAT A K S. Analysis and design of a series-parallel resonant converter with capacitive output filter [J]. IEEE Transactions on Power Electronics, 1991, 27 (3): 523-530.

[131] KAZIMIERCZUK M K, CZARKOWSKI D. Resonant power converters [M]. New York: WILEY, 1995.

[132] COCKCROFT J D C, WALTON E T S. Experiments with high velocity positive ions. (I) Further developments in the method of obtaining high velocity positive ions [C]. Proceedings of the Royal Society of London. Series A, 1932, 136 (830): 619-630.

[133] BOUWERS A, et al. Voltage multiplier [P]. US patent no. 2 213 199, 1940.

[134] EVERHART E, LORRAIN P. The Cockcroft-Walton voltage multiplying circuit [J]. Review of Scientific Instruments, 1953, 24 (3): 221-226.

[135] WEINER M M. Analysis of Cockcroft-Walton voltage multipliers with an arbitrary number of stages [J]. Review of Scientific Instruments, 1969, 2 (2): 330-333.

[136] BELLONI F, MARANESI P, RIVA M. Parameters optimization for improved dynamics of voltage multipliers for space [C]. Power Electronics Specialists Conference (PESC 04), 2004, 1: 439-443.

[137] KOBOUGIAS I C, TATAKIS E C. Optimal design of a half-wave Cockcroft-Walton voltage multiplier with minimum total capacitance [J]. IEEE Transactions on Power Electronics, 2010, 25 (9): 2460-2468.

[138] BRUGLER J S. Theoretical performance of voltage multiplier circuits [J]. IEEE Journal of Solid-State Circuits, 1971, 6 (3): 132-135.

[139] REINHOLD G, TRUEMPY K, BILL J. The symmetrical cascade rectifier, An accelerator power supply in the megavolt and milliampere range [C]. Proceedings of the 1st IEEE Particle Accelerator Conference, 1965, NS-12, no. 3: 288-292.

[140] IQBAL S. A hybrid symmetrical voltage multiplier [J]. IEEE Transactions on Power Electronics, 2014, 29 (1): 6-12.

[141] KIM Y J, NAGAI S, TAKANO H, et al. Comparative performance evaluations of high-voltage transformer parasitic parameter resonant inverter-linked high-power DC-DC converter with phase-shifted PWM scheme [C]. Power Electronics Specialists Conference (PESC'95), 1995, 1: 120-127.

[142] CAVALCANTE F S, KOLAR J W. Design of a 5kW high output voltage series-parallel resonant DC-DC converter [C]. IEEE PESC, 2003, 4: 1807-1814.

[143] MARTIN-RAMOS J A, PERNIA A M, DIAZ J, et al. Power supply for a high-voltage application [J]. IEEE Transactions on Power Electronics, 2008, 23: 1608-1619.

[144] HATANAKA A, KAGEYAMA H, MASUDA T. A 160-kW high-efficiency photovoltaic inverter with paralleled SiC-MOSFET modules for large-scale solar power [C]. 2015 IEEE International Telecommunications Energy Conference (INTELEC), Osaka, Japan, 2015: 1-5.

[145] TODOROVIC M H, et al. SiC MW PV Inverter [C]. PCIM Europe 2016; International Exhi-

bition and Conference for Power Electronics, Intelligent Motion, Renewable Energy and Energy Management, Nuremberg, Germany, 2016: 1-8.

[146] HERCEHFI P, SCHOENBERGER S. Modular and Compact 1MW Inverter in one 19″ Rack for Storage and PV [C]. PCIM Europe 2017; International Exhibition and Conference for Power Electronics, Intelligent Motion, Renewable Energy and Energy Management, Nuremberg, Germany, 2017: 1-5.

[147] ANTHON A, ZHANG Z, ANDERSEN M A E, et al. The benefits of SiC mosfets in a T-Type inverter for grid-tie applications [J]. IEEE Transactions on Power Electronics, 2017, 32 (4): 2808-2821.

[148] PISECKI S, RABKOWSKI J. Experimental investigations on the grid-connected AC/DC inverter based on three-phase SiC MOSFET module [C]. Power Electronics and Applications (EPE'15 ECCE-Europe), 17th European Conference on, IEEE, 2015.

[149] SCHUPBACH M. The impact of SiC on PV Power Economics [R]. Cree Incs, 2017.

[150] BABIN A, RIZOUG N, MESBAHI T, et al. Total cost of ownership improvement of commercial electric vehicles using battery sizing and intelligent charge method [J]. IEEE Transactions on Industry Applications, 2018, 54 (2): 1691-1700.

[151] 曾正，王金，陈昊，等. 风冷 SiC 逆变器的设计方法与封装集成 [J]. 中国电机工程学报，2020，40 (06)：1829-1843.

[152] KAMRUZZAMAN M, BARZEGARAN M R, MOHAMMED O A. EMI reduction of PMSM drive through matrix converter controlled with wide-bandgap switches [J]. IEEE Transactions on Magnetics, 2017, 53 (6): 1-4.

[153] WILLIAMSON S S, LUKIC S M, EMADI A. Comprehensive drive train efficiency analysis of hybrid electric and fuel cell vehicles based on motor-controller efficiency modeling [J]. IEEE Transactions on Power Electronics, 2006, 21 (3): 730-740.

[154] MUEHLBAUER K, GERLING D. Improvement of energy efficiency in power electronics at partial load [C]. Conference of IEEE Industrial Electronics Society, 2011: 2775-2779.

[155] LI Y, ZHANG Y, YUAN X, et al. A 500kW forced-air-cooled Silicon Carbide (SiC) 3-Phase DC/AC Converter with a power density of 1.246MW/$m^3$ and efficiency >98.5% [C]. 2020 IEEE Energy Conversion Congress and Exposition (ECCE), IEEE, 2020: 209-216.

[156] CHANG F, ILINA O, LIENKAMP M, et al. Improving the overall efficiency of automotive inverters using a multilevel converter composed of low voltage Si MOSFETs [J]. IEEE Transactions on Power Electronics, 2019, 34 (4): 3586-3602.

[157] RAHMAN D, MORGAN A J, XU Y, et al. Design methodology for a planarized high power density EV/HEV traction drive using SiC power modules [C]. 2016 IEEE Energy Conversion Congress and Exposition (ECCE), IEEE, 2016: 1-7.

[158] YAMAGUCHI K, KATSURA K, YAMADA T. Comprehensive evaluation and design of SiC-based high power density inverter, 70kW/liter, 50 kW/kg [C]. 2016 IEEE 8th International Power Electronics and Motion Control Conference (IPEMC-ECCE Asia), IEEE, 2016: 1-7.

[159] 於少林，张兴，王佳宁．关键物理结构对逆变器叠层母排寄生电感的影响［J］．太阳能学报，2018，39（11）：3106-3112.

[160] 薛燕鹏，刘钧，苏伟，等．一种 IGBT 并联模块用交流母排的设计方法［J］．电力电子技术，2019，53（02）：16-18.

[161] YANG F，LIANG Z，WANG Z J，et al. Design of a low parasitic inductance SiC power module with double-sided cooling［C］. 2017 IEEE Applied Power Electronics Conference and Exposition（APEC），IEEE，2017：3057-3062.

[162] WANG Z，YANG F，CAMPBELL S L，et al. Characterization of SiC trench MOSFETs in a low-inductance power module package［J］. IEEE Transactions on Industry Applications，2019，55（4）：4157-4166.